Peter Kaster 12/92

D1702154

Karl-Heinz Becker
Michael Dörfler

System 7 - Einsteigen leichtgemacht

Aus den Bereichen MAC- und PC-Literatur

Rechneraufbau am konkreten Beispiel
Dargestellt anhand der Macintosh II-Modellreihe
von Thomas Knieriemen

Rechneraufbau am konkreten Beispiel
Begleitdiskette für Apple II oder Apple Macintosh und HyperCard
von Thomas Knieriemen

HyperCard griffbereit
Für alle aktuellen Versionen einschließlich 2.1
von Karl-Heinz Becker und Michael Dörfler

Wege zu HyperCard
Der Einstieg in eine neue Software-Generation
von Karl-Heinz Becker und Michael Dörfler

System 7 - Einsteigen leichtgemacht
Know-how mit Pfiff rund um den Macintosh
von Karl-Heinz Becker und Michael Dörfler

Dynamische Systeme und Fraktale
Computergraphische Experimente mit Pascal
von Karl-Heinz Becker und Michael Dörfler

Computeranimation ... vom feinsten
Bewegte Computergrafik und hochwertige PC-Animation
unter C und Assembler
von Marc Schneider

Das Vieweg Buch zu Borland C++ 3.0
von Axel Kotulla

Effektiv Starten mit Turbo C++
von Axel Kotulla

Objektorientiert mit Turbo C++
von Martin Aupperle

Vieweg

Karl-Heinz Becker
Michael Dörfler

System 7 Einsteigen leichtgemacht

Know-how mit Pfiff
rund um den Macintosh

Das in diesem Buch enthaltene Programm-Material ist mit keiner Verpflichtung oder Garantie irgendeiner Art verbunden. Die Autoren und der Verlag übernehmen infolgedessen keine Verantwortung und werden keine daraus folgende oder sonstige Haftung übernehmen, die auf irgendeine Art aus der Benutzung dieses Programm-Materials oder Teilen davon entsteht.

Alle Rechte vorbehalten
© Friedr. Vieweg & Sohn Verlagsgesellschaft mbH, Braunschweig/Wiesbaden, 1993

Der Verlag Vieweg ist ein Unternehmen der Verlagsgruppe Bertelsmann International.

Das Werk einschließlich aller seiner Teile ist urheberrechtlich geschützt. Jede Verwertung außerhalb der engen Grenzen des Urheberrechtsgesetzes ist ohne Zustimmung des Verlags unzulässig und strafbar. Das gilt insbesondere für Vervielfältigungen, Übersetzungen, Mikroverfilmungen und die Einspeicherung und Verarbeitung in elektronischen Systemen.

Druck und buchbinderische Verarbeitung: Lengericher Handelsdruckerei, Lengerich
Gedruckt auf säurefreiem Papier
Printed in Germany

ISBN 3-528-05281-3

Inhaltsübersicht

Inhaltsverzeichnis

Vorwort

Fragen gibt's, auf die gibt es eigentlich keine Antwort.

System 7 war noch gar nicht geboren, da wurde von Freunden, die sich gerade einen Macintosh gekauft hatten, die Frage gestellt: "Woher kommt eigentlich der Name *System 7*"? Das hat doch sicher was zu bedeuten?".

"Kann sein, kann aber auch nicht sein", war unsere Antwort. "Nach sechs kommt eben sieben. Das alte System hieß *System 6*, das neue heißt *System 7*. Wo also ist das Problem ?"

Damit war aber keiner der Fragesteller zufrieden. Es wurde vermutet, daß die Namensgebung doch etwas mit der Zahl "sieben" zu tun hat. Das kann doch kein Zufall sein, diese Zahlenmystik ist sicher Absicht, war eine weitverbreitete Meinung.

Es mag ja Leute geben, die die Gedanken von Herrn Sculley, dem Chairman von Apple, zu kennen glauben. Welche Assoziationen verbindet er damit? "Sieben Weltwunder", "Siebenmeilenstiefel", "sieben Siegel", "sieben Tage, in denen die Welt erschaffen wurde", oder vielleicht die "sieben Zwerge"? Wir wissen es sicher nicht. Und überhaupt, entscheidet so etwas nicht wohl doch die Marketingabteilung? Andererseits, bei Apple weiß man nie so recht, was technischer Sachzwang ist und was zum Mythos gemacht wird.

System 7 wurde mehr als zwei Jahre vor seiner Freigabe angekündigt. Die Einzelheiten wurden geheimgehalten, einige Informationen sickerten jedoch durch. Es war spannend, die Entwicklung zu beobachten. Welche der gerüchteweise angekündigten "Features" würden in der ersten Version tatsächlich vorhanden sein? Würde das System sofort stabil laufen? Wie lange würde die Entwicklung dauern?

Fragen, auf die niemand die Antwort wußte. Eines war jedoch klar: Es mußte ein großer Wurf werden, denn das Windows-Betriebssystem war dem in die Jahre gekommenen Mac-Betriebssystem hart auf den Fersen.

Wir denken, daß der Wurf gelungen ist. Mit dem, was wir jetzt kennen, und mit dem, was noch kommen wird. Bis jetzt sind *sieben* neue Kerntechnologien - Zufall oder Absicht - in das Betriebssystem integriert worden. System 7 wurde zu 80% neu geschrieben und funktionierte ohne große Probleme mit der ersten Auslieferung, eine beachtliche ingenieurmäßige Leistung.

Ob Apple mit der Versionsnummer auch etwas Zahlenmystik getrieben hat, wird wohl immer ein Geheimnis bleiben. Aber suchen Sie sich doch Ihre Lieblingsassoziation selber aus.

Dieses Buch ist ein Buch für Einsteigerinnen und für Einsteiger, die ihren Mac und die zentrale Software, nämlich das Betriebssystem, verstehen und kompetent handhaben wollen. Es ist so gestaltet, daß jede und jeder die Herangehensweise selber bestimmen kann - ob mit "Siebenmeilenstiefeln", "in sieben Tagen" oder so gründlich wie die "sieben Zwerge". Nach dem Durcharbeiten der Kapitel wird *System 7* für Sie auf jeden Fall kein Buch mehr mit "sieben Siegeln" sein.

Das Buch gliedert sich in mehrere Teile, die auch unabhängig voneinander durchgearbeitet werden können. Exakte Hinweise, wie das Buch aufgebaut und gelesen werden könnte, finden Sie im Kapitel "Wegweiser". Diesen Teil sollten Sie unbedingt zuerst lesen.

Als Benutzer eines Macintosh sollten Sie sich mit den wichtigsten Arbeitstechniken auf dem Macintosh auskennen, so daß also Dialoge, Menüs oder Doppelklick für Sie keine Fremdwörter darstellen. Wir setzen etwa das Niveau voraus, das man sich beim Durcharbeiten der Einführungsdiskette zur Bedienung des Macintosh erwirbt.

Für zahlreiche Anregungen danken wir unseren Freunden am Dartmouth College, USA, und den KollegInnen, die die Macintosh-Fortbildungskurse unseres Institutes besuchten: "Have Fun with System 7".

Bremen Karl-Heinz Becker • Michael Dörfler

Wegweiser

Jeder, der sich einmal ein neues Gebiet erschlossen hat, seien es "Wanderwege" in der Natur oder "geistige Wege" durch neue Gebiete, weiß den Vorteil von Wegweisern zu schätzen. Wegweiser dienen der Orientierung, sie setzen Zeichen - man kann ihnen folgen, man kann aber auch Umwege gehen. Sie erleichtern die Entscheidung, einer Fährte zu folgen, die man sich selber aussucht. An solch eine Funktion haben wir bei diesem Kapitel gedacht.

System 7 - Einsteigen leicht gemacht

Der Titel *System 7 - Einsteigen leicht gemacht* soll deutlich machen, daß wir Sie mit dem neuen Betriebssystem 7 auf einfache Weise vertraut machen wollen. System 7 ist ein komplexeres System als das bisher für den Macintosh über viele Jahre verfügbare System 6. Es ist von der Konzeption her moderner und übersichtlicher aufgebaut und bietet eine Vielzahl neuer Möglichkeiten, die wir Ihnen systematisch und strukturiert, experimentell, spontan und und .... und mit einigen kleinen Geschichten nahebringen wollen. Unser Buch besteht aus acht Kapiteln und einem Anhang. Wie Sie bereits aus dem Inhaltsverzeichnis sehen konnten, charakterisiert jede Kapitelüberschrift einen Aspekt des neuen Betriebssystems. Genau genommen besteht aber jede Überschrift aus einem Begriff und dem eigentlichen Titel des Kapitels.

Kap. 1: **Finder** - Ein neues "Look and Feel"-Erlebnis

Kap. 2: **TrueType** - Aufrechte und schräge Typen

Kap. 3: **Balloon Help** - Eine andere Art von "Comics"

Kap. 4: **FileSharing** - Dinner for one

Kap. 5: **Multitasking** - Einer wird gewinnen

Kap. 6: **Virtual Memory** - Speicher ohne Grenzen

Kap. 7: **Publish and Subscribe** - Publizistisches Spiel

Kap. 8: **BluePrint** - Offene Architektur

Bevor wir einen kurzen Überblick über den Aufbau des Buches geben, wollen wir ein kleines Ordnungsschema vorschlagen, dem Sie sich selber zuordnen können.

Anfänger

Wenn Sie sich überhaupt noch nicht mit Computersystemen bzw. dem Betriebssystem 7 beschäftigt haben, bezeichnen wir Sie einfach als *Anfänger*.

Einsteiger

Mac-Benutzer, die das ältere Betriebssystem 6 prinzipiell kennen und schon als Benutzer mit dem Macintosh gearbeitet haben, bezeichnen wir als *Einsteiger* für das Betriebssystem 7. Einsteiger sind aber auch alle die Personen, die als Anfänger bereits einige Stunden mit dem Macintosh gearbeitet haben und die dem System beiliegenden Lerndisketten durchgearbeitet haben. Der Unterschied zwischen Einsteiger bzw. Anfänger ist sozusagen fließend. Nach Durcharbeiten der Lerndiskette sind Sie ein Einsteiger, der genauere Informationen über sein System 7 haben möchte.

Damit wollen wir noch einmal unsere erste Empfehlung aussprechen. Nehmen Sie die zu den Systemdisketten des Rechners gehörende Einführungsdiskette, stecken Sie diese Diskette in das Diskettenlaufwerk, schalten Sie den Rechner an und machen Sie sich mit den Informationen, die diese Diskette liefert, vertraut.

Lesen Sie parallel dazu die ersten Seiten des Buches bis zum Kapitel "Im Innern des Systemordners".

Diejenigen, die schon mit System 7 gearbeitet haben, aber sich noch keine Gedanken über den Aufbau des Systemordners und der neuen Kern-Technologien gemacht haben, wollen wir als *Fortgeschrittene* bezeichnen.

Fortgeschrittene

Profis

Und dann gibt es noch eine Gruppe von Leuten, denen wir vermutlich nichts Neues erzählen können, den *Profis*. Aber vielleicht gibt es ja doch noch ein paar Kleinigkeiten zu beobachten, die originell sind. Oder es ist interessant, wie wir versuchen, uns dieser neuen Betriebssystemsoftware zu nähern. Etwas wird sicher auch für Sie dabei sein.

Anfänger

Als *Anfänger* sollten Sie einfach das Buch von vorne nach hinten durchlesen. Wichtig ist, daß Sie jede Anregung und Chance wahrnehmen, die Ihnen geboten wird, selber herumzuprobieren mit System 7 zu arbeiten. Orientieren Sie sich bitte auch daran, was wir den Einsteigern empfehlen.

Einsteiger

Als *Einsteiger* können Sie ebenfalls prinzipiell das Buch von vorne nach hinten lesen - also sequentiell. Wir wollen aber noch eine andere Möglichkeit vorschlagen. Lesen Sie das 1. Kapitel, danach das letzte 8. Kapitel. Beide, Einstimmung und Ausklang, geben einen Überblick über das, was System 7 gegenwärtig und in der Zukunft leistet und wie es sich weiterentwickeln könnte. Für Sie ist das praktisch ein zusammenfassender Überblick von Dingen, die Sie bereits in den Grundzügen kennen.

Fortgeschrittene LeserInnen werden vermutlich den ersten Teil des Kap. 1 und Kap. 8 nicht so intensiv lesen und eher überfliegen, dafür sich aber sehr intensiv mit dem Abschnitt "Im Innern des Systemordners", dem 4. und 7. Kapitel, beschäftigen.

Profis wollen wir eigentlich keine großen Empfehlungen geben. Wir würden das Buch durchblättern mit dem Ziel zu erfahren, wie es aufgebaut ist und wo die Schwerpunkte gelegt sind. Danach heißt es an allen Stellen gleichzeitig lesen, die momentan von Interesse sind.

Doch nun zu den Einzelheiten. Hier sind unsere Empfehlungen:

Einsteiger sollten das Buch von vorne nach hinten durchlesen. Falls Sie auf Kapitel oder Textpassagen stoßen, mit denen Sie von Anfang an nicht sofort klar kommen oder die Sie nicht interessieren, so überfliegen Sie diese nur kurz. Sie wissen dann, was der prinzipielle Inhalt ist, und können später, wenn sich fehlende Informationen zu einem Ganzen fügen, dort noch einmal gezielt nachlesen. Schreiben Sie sich Seitenzahlen und Stichworte ruhig auf. Entwickeln Sie bitte Ihr eigenes Navigations- bzw. *Ordnungsschema*.

Ordnungsschema

Kapitel 1 hat den größten Seitenumfang. Zu Beginn, sozusagen zum "Anwärmen", machen wir Sie mit etwas Computerjargon vertraut. Dazu dienen die beiden Teilkapitel "Typische Computerkonfiguration" sowie "Die Macintosh-Benutzeroberfläche". Dann geht es sozusagen zur Sache. Mit dem Teilkapitel "Im Innern des Systemordners" werden alle Bestandteile des Systemordners und die damit verbundenen Einstellungen der Betriebssystemparameter ausführlich erläutert. Im letzten Teil "Der ganz persönliche Mac" dieses ersten Kapitels erklären wir z.B. einige *Basistechniken* wie Anschalten, Öffnen einer neuen Datei, Kopieren von Dokumenten von der Diskette bzw. Festplatte, das Drucken, Sichern, Abschalten etc. Es wird aber auch das wichtige Konzept der Zwischenablage ausführlich erklärt.

Kapitel 1

Basistechniken

Dieses erste Kapitel sollten Sie von vorne nach hinten intensiv und konzentriert durcharbeiten. Lesen und experimentieren Sie mit Ihrem Rechner solange, bis Sie alle Informationen des ersten Kapitels verarbeitet haben.

Kapitel 2 beschäftigt sich mit der Schriftentechnologie. Sie können dieses Kapitel erst einmal überspringen, weil die Verwendung von Schriften bzw. die Grundlagen der Typologie quasi eine eigene "Geheimwissenschaft" darstellt.

Kapitel 2

Kapitel 3

Kapitel 3 beschäftigt sich mit dem in System 7 integrierten eingebauten "aktiven" Hilfesystem. Lesen Sie dieses Kapitel gleichzeitig mit dem ersten Kapitel. Denn das aktive Hilfesystem wird Ihnen manche Frage beantworten können, die Ihnen im 1.Kapitel vielleicht nicht sofort klar geworden ist.

Kapitel 4

Kapitel 4 behandelt die Fragen, die bei der Arbeit mit vernetzten Macintosh-Systemen von Interesse sind. Da viele unser Leserinnen und Leser froh sind, wenn sie überhaupt einen Macintosh zu Hause stehen haben, können Sie dieses Kapitel erst einmal überspringen. Etwas anders ist das, wenn Sie beruflich in Ihrer Firma an vernetzten Arbeitsplätzen arbeiten. Natürlich kann es auch sein, daß die "Kids" Mamas oder Papas abgelegten älteren Macintosh übernommen haben und es verlockend finden, auf die elterliche Festplatte zugreifen zu können. Es soll ja auch Situationen geben, wo Sohn oder Tochter es vorziehen könnten, in Streitfragen nur per Netzwerk kommunizieren zu wollen. Dann sollten Sie die Tür zu Verhandlungen per Computer unbedingt offenhalten. In diesem Falle müssen Sie Kap. 4 lesen, um mit Ihren Kindern fachlich im Gespräch zu bleiben.

Kapitel 5

Kapitel 5 und 6 behandeln zwei zentrale Erweiterungen, die mit Betriebssystem 7 Einzug gehalten haben. Das erste der beiden Kapitel erläutert, was hinter der dürren Aussage steckt, "daß nunmehr mehrere Programme gleichzeitig laufen können". Für Leute mit schmalem Geldbeutel ist *Kapitel 6* sehr wichtig, weil hier erklärt wird, wie Sie den internen Hauptspeicher unter Zuhilfenahme der Festplatte erweitern können.

Kapitel 6

Kapitel 7

Kapitel 7 macht Sie mit den notwendigen Techniken vertraut, falls Sie gleichzeitig mit mehreren Anwendungsprogrammen wie z.B. Textverarbeitung, Tabellenkalkulation und Grafikprogrammen arbeiten müssen. Es wird gezeigt, wie die Einzelergebnisse der genannten Programme auf sehr bequeme Weise zu einem Ganzen zusamengefügt werden können. Allerdings müssen Sie dazu natürlich die entsprechenden Anwendungsprogramme besitzen, die diese Fähigkeit von System 7 "Herausgebens" und "Abonnierens" unterstützen. In die Bedienung dieser Programme können wir Sie in diesem Rahmen leider nicht einführen.

Kapitel 8

Kapitel 8 rundet das gezeichnete Bild des Betriebssystems 7 ab. System 7 wird ja ständig erweitert und ausgebaut. Es ist ein modulares System, zu dem neue Teile und Dienstprogramme hinzugefügt werden. Einige dieser Teile bzw. Systemerweiterungen werden hier erläutert.

Zusammengefaßt gibt es also für Einsteiger drei mögliche Wege:

Kap. 1, 2, 3, 4, 5, 6, 7, 8 ("Standard-Weg");

Kap. 1, 3, 5, 6, 7, 2, 4, 8 ("Zwischen Praxis und Theorie");

Kap. 1, 3, 7, 2, 4, 5, 6, 8 ("Praktischer Weg").

Hohe praktische Anteile zum sofortigen Ausprobieren der gegebenen Erläuterungen besitzen die Kapitel 1, 3, 7, 2, 4, wofür wir uns das Konzept der *Anweisungsbausteine* ausgedacht haben. Anweisungsbausteine sind konkrete Handlungsanweisungen, etwas sofort auszuprobieren.

Anweisungsbausteine

Beispielsweise sieht das so aus:

Anweisungsbaustein

Namen eines Schreibtischobjektes ändern

- Klicke auf den Namen des Objektes, das umbenannt werden soll. (In diesem Fall ist es das Symbol der Festplatte Mac HD.)
- Warte ca. 1 Sekunde, bis um den aktuellen Namen ein rechteckiger Rand erscheint. (Das ist das Zeichen, daß nun auf der Tastatur ein neuer Name eingegeben werden kann; erscheint der Rand nicht, ist eine Änderung nicht möglich.)
- Tippe den Namen und schließe die Eingabe mit <Return> ab. (Drücke auf die Zeilenschaltung (↵) oder die Eingabetaste(⌅).)

Um mit allen Themen dieses Buches völlig vertraut zu werden, sollten Sie die Anweisungsbausteine im Laufe der Zeit auch ausprobieren. Falls Sie aber nicht immer Zugriff auf den Rechner haben und lieber in einem Stück etwas Praktisches erledigen wollen, haben wir im Anhang eine Reihe von Übungen vorbereitet, die teilweise aufeinander aufbauen. Sie beziehen sich auf alle Themen des Buchs.

Als weitere Hilfen haben wir den Text reichlich mit Bildchen "geschmückt". Das hat natürlich den Sinn, Sie bei der Erarbeitung der Inhalte zu unterstützen. Folgende Symbole haben wir uns dazu ausgedacht:

Geschichten, die das Leben schrieb! Einen solchen Satz findet man ja oft in Buchankündigungen und Programmzeitschriften für Fernsehprogramme. Nun behaupten wir zwar nicht, hier Lebensweisheiten zu verkünden, aber Geschichten gibt es eine Menge im Bereich der Computerei. Wir wissen natürlich nicht, ob Sie gerne Geschichten hören. Jedenfalls gibt es eine Menge kleiner Anekdoten, die man auch beim Bier oder auf einer Fete gut weitererzählen kann. (Das hat auch gleichzeitig den Effekt, das man als großer Guru bestaunt wird, was manchen Computerfreaks ja angeblich gut tun soll.) Wie auch immer! Geschichten oder besser "Geschichtchen" finden wir nett. Einige, von denen wir erfahren haben oder die in die Kategorie "Geschichtchen" fallen, werden in diesem Buch erzählt und mit rechts stehenden Symbol gekennzeichnet. Wir hoffen jedenfalls, daß auch Sie damit Spaß haben.

Dieses Symbol kennzeichnet eine Fußnote. Das ist eine Bemerkung zur näheren Erläuterung oder Ergänzung. Wir finden es ärgerlich, immer unten auf die Seite oder ans Ende des Kapitels gucken zu müssen. Deshalb haben wir die Fußnoten in den allgemeinen Text integriert. Das Auge kann darauf verweilen oder darüber hinweglesen.

Das ist unser "Merksymbol"! Sie sollten sich die mit diesem Symbol verknüpften Informationen gut merken oder aufschreiben.

Dieses Symbol soll einen Tip symbolisieren, mit dem wir bei Ihnen hoffentlich immer ins Schwarze treffen. Es ist eine Aufforderung, etwas auszuprobieren oder etwas zu beachten.

Es gibt noch eine zweite Art von Tips. Das sind Warnsignale! Hier kann etwas schief gehen. Keine Angst, den "CompuGAU" können Sie in diesem Buch gottseidank nicht erleben. "CompuGAU" heißt natürlich "Größter anzunehmender Unfall bei einem Computersystem", wenn z.B. die Computerhauptplatine durch einen eigentlich unmöglichen Spannungsstoß gemordet wird, die Netzplatine abfackelt und die Festplatte einen Headcrash erlebt. Danach bliebe nichts anderes übrig, als den Computer zu verschrotten. Von einem Fall, daß alle diese Ereignisse gleichzeitig auftreten, haben wir allerdings noch nicht gehört. Wir leben ja schließlich in Europa und nicht in USA. In USA sollten Sie allerdings Ihren Mac schön von der Steckdose isolieren. Dann kann ihm bei Blitzeinschlag nicht soviel passieren.

Das ist unser Verbindungs- oder Verkettungssymbol. Es verweist auf Literatur oder ein anderes Kapitel dieses Buches.

Diese Lupe bedeutet "Präziser!", "Expertenwissen". Sie macht auf Informationen aufmerksam, die auf den ersten Blick etwas schwieriger zu verstehen sind, ein paar andere Informationen voraussetzen. Sie wissen ja aus leidiger Erfahrung aus der Schule, aus Kursen oder aus dem Studium, wie das so ist. Oft versteht man im ersten Anlauf etwas nicht sofort. Das ist normal, daran muß man sich grundsätzlich gewöhnen. Mit manchen Informationen steht man erst mal "auf Kriegsfuß". Erstaunlicherweise löst sich dies Problem meist nach einiger Zeit einfach in Luft auf. Man hat Textstellen mehrfach durchgelesen, Dinge ausprobiert, andere Leute befragt, an andere Dinge gedacht - auf einmal wird alles klar und ein Puzzlestein fügt sich zum anderen.

Mit diesen durch die Lupe gekennzeichneten Textstellen kann Ihnen - je nach Vorkenntnis - so etwas passieren. Aber - "have no fear" - es paßt alles zusammen!

Damit sind wir aber mit unseren Hilfen noch nicht ganz am Ende. Beim Duchblättern haben Sie gesehen, daß manche Begriffe im Text und zusätzlich am Rand *kursiv* erscheinen.

kursiv

Solche kursiv gedruckten Wörter sind Fachbegriffe der Computerei oder System 7-spezifische Begriffe. Sie werden oft aus dem Kontext des Textes verständlich. Wo das nicht hilft, können Sie ja einmal nachschauen, ob Sie beim Glossar erklärt sind, das sich am Ende des Anhanges befindet. So etwas haben wir natürlich auch noch für Sie bereitgestellt.

Der Anhang ist folgendermaßen aufgebaut:

- Systeminstallation
- AppleEvents
- ResEdit
- Tips und Tricks
- Übungen und Experimente
- Glossar
- Literaturverzeichnis
- Sachwortverzeichnis

In einen Anhang kann man Inhalte sowohl systematisch zusammenfassen wie auch verstecken. Je nach persönlicher Einschätzung gehören die dort beschriebenen Themen einfach der Vollständigkeit halber dazu oder brauchen erst ziemlich spät im Lernprozeß erarbeitet zu werden.

Alle Teile des Anhangs (außer vielleicht AppleEvents und ResEdit) sind für alle Lesergruppen interessant und notwendig. Hinter den beiden Begriffen "AppleEvents" und "ResEdit" verbergen sich wichtige Ideen und Konzepte, wobei je nach Erfahrung dem Benutzer nicht immer klar ist, ob manches nicht doch besser in den "Giftschrank" gehört. Aber sehen Sie selbst einmal in diese "Schränke" hinein.

Anfänger wollen wir noch darauf hinweisen, sich ausführlich mit der Tastatur vertraut zu machen. Das erleichtert die Arbeit, wenn man noch nicht so genau die Sprachregelung für die Tasten kennt. Ein Bild der Tastatur finden Sie im Anhang.

In diesem Buch benutzen wir den Begriff Benutzer bzw. Anwender und meinen damit Sie als Käufer dieses Buches, die mit einem Macintosh arbeiten. Die Sprachregelung scheint einseitig zu sein. (Sie ist aber einfacher zu handhaben und kürzer). Dieser Eindruck soll so nicht bestehen bleiben:

Wir wenden uns ausdrücklich an alle männlichen und weiblichen MacFans. Korrekt ausgedrückt sind alle Benutzer und Benutzerinnen bzw. Anwender und Anwenderinnen gemeint. Wir halten diese Klarstellung für wichtig

Soviel zu unserem kleinen Überblick!

Quiz

Ist Ihnen selbst nicht ganz klar, wo Sie sich einordnen sollen, machen Sie doch mit uns ein kleines *Quiz*. Versuchen Sie einmal, mit Worten oder auch auf einem Blatt Papier die folgenden (alphabetisch angeordneten) Begriffe zu erklären.

- ADB-Bus
- Aktive Hilfe
- Doppelklick
- Festplattenkapazität
- Löschen einer Datei
- Mauszeiger
- PICT-Ressource
- Rollbalken
- Schreibtischkonzept
- TrueType-Zeichensatz

Gab es Probleme? Na hoffentlich! Sonst ist dieses Buch vielleicht doch zu elementar für Sie. Wer etwa die Hälfte der Begriffe schon kennt und zwei bis drei davon erläutern kann, gilt für uns als Einsteiger. Wer selbst mit "Doppelklick" nichts anfangen kann, sollte sich ein bis zwei Stunden Zeit nehmen und die Einführungsdiskette durcharbeiten, die jedem Macintosh beigelegt ist. Damit wird man zum Einsteiger und sollte sofort mit dem Kap. 1 beginnen. Spätestens nach Kap. 7 gehören noch wesentlich mehr Begriffe zu Ihrem Wissensschatz!

Viel Spaß mit diesem Buch und Ihrem Mac.

Finder

Ein neues "Look and Feel"-Erlebnis

1

Eigentlich ist doch vieles eine Frage des Geschmacks. Manche Leute wollen einfach mit dem neuesten Auto durch die Gegend fahren, andere meinen, das alte Auto tut es noch eine Weile. Eine gründliche Wäsche, ein bißchen neue Farbe, den Motor ein bißchen getunt und man selber hat ein neues "Look and Feel"-Erlebnis, was das eigene Auto angeht: Es sieht besser aus und fühlt sich besser an. Wir wollen uns natürlich hier nicht über Autos unterhalten, sondern über Computer, genauer: über unseren und Ihren Lieblingscomputer - den Macintosh und sein neues softwaremäßiges Innenleben, das Betriebssystem mit dem Namen System 7.

Auf dem Markt haben Autos und Computer viel gemeinsam. Von Zeit zu Zeit gibt es eine neue Modellserie unter einem neuen Namen. Dazwischen gibt es auch technologische Verbesserungen im Innenleben von Autos oder Computern, die manchmal nur Fachleute bemerken. Das vollzieht sich schrittweise und diese Schritte sind meistens sehr klein. Ältere Macfans kennen dieses Spiel. Alle Jahre wieder oder auch in kürzeren Zeitabständen gibt es eine neue Version des Macintosh-Betriebssystems, angefangen 1984 mit der Version 1 bis zur Version 6.0.7 im Jahre 1991. Und viele Benutzer konnten durchaus mit Systemen glücklich werden, die bereits Jahre auf dem Buckel haben. Schließlich ist allerdings ein größerer Schritt notwendig gewesen. Von 6.0.7 zum neuen System 7 war es sogar ein riesiger Sprung. Auf den ersten Blick ist für den normalen Benutzer, der sich auch bisher nicht sehr um sein Betriebssystem gekümmert und es einfach nur in den elementaren Funktionen benutzt hat, kein großer Unterschied zu erkennen. Bei genauem Hinsehen gibt es aber ein neues "Look and Feel"-Erlebnis, das sich dann auch sehr schnell auf den Umgang mit dem Computer und den individuellen Arbeitsstil überträgt.

Betriebs-system

Ein *Betriebssystem* (abgek.: BS) ist ein Computerprogramm, das nach dem Einschalten des Rechners ständig im Hintergrund mitläuft und alle weiteren Programme mit grundlegenden Fähigkeiten ausstattet. Für uns ist es diejenige Software, die dem Macintosh das typische "Macintosh Look and Feel" gibt. Es wird mit jedem Macintosh auf Disketten ausgeliefert. Manchmal muß diese Software neu installiert werden, oft befindet sie sich schon auf der Festplatte. Sie kann sich intern auf verschiedenen Macintosh-Rechnern durchaus leicht unterscheiden, da die inneren Eigenschaften (Prozessortyp, Speicherplatz, ...) und die äußeren Eigenschaften (Tastatur, angeschlossene Geräte, ...) ja auch unterschiedlich sein können.

Aber in der Regel präsentiert sich jeder Macintosh-Rechner dem Benutzer gleich. Er gibt uns wesentliche Informationen durch eine Darstellung mit kleinen Bildern, den *Symbolen*, zeigt uns verschiedene Fenster und läßt sich mit der *Maus* bedienen.

Symbol
Maus

Immer wieder wird aber von Einsteigern die Frage gestellt: "Wo ist denn nun eigentlich mein Betriebssystem? Kann ich das nicht einmal sehen?" Als normaler Benutzer arbeitet man ja in der Regel mit Anwendungsprogrammen, bspw. zur Textverarbeitung oder zum Zeichnen. Man hat vielleicht bisweilen Schwierigkeiten mit einzelnen Funktionen dieser Programme, aber eigentlich nie mit dem Betriebssystem. Beim Macintosh merkt man nämlich fast gar nichts davon. Der Benutzer schaltet den Rechner an und man sieht das freundliche "Willkommen" und das Symbol der Festplatte auf dem Bildschirm. Durch Doppelklick auf das Symbol eines Programms oder eines Dokuments startet man die Arbeit und hat den direkten Kontakt mit dem Betriebssystem schon wieder hinter sich. Beim Startvorgang, beim Anzeigen des Disketteninhalts, beim Arbeiten mit der Maus und bei vielen anderen Funktionen, wie z.B. dem Drucken, wirkt die Software mit dem Namen Macintosh Operating System (*MacOS*) im Hintergrund mit. Rein physikalisch finden wir es auf der Hauptplatine des Rechners in einem "Nur-Lese-Speicher" (die Fachleute nennen das: *ROM*; evtl. müssen Sie solche Begriffe im Glossar nachschauen) lokalisiert, sowie in Ergänzungen, die von der Datei *System* auf der Startdiskette geliefert werden. Außerdem wird es durch sogenannte *Inits* beeinflußt, kleine Programme, die nach dem Anschalten des Rechners ablaufen. Für den Benutzer stellt sich das Betriebssystem nie direkt dar. Viele Funktionen werden vom sogenannten *Finder* aus zugänglich, dem Program, das beim Start automatisch geöffnet wird und die typische grafische Benutzeroberfläche zur Verfügung stellt.

MacOS
ROM
System
Init
Finder

Ein Computer ist für uns ein Werkzeug, jede komplizierte Terminologie oder Bedienung ist von Übel. Deswegen ist es im allgemeinen auch nicht wichtig, ganz genau zu wissen, was in solch einer Betriebssystemsoftware im einzelnen abläuft. Eines ist jedenfalls klar: Die internen Abläufe sind hochkomplex und von Laien kaum zu durchschauen. Außerdem sind viele Einzelheiten Betriebsgeheimnisse von Apple, und diese werden eifersüchtig gehütet. Gerade auf diesem Gebiet hat Apple eine Reihe von gerichtlichen Prozessen gewonnen, und dies ist auch der Grund dafür, daß es kaum illegale Nachbauten, sogenannte *Clones*, des Macintosh gibt.

Clone

Das heißt aber nun auch nicht, daß man nur sein Textverarbeitungsprogramm im Schlaf kennen soll und sonst gar nichts. Wir meinen, daß es nichts schaden kann, wenn ein Computerbenutzer weiß, was der Unterschied zwischen der *Betriebssystemsoftware* und *Anwendungsprogrammen* ist. Vor allem, wenn Sie Ihre Probleme und Erfahrungen mit anderen austauschen, ersparen Sie sich viel Verwirrung und Mißverständnisse, wenn von vornherein klar ist, über welches Programm und welche *(Programm)-Version* Sie reden. Viel wichtiger ist es aber, das Betriebssystem handhaben zu können, es sich nutzbar zu machen, um schneller, effektiver und eleganter die eigene Arbeit erledigen zu können. Und darum soll es uns in diesem Buch gehen. Wir wollen Sie nämlich Schritt für Schritt mit einem der elegantesten und freundlichsten Betriebssysteme bekanntmachen, die es für Computer gibt, dem Macintosh-Betriebssystem - genauer, dem neuen System 7.

Betriebssystemsoftware

Anwendungsprogramm

Programmversion

Skeptiker mögen fragen, welchen Sinn eigentlich sieben Systeme für einen einzigen Rechner haben sollen. Wieso wird von Anfang an nicht einfach alles gleich richtig produziert, damit die liebe Seele Ruh' hat? Das erste Argument kommt von Seiten der Programme, von der Software. Jedes kommerzielle Programm ist ein Kompromiß im Spannungsfeld unterschiedlicher Ansprüche. Es soll natürlich möglichst viel können, muß aber mit einer gegebenen Hardware auskommen. Außerdem soll es möglichst wenig Fehler haben, aber die Zeit zum Testen und Erproben ist auch begrenzt, da es ja irgendwann auf dem Markt erscheinen soll.

Hardware

Hinzu kommt als weiteres Argument, daß die *Hardware*, also der technische Aufbau, heftigen Veränderungen unterworfen ist. Seit es den Mac gibt, hat sich vieles geändert, z.B.

Kilobyte

Megabyte

- stieg die Größe des internen Arbeitsspeichers von 128 *Kilobyte* (kByte) auf 4 bis 32 *Megabyte* (MByte),
- wurde die Kapazität des Diskettenlaufwerks von 400 kByte auf 1.400 kByte erweitert,
- stieg die Kapazität einer extern oder intern anschließbaren Festplatte von 20 MByte auf mehr als 1000 MByte.

Peripheriegerät

Eine schier unübersichtliche Anzahl von *Peripheriegeräten*, wie Drucker, Scanner, CD-ROM und Farbgrafikgeräten ist hinzugekommen, von denen 1984 kaum jemand träumen konnte. All das führte zu der regelmäßigen Erneuerung von Betriebssystemsoftware mit der etwas merkwürdigen Reihenfolge der Kennziffern 1.0, 3.0, 3.2, 4.0, 4.1, 4.3 und dann 1988 6.0. Zuletzt erfolgten Änderungen nur noch in der 2. Stelle hinter dem Punkt, wie 6.0.5 oder 6.0.7.

❄ 6.0.5 war nötig für die Benutzung von HyperCard 2, eines von Apple entwickelten Programms, 6.0.7 wurde für die Benutzung des StyleWriter-Tintenstrahldruckers mit TrueType-Schriften gebraucht.

System 7 stellt die auf das System 6 folgende Stufe in der Evolution des Macintosh-Betriebssystems dar. Verglichen mit den vorherigen Änderungen erweist sich dieser Schritt jedoch als eine gründliche Neuentwicklung, die wir Ihnen gerne beschreiben möchten. Dem Benutzer werden eine Reihe völlig neuer Möglichkeiten und erweiterte alte in Form sogenannter *Kerntechnologien* zur Verfügung gestellt. Diese heißen:

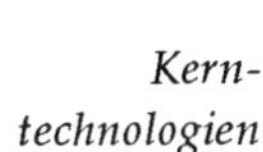

Kern-technologien

- Finder für System 7,
- TrueType,
- Balloon Help,

- File Sharing,
- virtueller Speicher und Multitasking,
- InterApplication Communication (*IAC*) sowie Data Access Manager.

Viele der Begriffe klingen im ersten Moment sicher noch fremdartig bis unverständlich. Sie werden diese Fachbegriffe aber nach und nach, Kapitel für Kapitel, kennenlernen und verstehen, denn darauf bauen die vielen neuen Möglichkeiten von System 7 auf, die Apples Softwarevorsprung vor der Konkurrenz für Jahre sichern soll. So wenig wie das ursprüngliche Macintosh-Betriebssystem 1.1 die Fähigkeiten eines der heute verkauften Rechner nutzen würde, so wenig könnten die vielfältigen Möglichkeiten des neuen Betriebssystems auf den ganz alten Rechnern genutzt werden.

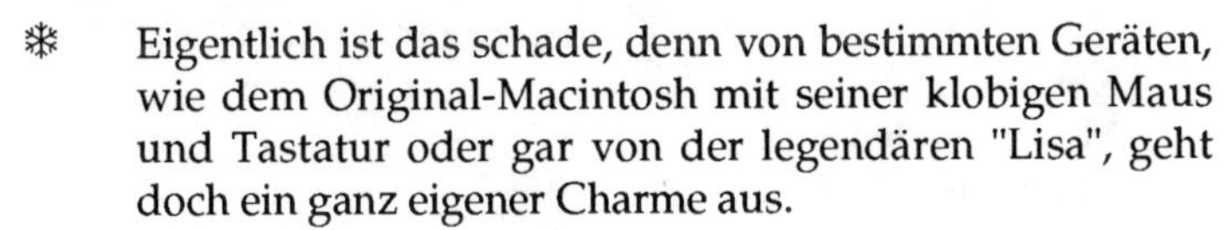

❄ Eigentlich ist das schade, denn von bestimmten Geräten, wie dem Original-Macintosh mit seiner klobigen Maus und Tastatur oder gar von der legendären "Lisa", geht doch ein ganz eigener Charme aus.

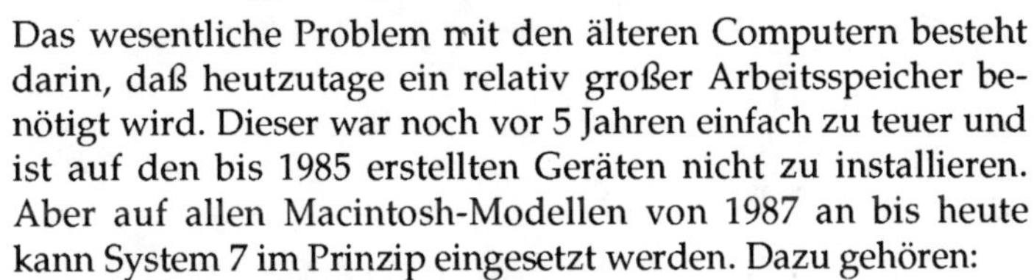

Das wesentliche Problem mit den älteren Computern besteht darin, daß heutzutage ein relativ großer Arbeitsspeicher benötigt wird. Dieser war noch vor 5 Jahren einfach zu teuer und ist auf den bis 1985 erstellten Geräten nicht zu installieren. Aber auf allen Macintosh-Modellen von 1987 an bis heute kann System 7 im Prinzip eingesetzt werden. Dazu gehören:

- Macintosh Plus, SE, SE/30,
- Rechner der Classic-Serie,
- Macintosh LC und LC II,

- Mac-Portable,
- alle Geräte der Mac II-Serie und
- natürlich alle Neuentwicklungen ab Herbst 1991, wie z.B. die PowerBooks und Quadra-Rechner der 68040-Serie.

Voraussetzung ist jeweils eine Festplatte und mindestens 4 MByte RAM-Speicher. Das ist der offizielle Wert und sicherlich funktioniert das auch gut. Aber schon in der kurzen Zeit zwischen Schreiben und Erscheinen dieses Buches wachsen die Ansprüche der Benutzer und die Fähigkeiten der angebotenen Programme. Deshalb: Machen Sie sich lieber nichts vor. Wenn Ihr Computer soviel aufnehmen kann (vgl. Tabelle 6-3), rechnen Sie besser mit dem doppelten an Speicher, also 8 MByte. Dann kann man wirklich komfortabel arbeiten und muß sich nicht dauernd über mangelnden Speicherplatz ärgern. Einiges davon braucht nun einmal System 7, wenn es Spaß machen soll.

Auf folgenden Uralt-Macintosh-Modellen kann System 7 allerdings nicht mehr eingesetzt werden:

- Macintosh 128, dem Original von 1984,
- Macintosh 512,
- Macintosh 512K/800 (auch 512KE genannt),
- sowie Macintosh XL, der legendären "Lisa".

❄ Bevor Sie beginnen, sich über die vielen verschiedenen Namen zu wundern, wollen wir eine kleine Etymologie probieren, allerdings ohne Gewähr, und die deutsche Übersetzung überlassen wir Ihnen:
Die Zahlen der ersten Versionen weisen auf Speicher- (128, 512, 512 K) bzw. Laufwerkkapazitäten (800) hin,
E = enhanced,
XL = extended Lisa,
SE = system enhanced,
LC = low cost & color,
c = compact,
i = internal video,
s = single slot,
x = mit 68030-Prozessor,
f = fast,
quadra weist auf die 4 des 68040-Prozessors hin.

Typische Computerkonfiguration

Wir haben gerade von Hardwarevoraussetzungen geredet und möglicherweise Begriffe benutzt, die nicht für alle LeserInnen selbstverständlich sind. Deshalb wollen wir nun einige grundsätzliche Bemerkungen über eine typische Computerkonfiguration machen sowie die Begriffe *Hardware* und *Software* erklären. Eine typische Rechnerausstattung, die "Hardware", ist das, was Sie auf Ihrem Schreibtisch vor sich stehen sehen. Sie besteht bei allen modernen Rechnern aus einer Reihe von Teilen, die wir kurz erwähnen wollen. Obwohl die Bedienung des Rechners und alle wichtigen Programme eingedeutscht sind, kommt es immer wieder vor, daß amerikanische Originalausdrücke verwendet werden, die wir deshalb in Klammern mit angeben.

Hardware

Software

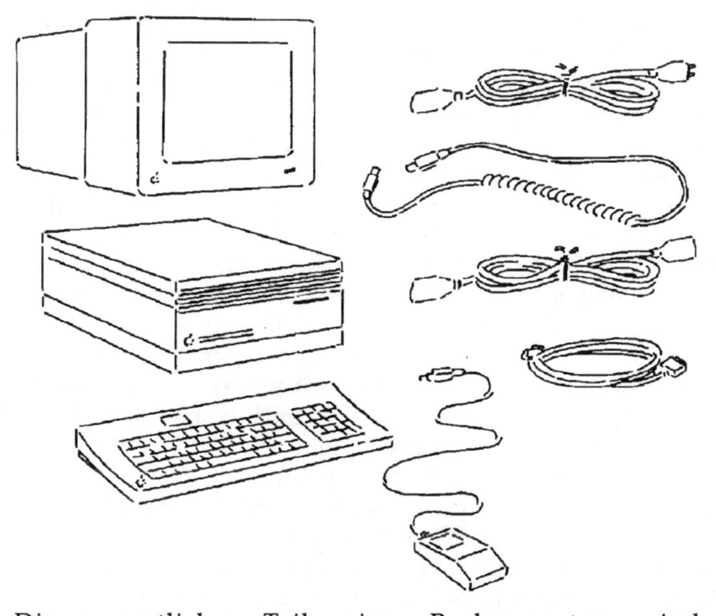

Bild 1-1: Hardware eines Mac II-Systems

Die wesentlichen Teile eines Rechnersystems sind: Bildschirm (*monitor*), Tastatur (*keyboard*), Maus (*mouse*), Grundgerät (*main device*) und zusätzliche Peripheriegeräte (*peripheral devices*). Natürlich bestehen alle der genannten Hardwareteile wieder aus Teilen. Wenn Sie das Gerät nach dem Kauf auspacken, sind natürlich noch weitere Gegenstände in der Packung:

Monitor

Keyboard

Mouse

Main device

peripheral devices

- Kabel, mit denen alles verbunden wird,
- ein kleines Mikrophon,
- Disketten, die wichtige Programme enthalten,
- und eine Menge Papier, von dem Sie mindestens den Garantieschein beachten und einsenden sollten.

floppy disk
hard disk
scanner
printer

M

❄ Wir wollen hier die Nennung der Fachbegriffe nicht übertreiben. Es ist jedoch üblich, die wichtigsten Möglichkeiten für Peripheriegeräte aufzuzählen, wie z.B. ein zusätzliches Diskettenlaufwerk (*floppy disk*), ein externes Festplattenlaufwerk (*hard disk*), ein Lesegerät (*scanner*), einen oder mehrere Drucker (*printer*) oder Plotter sowie ein CD-Laufwerk (*CD-ROM*; eine kurze Beschreibung finden Sie im Glossar). Alle diese Geräte sind nämlich mit Kabeln und Steckern an Ihren Computer anzuschließen. Die dafür vorgesehenen Anschlüsse befinden sich an der Rückseite des Grundgerätes und unterscheiden sich bei verschiedenen Rechnertypen nur in ihrer Anordnung (vgl. Kap. 8).

Der Begriff "Hardware" kommt wie vieles in diesem Fachbereich auch aus dem Englischen. "Hardware-stores" waren in der Wild-West-Zeit der amerikanischen Geschichte die Gemischtwarenläden, wo man eben sehr reale, anfaßbare Gegenstände, insbesondere Werkzeuge, die für das tägliche Leben notwendig waren, bekam. "Hardware" kann man anfassen, "Software" nicht. "Hart" in diesem Sinne sind sowohl mechanische Bauteile wie die Tastatur und das Diskettenlaufwerk als auch elektronische Bauteile wie Chips, Transistoren, Widerstände und die Bildröhre. "Weich" sind dagegen die Informationen, die all dem zu einem koordinierten, zielgerichteten Funktionieren verhelfen. Software ist das immaterielle, das was man eben nicht anfassen kann, die Programme, die geistigen Produkte von ProgrammiererInnen. Natürlich gibt es hier auch, wie auf jedem Gebiet menschlicher Tätigkeiten, gute und weniger gute, komplexe und einfache Exemplare. Ganz allgemein unterscheidet man zwischen dem bereits erwähnten Betriebssystem (z.B. System 7) und typischer Anwendersoftware wie z.B. MacWrite, Word, Excel, Resolve, FileMaker, RagTime, MacDraw, um nur einige zu nennen. Die jeweils aktuelle Betriebssystemversion für Macintosh-Rechner existiert in einer einzigen Fassung, die nur für die einzelnen Rechnertypen leicht angepaßt wurde. Aber an kommerziell vertriebenen Anwenderprogrammen kennt man sicher bereits über 10000 verschiedene Produkte.

Schalenmodell

Zum Verständnis des Unterschiedes zwischen Betriebssystem- und Anwendersoftware ist es sehr praktisch, sich die Zusammenhänge mit Hilfe einer Modellvorstellung zwischen Hardware und Software klarzumachen, dem sogenannten *Schalenmodell*. Moderne Computersysteme sind modular aufgebaut. Schicht um Schicht gruppieren sich Hardware- und Softwarekomponenten in dem Sinne, daß jede äußere Schicht die inneren braucht und jede innere die Grundlage für die äußeren darstellt.

Für Mikrocomputersysteme war dies in den letzten zehn Jahren auch immer eine 1 : 1-Abbildung, weil eine bestimmte Hardware mit genau einem bestimmten Betriebssystem zusammenarbeitet und umgekehrt. Moderne Entwicklungen werden jedoch heute auf allen Ebenen so angelegt, daß größtmögliche Übertragung stattfinden kann, und somit die Programme unabhängig vom Rechnertyp und Rechner das Betriebssystem nutzen können, das der Betreiber wünscht.

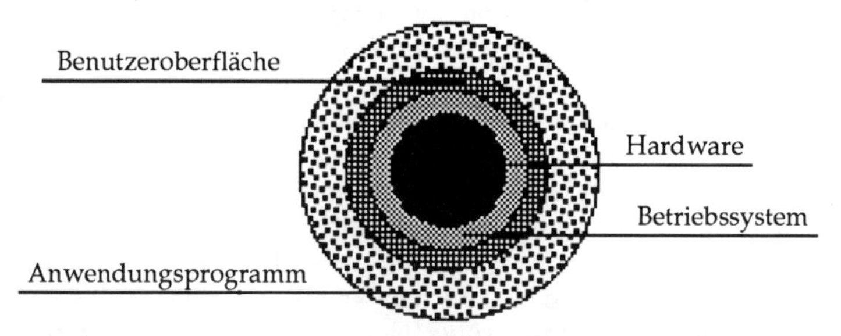

Bild 1-2: Schalenmodell

Auch wenn die genannten Schichten in einem modernen System unsichtbar integriert sind, stellt die Reihenfolge von Innen nach Außen auch eine geschichtliche Entwicklung hin zu größerer Benutzerfreundlichkeit dar. Betrachten wir diese Stadien einmal am Beispiel einer typischen Ausgabe, d.h. an dem Versuch des Rechners, dem Benutzer die Ergebnisse seiner Arbeit mitzuteilen.

digital

Die Hardware arbeitet zunächst *digital*, nach einem Prinzip, das Sie vom Ein- und Ausschalten von Lampen oder Haushaltsgeräten her kennen. Und so sahen auch die ersten Ausgabegeräte aus: Reihen von kleinen Lämpchen, an deren Zustand die ProgrammiererInnen Ergebnisse ablesen konnte. Das Betriebssystem wurde weiter und weiter entwickelt und in die Lage versetzt, je nach Notwendigkeit Buchstaben zu erzeugen und diese auf einem Bildschirm oder einem Blatt Papier erscheinen zu lassen, oder auf einer Diskette zu speichern. Auf der Ebene der äußeren Darstellungsweise des Mac wird z.B. heute festgelegt, daß die Information auf dem Bildschirm in einem weißen Fenster mit schwarzen Buchstaben erscheint. Alternativ dazu kann aber auch ein Lautsprecher mit der Ausgabe beauftragt werden. Die weitere Bearbeitung, z.B. erneute Umrechnung und Ausgabe in einer Grafik, ist eine Aufgabe für das Anwendungsprogramm.

Man kann sich anhand des Schalenmodells vielleicht vorstellen, daß die Benutzer in der Frühzeit der Computersysteme es nicht einfach hatten. Sie wurden praktisch direkt mit der Hardware des Gerätes konfrontiert, mußten sich extrem an deren Arbeitsweise anpassen. Dazu gehörte eine intensive Einarbeitung in die jeweilige Bedienungsweise (wie z.B. mit

Lochkarten) und die Notwendigkeit, viele abstrakte Befehle zu lernen, um den Betrieb aufrecht erhalten zu können. Aber da zunächst auch nur SpezialistInnen mit diesen Geräten arbeiteten, war dies zu verschmerzen.

❄ 1947 schätzte John von Neumann, einer der Computerpioniere, daß die gesamten Rechenprobleme der Vereinigten Staaten mit etwa sechs Computern zu lösen wären.

Die massenhafte Verbreitung der Computer war aber erst möglich, als sie finanziell erschwinglich wurden, und zu ihrer Bedienung nicht mehr unbedingt ein Studium in Elektrotechnik oder Physik vorausgesetzt wurde. Mittlerweile gibt es wohl mehr Haushalte mit Computer als ohne und deren Benutzung obliegt in der Regel den jüngeren Familienmitgliedern. Bedienung der Geräte und effektives Arbeiten damit ist - insbesondere beim Macintosh - auch Laien möglich, weil der Kontakt des Benutzers mit dem eigentlichen Betriebssystem nur über die (Betriebssystem-)Benutzeroberfläche erfolgt. Die *Benutzeroberfläche,* die Erscheinungsweise, wie der Computer mit dem Menschen kommuniziert - beim Macintosh *Finder* genannt -, stellt also die eigentliche Mensch-Maschine-Schnittstelle dar.

Benutzeroberfläche

Finder

So etwas denkt sich natürlich nicht einmal eben ein Programmierer im Laufe eines Nachmittags aus. Dazu gab es lange vorher Entwicklungs- und Forschungsarbeiten. Ein Vorläufer der Mac-Oberfläche wurde in langjähriger Arbeit an amerikanischen Forschungsinstituten wie MIT und PARC-XEROX entwickelt. In einigen Jahren wird die heutige Macintosh-Benutzeroberfläche vermutlich wiederum ganz anders aussehen, wenn neue Erkenntnisse im Forschungsbereich der Mensch-Maschine-Kommunikation andere Möglichkeiten eröffnen. Beispielsweise könnte man Elemente von natürlichsprachlicher Ein- und Ausgabe in das Betriebssystem integrieren.

Neben dem Finder haben natürlich Anwendungsprogramme auch eine eigene (Anwendungsprogramm-)Benutzeroberfläche. Ein Bestreben all derer, die den Mac programmieren, ist es, diese möglichst einheitlich zu gestalten, damit ähnliche Aktionen auch immer mit ähnlichen Befehlen auszulösen sind. Die Regeln legt eine Apple-Arbeitsgruppe, die *Human-Interface-Group* fest. Für Anfänger hat diese Uniformität neben dem positiven Effekt, alles ähnlich zu bedienen und sich schnell in unbekannte Anwendungen einarbeiten zu können, einen kleinen Nachteil: Speziell dann, wenn sämtliche Fenster gelöscht sind und nur die Menüleiste sichtbar ist, weiß man manchmal nicht mehr, wo man sich eigentlich befindet und welche Aktionen erlaubt sind.

Human-Interface-Group

❄ Drücken Sie in der oberen Menüzeile im -Menü doch einmal auf den Apfel. Im entstehenden Menü gibt uns immer der erste Menüpunkt Auskunft darüber, in welchem Programm wir uns befinden. Da heißt es dann z.B. **Über MacWrite II...** oder **Word-Info...**, wenn wir gerade mit den jeweiligen Textverarbeitungsprogrammen arbeiten. In den verschiedenen Formulierungen taucht auf alle Fälle der Programmname auf. Nur der Finder wird als so allgemein angesehen, daß normalerweise dort der Menüpunkt **Über diesen Macintosh...** erscheint. Aber halten Sie vor dem Klick auf den Apfel doch einmal die Wahltaste (⌥) fest, dann werden Sie wirklich sehen, wo Sie sind.

Macintosh-Benutzeroberfläche

Was tut ein texanischer Cowboy früh morgens nach dem Aufstehen? Noch vor dem Wachwerden, vor der Morgentoilette, vor der ersten Tasse Kaffee und der ersten Zigarette? Na klar, wenn das Bild, das die Amerikaner und die Werbung zeichnen, stimmt, dann zieht er sich die Schuhe an. Und natürlich nicht irgendwelche, sondern die reichverzierten, klapperschlangentauglichen legendären "Boots". Oder haben Sie schon einmal einen Cowboy ohne Boots gesehen? Wir nicht! Und von diesem persönlichen *Systemstart* bis zum Schlafengehen bleibt er in diesen Schuhen. So ein Bild hatten wohl auch die Computerfreaks vor Augen, als sie den beim Einschalten des Geräts notwendigen Systemstart *Boot-Vorgang* tauften. Erst im Anschluß daran ist der Rechner funktionsbereit, und mit diesen Stiefeln läuft er auch den ganzen Tag durch die Gegend.

Systemstart

Boot-Vorgang

Pinnggg

Ein paar Schritte kann man von diesem "Bootprozeß", dem Start des Betriebssystems, auch als normaler Benutzer erkennen. Das allererste "Lebenszeichen", vielleicht mit einem kräftigen Gähnen zu vergleichen, ist der Ton, von manchen einfach als "Pinnggg" beschrieben.

❄ Aber in Wirklichkeit hat er bereits diagnostische Funktionen. Apple-Mitarbeiter werden in der Fähigkeit geschult, bestimmte Fehlerzustände des Rechners bereits an diesem Ton zu erkennen.

Als erster sichtbarer Effekt wird der Bildschirm grau eingefärbt, und der Rechner prüft, ob der vorhandene Arbeitsspeicher in Ordnung ist. Ist nämlich auch nur einer der Speicherchips defekt, kann kein Programm vernünftig laufen. Ein eventueller Fehler wird dadurch angezeigt, daß der Bildschirm wieder schwarz wird und in der Mitte das Symbol eines traurigen Macintosh erscheint (*Sad Mac Icon*). Die Zahlenreihen (Hexadezimalzahlen in einer oder zwei Reihen) deuten den Fachleuten an, welcher Defekt aufgetreten ist.

Sad Mac Icon

An dieser Stelle stehen Sie als Benutzer vor einem Dilemma: Einerseits wünscht man sich natürlich bei allen digitalen Göttern keinen kaputten Speicher, aber andererseits möchte man das *Sad-Mac-Icon* doch auch einmal in Natur sehen.

❄ Je nachdem, wieviel Speicher vorhanden ist, dauert es beim Einschalten einige Sekunden, bis alle Chips geprüft sind. Wenn Sie während dieser Zeit den Interrupt-Knopf drücken, ist der traurige Mac zu sehen. Um ihn wieder fröhlich zu stimmen, drücken Sie den Reset-Knopf, dann startet der Boot-Vorgang neu.

Interrupt
Reset

❄ *Interrupt*- und *Reset*-Knöpfe finden Sie bei den unterschiedlichen Geräten an verschiedenen Stellen; bei den kompakten Geräten (Plus, SE, Classic) hinten an der linken Seite. Der vordere Knopf ist für Reset (◁, Warmstart), der hintere für Interrupt (⊖, Unterbrechung). Bei den älteren Mac II-Geräten befinden sie sich hinten an der rechten Seite des Geräts. Seit dem Mac IIcx haben sie wohl ihren endgültigen Platz links an der Vorderseite des Grundgeräts gefunden, Interrupt rechts, Reset links davon. (Typisch: Umgekehrte Eselsbrücke: **re**set - **li**nks, **in**terrupt - **re**chts.) Sollten Sie aber an den angegebenen Stellen nichts finden, kann es gut sein, daß die Knöpfe gar nicht montiert wurden. Bei Dienstgeräten, mit denen nicht selbst programmiert wird, ist dies üblich. Ihr Handbuch sagt Ihnen ggf., wie man die Programmierknöpfe nachträglich einbaut. PowerBooks haben nur noch zwei kleine verborgene Knöpfe an der Rückseite, die mit einem Kugelschreiber betätigt werden. Beim Mac LC und IIsi werden die Funktionen über die Tastatur ausgelöst: Reset = Kontroll-, Apfel- und Einschalttaste, Interrupt = Apfel- und Einschalttaste.

In der Regel hat aber der Speicher keinen Fehler, alle "Körperteile" sind vorhanden und sitzen an der richtigen Stelle. Nun müssen erst einmal die Stiefel gefunden werden, d.h. die angeschlossenen Diskettenlaufwerke werden daraufhin untersucht, ob sich auf ihnen die zum Booten benötigten Programme befinden. Das Suchen symbolisiert ein Diskettensymbol mit einem Fragezeichen, bei Mißerfolg ist es mit einem Kreuz versehen.

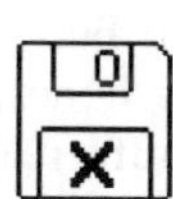

Bild 1-3: Vier mögliche Start-Symbole

Falls Ihnen das Kreuz begegnet, haben Sie vermutlich ein Problem mit der Startdiskette. Manchmal gibt es aber auch Ärger, wenn Sie sehr viele Peripheriegeräte, wie Scanner, CD-ROM, Wechselplattenlaufwerke o.ä. angeschlossen haben. Vielleicht sollten Sie in solch einem Fall zuerst diese Geräte, die am SCSI-Stecker angeschlossen sind, abschalten, und es dann neu probieren. Klappt es jetzt, müssen Sie schrittweise die Geräte wieder installieren und das Problem so einkreisen. Manchmal besteht die Lösung darin, die Reihenfolge der Geräte zu verändern.

Haben Sie einfach versucht, von einer Diskette aus zu starten, und dabei Schiffbruch erlitten, ist diese wahrscheinlich defekt. Starten Sie in diesem Fall mit der (Kopie der) Original-System-Diskette und installieren Sie anschließend ein neues System auf der Diskette, die die Probleme bereitete. Dasselbe sollten Sie auch tun, wenn Sie versucht hatten, von der Festplatte aus zu starten und dann der Fehler auftrat. Oft hilft es schon, im Programm "Festplatte Installieren" den Befehl "Aktualisieren" auszuwählen.

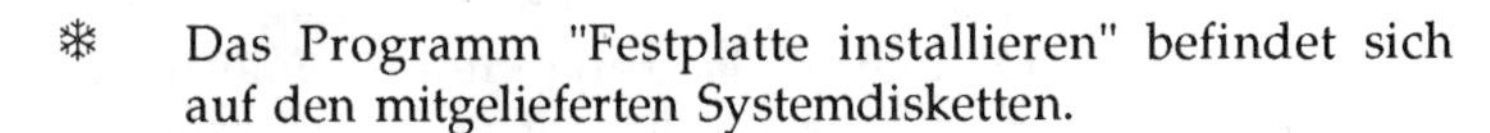

❄ Das Programm "Festplatte installieren" befindet sich auf den mitgelieferten Systemdisketten.

❄ In ganz seltenen Fällen kann eine Festplatte auch einmal so gestört sein, daß sie den Boot-Vorgang völlig verhindert. Dann kann man mit der Tastenkombination Umschalttaste (⇧)-Wahltaste (⌥)-Befehlstaste (⌘)-Löschtaste den Rechner dazu bringen, sich so zu verhalten, als wäre keine interne Festplatte vorhanden.

Inits

Normalerweise ist die Festplatte oder die Diskette, von der wir versuchen zu starten, in Ordnung, so daß der Startvorgang weiterläuft. Während die hübsche "Willkommen"-Meldung erscheint, werden die notwendigen Ergänzungen aus der Systemdatei übernommen, dann werden in alphabetischer Reihenfolge die *Inits* gestartet.

Systemstart

Es handelt sich dabei um kleine Programme, die immer im Hintergrund mitlaufen. Zum Installieren werden sie in den Systemordner kopiert; der Finder legt sie dann automatisch an die richtige Stelle. Manche Inits machen sich beim *Systemstart* am unteren Rand des Bildschirms in Form kleiner Symbole bemerkbar. Die prominentesten Beispiele für solche Programme sind Uhren oder Bildschirmschoner. Sie sind nicht unbedingt notwendig, machen dem Benutzer aber das Leben leichter und sorgen u.a. für das "persönliche Mac-Gefühl". (Um im Bild zu bleiben sind es vielleicht die "Strümpfe" in den Stiefeln.)

❄ Da sich niemand beide Strümpfe zur gleichen Zeit, sondern erst einen und dann den anderen anzieht, ist auch zu fragen, in welcher Reihenfolge Inits (und die eng damit verwandten CDEVs) geladen werden.
Sie werden jeweils in alphabetischer Reihenfolge geladen, und zwar zunächst aus dem Ordner **Systemerweiterungen**, dann aus dem Ordner **Kontrollfelder** und schließlich aus dem übrigen Teilen des **System-Ordner**.

❄ Leider vertragen sich nicht immer alle Inits miteinander, was dazu führen kann, daß der Rechner nicht vernünftig arbeitet. Falls Sie so etwas bei Ihrem vermuten, können Sie auch ohne Inits starten: Halten Sie beim Boot-Vorgang die Umschalttaste (⇧) fest, sobald das "Happy Mac"-Symbol erscheint. Anschließend sollten Sie dann alle Inits (Kontrollfelder und Systemerweiterungen) aus dem Systemordner entfernen, neu starten und nur die wichtigsten wieder installieren. Wenn Sie nach jedem neu eingebauten Init neu starten, sollten Sie bald eventuelle Störenfriede erkannt haben. Auf diese müssen Sie halt in Zukunft verzichten.

Für die meisten Benutzer ist an dieser Stelle der Boot-Vorgang beendet und das Programm mit dem Namen Finder aktiv. Denjenigen, die keine Zeit verlieren und sofort mit der Arbeit beginnen wollen, kann geholfen werden: Alle Dateien, die im Ordner **Startobjekte** im **Systemordner** abgelegt wurden, werden automatisch geöffnet, so daß Sie jetzt nicht den Finder, sondern das entsprechende Anwendungsprogramm vor sich haben (vgl. Kap. 1, "Im Inneren des Systemordners").

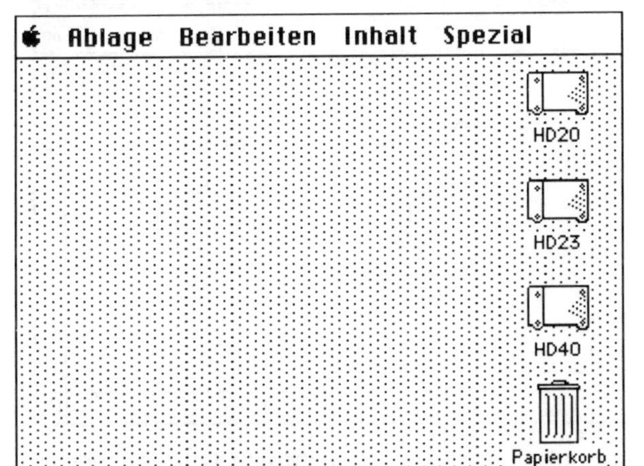

Bild 1-4: Macintosh-Benutzeroberfläche für BS 6

Wenn Sie ganz normal starten und nichts schiefgeht, hat Ihr Bildschirm nun das klassische dezente Layout, für das der Macintosh von Anfang an berühmt gewesen ist und an dem eine Reihe von DesignerInnen intensiv gearbeitet haben.

Wie wir gesehen haben, versteht man unter der Benutzeroberfläche ja die Art und Weise, wie sich das Betriebssystem gegenüber dem menschlichen Benutzer darstellt. Das ist auch der Punkt, in dem sich gewaltige Unterschiede feststellen lassen.

Manche Computersysteme melden sich nur in Form von merkwürdigen Zeichen wie

] (Apple II) oder

C> (beim altehrwürdigen DOS 3.3 auf IBM-Rechnern).

Schreibtischoberfläche

Desktop

Oder eben etwas freundlicher mit Symbolen und Metaphern, die einem von der eigenen Arbeit am Schreibtisch vertraut erscheinen - wie etwa Aktenschränke, Ordner oder der Papierkorb. Diese symbolische Darstellungsweise auf dem Bildschirm bezeichnen wir als *Schreibtischoberfläche* (engl.: *desktop*). Einzelne Objekte wie Programme, Dokumente und Ordner nennt man auch Schreibtischobjekte.

Das Betriebssystem 7 zeigt natürlich auch das allen Mac-Benutzern bekannte Aussehen. Bei genauer Betrachtung merkt man aber, daß eine gründliche Überarbeitung stattgefunden hat; speziell auf Rechnern mit Farb- oder Graustufendarstellung sehen die Symbole plastisch aus.

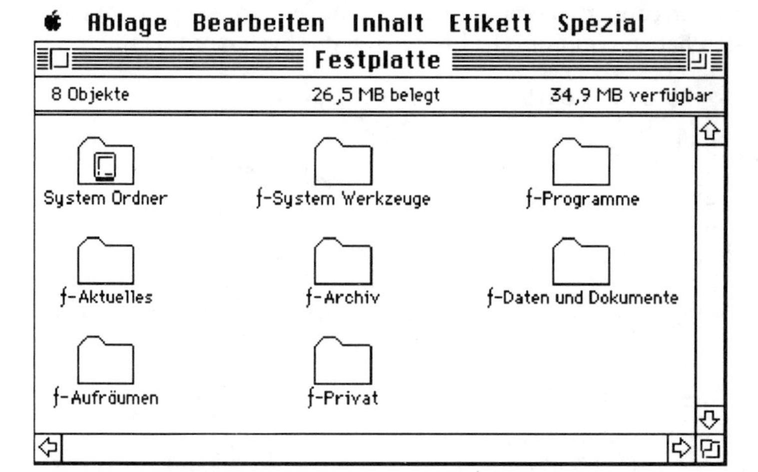

Bild 1-5: Beispiel für Konfiguration der Festplatte für BS 7

Mac-Oberfläche

Einerseits sind solche Entwicklungen natürlich Konzessionen an den Zeitgeist, der gern alles etwas schicker, gestylter haben möchte. Und wenn die neuen Rechner erweiterte Möglichkeiten wie Farbe bieten, wendet man diese auch gerne an. Andererseits hilft ein Knopf, der beim Anklicken sich zu versenken scheint, die Illusion aufrechtzuerhalten, daß man gar nicht vor einem Computer sitzt, sondern reale Dinge bewegt. Und vieles an der *Mac-Oberfläche* dient dazu, Aversionen und Distanzen, die manche Benutzer Rechnern gegenüber haben, abzubauen.

Rechnerkonfiguration

In den vorigen Bildern sind bereits zwei mögliche *Rechnerkonfigurationen* zu erkennen - so bezeichnet man die Art, wie die Festplatte aufgeteilt und verwaltet wird. Die Konfiguration auf Ihrem Gerät wird sicher nicht drei Festplatten wie in Bild 1-4 enthalten, sondern nur eine einzige. Und damit wir im Laufe der Erforschung von System 7 nicht aneinander vorbeireden, wollen wir uns eine einheitliche Umgebung schaffen und Namen für Ordner und Vorgehensweisen verabreden.

Alle Objekte, die uns auf Disketten und Festplatten begegnen, nennen wir Dateien. Jede Datei ist durch ihren Namen und ihre Lage in der Inhaltsverzeichnishierarchie festgelegt. Prinzipiell werden drei Gruppen von Dateien unterschieden: Programme, Dokumente und Ordner.

- Programme versetzen uns in die Lage, eigenständig mit dem Rechner arbeiten zu können. Wichtige Beispiele sind Textverarbeitungs-, Rechenblatt-, Datenbank- und Zeichenprogramme. Inzwischen kennt man auf dem Macintosh ca. 10000 davon. Die Symbole der Programme sind von den Entwicklern sehr vielfältig gestaltet. Früher enthielten viele davon das Bild einer Hand. Damit sollte der manipulierende Charakter der Programme verdeutlicht werden.

- Dokumente sind die Objekte, die mit Programmen erzeugt und bearbeitet werden können, also Briefe (Textverarbeitung), Kalkulationen (Rechenblatt), Mitgliedsverzeichnisse (Datenbank) oder Grafiken (Zeichenprogramm). Die Symbole der Dokumente erkennt man häufig an der abgeknickten oberen rechten Ecke. Startet man ein Programm mit Doppelklick, bekommt man in der Regel ein neues leeres Dokument zur Bearbeitung. Startet man ein Dokument per Doppelklick, wird das dazugehörende Programm geöffnet.

- Ordner dienen dazu, die vielen Hundert Objekte auf einer Festplatte in eine strukturierte Ordnung zu bringen. Ordner dürfen sich auch in anderen Ordnern befinden. Dadurch wird eine hierarchische Struktur definiert, in der uns auf einer Ebene, d.h. auf der Festplatte oder in einem Ordner, jeweils nur wenige Objekte begegnen.

Wenn Sie immer versuchen, diese drei Dateitypen auseinanderzuhalten, und sich bei der Organisation nach unserem Vorschlag (s.a. Bild 1-5) richten, kann bei Ihren Experimenten zur Erforschung Ihres Rechners nichts schiefgehen. Später können Sie dann entscheiden, ob Sie die Konfiguration so belassen. Wir werden Ihnen übrigens solche Experimentieranweisungen in Form von Anweisungsbausteinen an die Hand geben.

Zuerst benennen Sie bitte Ihre Festplatte um. Fabrikneue interne Festplatten tragen oft die Namen "Macintosh HD" oder "Mac HD". Wir wollen nun den Namen in "Festplatte" ändern.

Wenn Sie mit Netzwerkgemeinschaftsfunktionen arbeiten, müssen Sie diese vorher ausschalten (vgl. Kap. 4).

Anweisungsbaustein

Namen eines Schreibtischobjektes ändern

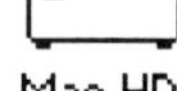

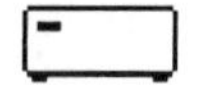

- `Klicke auf den Namen des Objektes, das umbenannt werden soll. (In diesem Fall ist es das Symbol der Festplatte Mac HD.)`
- `Warte ca. 1 Sekunde, bis um den aktuellen Namen ein rechteckiger Rand erscheint. (Das ist das Zeichen, daß nun auf der Tastatur ein neuer Name eingegeben werden kann; erscheint der Rand nicht, ist eine Änderung nicht möglich.)`
- `Tippe den Namen und schließe die Eingabe mit <Return> ab. (Drücke auf die Zeilenschaltung (↵) oder die Eingabetaste(⌅).)`

❄ Wenn Ihr Rechner noch ganz neu ist, werden sich auf der Festplatte noch nicht viele Ordner befinden. Um von vornherein vernünftig den Überblick behalten zu können, schlagen wir eine Systematik in der Benennung der Ordner auf Ihrer Festplatte vor, die unserer Meinung nach ganz nützlich ist. Konfigurieren Sie bitte Ihre Ordner folgendermaßen:

System Ordner

ƒ-System Werkzeuge

ƒ-Programme

ƒ-Daten und Dokumente

ƒ-Aktuelles

ƒ-Aufräumen

ƒ-Archiv

ƒ-Privat

❄ Das merkwürdige *ƒ*-Zeichen befindet sich nicht direkt auf der Tastatur und wird mit einer speziellen Tastenkombination erzeugt. Das *ƒ* steht dabei als Abkürzung für das amerikanische Wort *folder*, also "Ordner". Wir erreichen mit diesem speziellen Namen, daß in allen alphabetischen Inhaltsverzeichnissen zuerst die Dokumente erscheinen und erst anschließend die Ordner.

folder

Die meisten Ordner - außer dem Systemordner - werden noch nicht vorhanden sein. Diese müssen Sie erst einmal erzeugen und ihnen die entsprechenden Namen geben. Nun wollen wir der Reihe nach die neuen Ordner erzeugen, die naturgemäß erst einmal leer sind. Der Name der Ordner soll mit dem Zeichen *ƒ* beginnen. Dieses Zeichen können Sie mit der Tastenkombination <Wahltaste>-<F> (<⌥ >-<F>) erzeugen.

Anweisungsbaustein

Neuen leeren Ordner erzeugen

- Löse im Menü **Ablage** den Befehl **Neuer Ordner** aus oder tippe die Tastenkombination <>-<N>. (Es erscheint ein Ordner mit der Bezeichnung "Neuer Ordner" oder "Leerer Ordner"; der Name ist umrandet, also zu verändern.)

- Ändere den Namen des Ordners, indem Du sofort einen neuen eintippst (s.a. vorigen Anweisungsbaustein "Namen eines Schreibtischobjektes ändern").

Sind alle von uns vorgeschlagenen Ordner installiert, könnte der Inhalt der Festplatte wie in Bild 1-5 aussehen:

Wie wird nun mit diesem Ordnersatz gearbeitet? Den genauen Inhalt des Systemordners beschreiben wir später (vgl. Kap. 1, "Im Inneren des Systemordners"). Für den Inhalt aller übrigen Ordner sind Sie selbst verantwortlich.

ƒ-Systemwerkzeuge

Die bei manchen Programmen mitgelieferten Systemwerkzeuge sollten Sie in einem eigenen Ordner sammeln. Es sind spezielle Dienstprogramme, die die Arbeit des Systems modifizieren oder unterstützen können. Bei uns findet man dort z.B. "Dateien konvertieren", "Erste Hilfe", "Festplatte installieren" sowie je ein Programm zum Komprimieren von Dateien und zum schnellen Kopieren von Disketten.

ShareWare

❄ Letztere sind *ShareWare*-Programme, an die wir umsonst herankamen und für die wir eine kleine Gebühr an den Produzenten überwiesen haben. Ansonsten sollte auch für Sie selbstverständlich sein, daß Sie nur Programme auf Ihre Festplatte kopieren, die Sie legal erworben haben oder die ausdrücklich für den allgemeinen Gebrauch zugelassen wurden. Solche bezeichnet man als *Public Domain*-Programme.

Public Domain

Manche ShareWare-Programme gestatten eine Benutzung für einen Probezeitraum von einigen Wochen auch ohne Bezahlung. Solche haben wir z.B. im Ordner *f-Aufräumen* abgelegt. Ebenfalls landen bei uns dort die Dateien, von denen noch nicht klar ist, ob sie überhaupt gespeichert werden sollen oder nicht.

f-Aufräumen

f-Aktuelles

Eine ähnliche Funktion hat der Ordner *f-Aktuelles*. Noch nicht beendete Projekte sind dort abgelegt (im Moment z.B. aktuelle Buchprojekte). Beim Start der Arbeit am Rechner sehen wir dort erst einmal nach, was alles liegengeblieben ist. Allein aus Gründen der Übersichtlichkeit versuchen wir natürlich, möglichst wenig darin zu haben und die bearbeiteten Dinge wieder auszulagern, in die Ordner *f-Archiv* (der selbst wieder ein paar fachspezifische Ordner enthält) oder *f-Privat* (für den die stillschweigende Übereinkunft gilt, daß er von allen anderen Benutzern des Rechners in Ruhe gelassen wird).

f-Archiv

f-Privat

f-Daten und Dokumente

f-Daten und Dokumente enthält beispielsweise unsere Adressendateien und Telefonlisten. Die eigentlichen Programme zum Schreiben, Rechnen und Malen, sowie das Programm HyperCard sind natürlich im Ordner *f-Programme* zu finden.

f-Programme

Hat man solch ein Programm gestartet, tritt oft die Situation auf, daß man an bestehenden Dokumenten weiterarbeiten möchte. Dazu löst man im Menü **Ablage** den Befehl **Öffnen...** aus.

❄ Alle Menübefehle, die mit den drei Punkten enden, haben noch nicht sofort eine Wirkung. Es ist vielmehr notwendig, vom Benutzer weitere Informationen zu verlangen. Bei allen Macintosh-Programmen geschieht dies mit Hilfe eines *Dialogs*. So nennt man die Fenster, die jetzt kurzzeitig geöffnet werden. Man kann einen Dialog nur verlassen, wenn man sich für eine der angebotenen Möglichkeiten (wie "OK" oder "Abbrechen") entscheidet. Außer dem Menü **Hilfe** (vgl. Kap. 3) sind alle übrigen ausgeblendet, während ein Dialog bearbeitet wird. Versuchen Sie doch einmal herauszufinden, wie der Rechner reagiert, wenn Sie ein Menü oder ein Symbol auf dem Schreibtisch anklicken, während ein Dialog aktiv ist.

Dialog

Auf den folgenden Seiten wollen wir das hierarchische Macintosh-Dateisystem aus zwei verschiedenen Richtungen betrachten. Viele finden es nämlich schwierig, einen Zusammenhang zwischen den in den Dialogen gezeigten Inhaltsverzeichnissen und den bekannten Finder-Bildern herzustellen. Wir gehen wieder von unserer Standardkonfiguration wie in Bild 1-5 aus. Zusätzlich haben wir in Bild 1-6 einen Ordner geöffnet, der Dokumente eines Textverarbeitungsprogramms enthält. Neben der Festplatte kann man auf dem Schreibtisch noch eine Diskette namens "Sicherungskopie" und den Papierkorb erkennen.

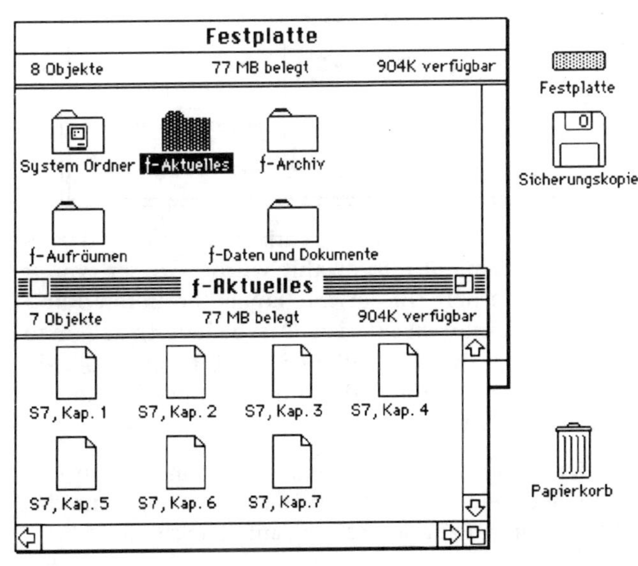

Bild 1-6: Die Situation auf dem Schreibtisch

In dieser Situation haben wir das Dokument "S7, Kap. 1" durch Doppelklick gestartet, und das dazugehörende Programm wurde geöffnet. Aus diesem Programm heraus soll ein weiteres Dokument geöffnet werden, also wird der Befehl **Öffnen...** im Menü **Ablage** ausgelöst.

Ein typischer "Öffnen-Dialog" ist im nächsten Bild zu sehen. Vergleichen Sie die folgenden Bilder bitte mit Bild 1-6, der vertrauten Sicht des Finders. Neben einer alphabetischen Liste des aktuellen Inhaltsverzeichnisses gibt es eine Reihe von "Knöpfen" auf der rechten Seite der Dialogbox, von denen einer mit der Maus angeklickt werden muß. Man nennt solche Objekte wegen ihrer Funktion auch "Tasten"; dieser Name überschneidet sich aber mit den echten Tasten der Tastatur. Wer es ganz besonders kompliziert machen will, nennt sie auch "klicksensitive Bereiche". Wichtig ist nur, daß einer von ihnen angeklickt werden muß, damit der Dialog beendet wird.

Knopf

Taste

Bild 1-7: Öffnen-Dialog zeigt den Inhalt des aktuellen Ordners

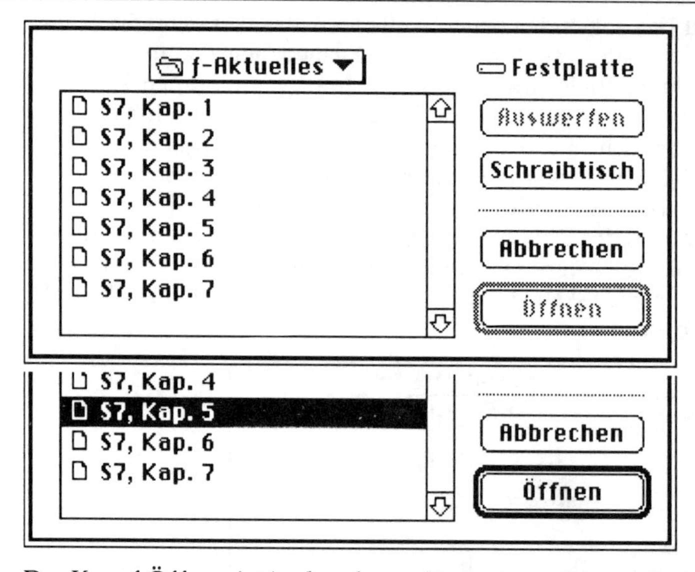

voraus-gewählt

Der Knopf **Öffnen** ist in der oberen Variante noch grau dargestellt, da kein Dokument ausgewählt wurde. Dieser Knopf zeigt eine Besonderheit: Er ist mit einem breiteren Rand versehen, da er *vorausgewählt* ist. Das bedeutet, daß man seine Funktion auch durch Betätigung der Eingabetaste (↵) (Returntaste auf der Tastatur) oder durch Doppelklick in das linke Feld erreichen kann.

Anklicken der 5. Zeile ergibt die untere Version des Öffnen-Dialogs von Bild 1-7. Ein Klick auf "Öffnen" bringt uns das gewünschte Dokument zur Bearbeitung auf den Schreibtisch.

Liegt die ausgewählte Datei allerdings nicht im aktiven Ordner, können Probleme dadurch auftreten, daß man den Überblick über den richtigen Weg verliert. Da gibt es die Stelle in der Hierarchie, an der man sich befindet, und die, die man erreichen möchte. Daher empfehlen wir ein einheitliches Vorgehen, bei dem wir zunächst auf den Schreibtisch zurückgehen. Dort hat ja der Hierarchiebaum seine Wurzel.

Dabei benötigen wir auch die übrigen Knöpfe im Öffnen-Dialog. Deren Funktion soll kurz erläutert werden:

- "Auswerfen" bewirkt, daß eine ggf. eingelegte Diskette gewechselt werden kann.
- "Schreibtisch" bringt uns an den Ausgangspunkt der Dateihierarchie.
- "Abbrechen" bricht die Öffnen-Aktion ab. Wir sind wieder in der Situation vor Auslösen des Befehls **Öffnen...**.

Anweisungsbaustein

In der Dateihierarchie ein Dokument finden und öffnen

- `Klicke auf den Knopf "Schreibtisch". Die vorhandenen Volumes werden angezeigt (s.a. Bild 1-8 oben).`
- `Klicke doppelt auf den Namen der Festplatte in der Rollbalkenliste. (Das Inhaltsverzeichnis wird angezeigt, s.a. Bild 1-8 unten.)`
- `Klicke jeweils doppelt auf die Namen der Ordner, in denen sich die gesuchte Datei verbirgt. Dies muß solange wiederholt werden, bis der Dateiname zu sehen ist.`
- `Klicke doppelt auf den Dateinamen.`

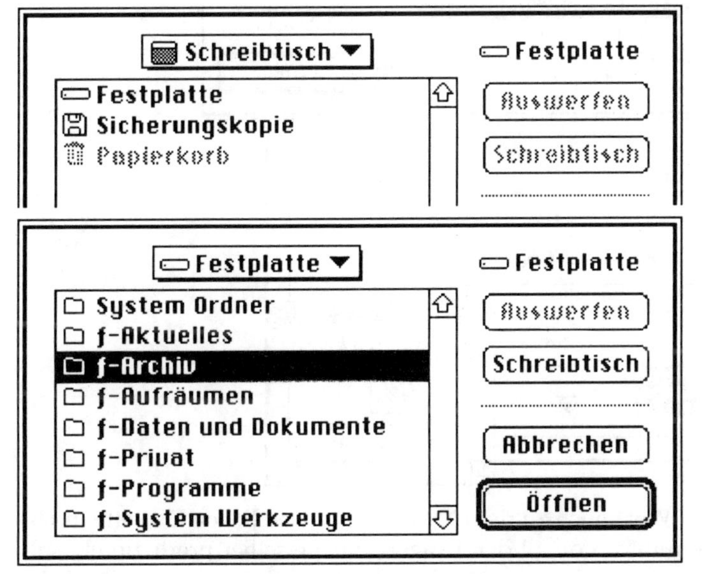

Bild 1-8: Öffnen-Dialog zeigt die Festplatte bzw. den Schreibtisch

Das Zurückgehen auf den Schreibtisch, also das Aufsteigen in der Inhaltsverzeichnis-Hierarchie auf die oberste Stufe, kann auf drei Arten geschehen: Zuerst, ganz offensichtlich, durch Anklicken des gleichnamigen Knopfes. Außerdem ist ein weiterer Knopf über dem Inhaltsverzeichnis verborgen, in dem Objekt ƒ-Aktuelles ▼ nämlich. Dort öffnet sich beim Anklicken ein Aufklappmenü, das es erlaubt, sehr gezielt eine bestimmte Hierarchieebene anzuwählen. Sie erkennen dies in Bild 1-9.

Dort zeigen wir an einem Beispiel den Inhalt eines Ordners "<= 1991", der sich im Ordner "ƒ-Archiv" auf der "Festplatte" befindet. Dieselbe Situation zeigt Bild 1-10.

Und noch ein zweiter unscheinbarer Knopf ist in diesem Öffnen-Dialog versteckt. Es ist **Festplatte**, das Diskettenzeichen vor dem Namen der Festplatte in der oberen rechten Ecke. Wenn Sie dort anklicken, gelangen Sie jedesmal genau eine Stufe in der Hierarchie zurück, also von ƒ-Aktuelles auf Festplatte und von dort auf den Schreibtisch. Mit diesen Methoden können Sie in der Ordnerhierarchie jeweils schrittweise auf- und absteigen und so jeden Ort erreichen, an dem Sie etwas speichern oder wieder öffnen möchten.

Bild 1-9: Anwählen einer Hierarchie-ebene

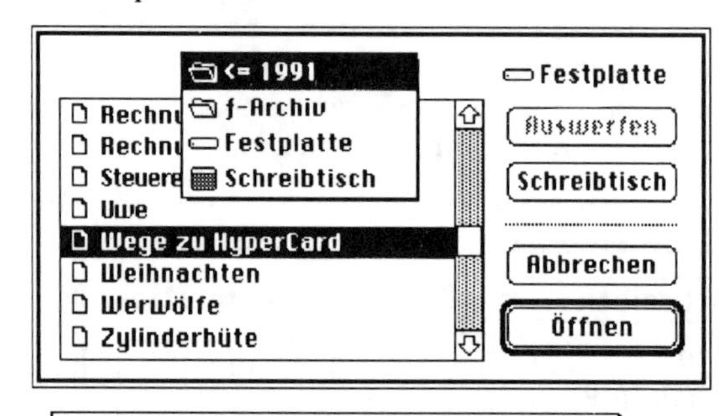

Bild 1-10: Die Situation von Bild 1-9 aus Sicht des Finders

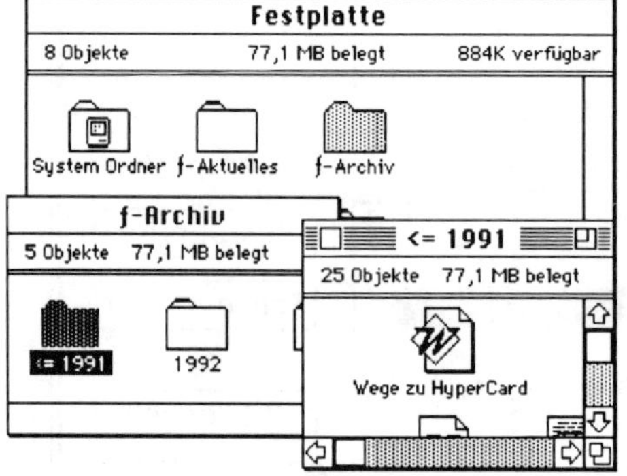

Sicherungs-kopien

Ein Wort noch zu dem Namen der zusätzlichen Diskette in obigem Bild. Von all den Dingen, die Sie selber produzieren, sollten Sie so oft wie möglich *Sicherungskopien* machen. Denn bei allem Vertrauen zu den hochwertigen technischen Produkten, die im Mac verwendet werden, muß man einfach wissen, daß auch Festplatten eine begrenzte Lebensdauer haben, die in der Größenordnung von ein paar Jahren liegt. Der Verlust der Systemdateien und der Programme wiegt im Zweifelsfall noch gar nicht einmal so schwer. Denn man hat ja noch die Originaldisketten an einem möglichst sicheren Platz gelagert. Schlimmer ist es da schon, wenn die selbsterstellten Texte oder Bilder, plötzlich nicht mehr geöffnet werden können.

Das Kopieren von selbsterstellten Dokumenten von der Festplatte auf Disketten gehört daher zur täglichen Arbeit jedes Computerbenutzers.

Anweisungsbaustein

Kopieren von Dateien von Festplatte auf Diskette

- Aktiviere den Finder durch Anklicken des Schreibtischhintergrunds neben den Programmfenstern oder durch Auswahl im Menü **Programme**.
- Mache sowohl die Quelle (hier: *f*-Aktuelles) als auch das Ziel (hier: Diskette mit dem Namen "Sicherungskopie") nebeneinander sichtbar.
- Ziehe mit gedrückter Maustaste das zu kopierende Objekt auf das Ziel. (Dem Mauszeiger folgt ein Umrißbild. Das Ziel gibt durch Invertieren an, daß es sich getroffen fühlt. Erst dann darf die Maustaste losgelassen werden.)
- Kurzzeitig erscheint der Kopieren-Dialog und gibt Auskunft über den Verlauf des Prozesses.

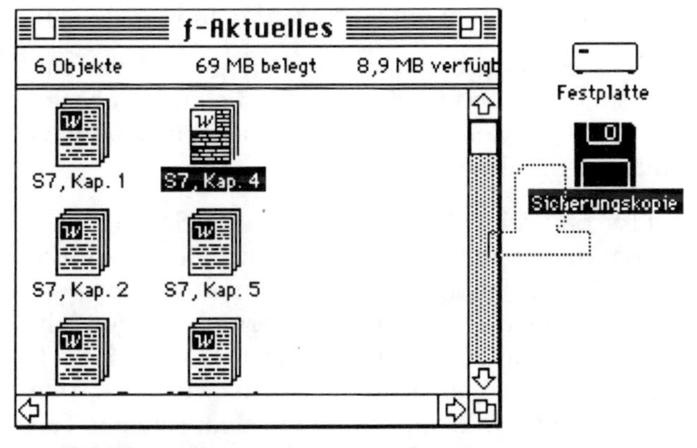

Bild 1-11: Kopieren einer Datei auf eine Diskette

Dialog

Ressource

Da wir in diesem Kapitel schon soviel über die *Dialoge* kennengelernt haben, können wir auch noch fragen, wie das denn eigentlich gemacht wird. Da haben die Macintosh-Entwickler nämlich eine eigene, richtungsweisende Programmiertechnik erfunden, die Arbeit mit *Ressourcen.* Sie stellten fest, daß es bei großen Programmen immer einen zentralen unveränderlichen Teil gibt, der die eigentlichen Rechenvorschriften, die Algorithmen, enthält. Daneben existieren aber auch Datenmengen, die leicht zu verändern sein sollten. Das direkteste Beispiel dafür sind die Menüs.

Aus der Erfahrung weiß man, daß der erste Befehl des Menüs **Ablage** ein neues Dokument öffnet. Dabei ist es gleichgültig, ob der Wortlaut des Befehls nun **Neu** oder **Neue Datei** oder wie im amerikanischen Original **New** heißt.

ResEdit

Möchte man ein Programm an eine andere Sprache anpassen, genügt es oft, den Wortlaut der Befehle zu übersetzen. Also werden bei Mac-Programmen alle Menütexte in einer sog. Ressource zusammengefaßt, die dann mit einem speziellen Editor gelesen und verändert werden kann. Ein solches Programm ist z.B. *ResEdit.* Wir können hier nicht die vielfältigen Funktionen erklären, nur soviel sei gesagt: ResEdit ist ein sehr mächtiges Programm und kann demzufolge auch viel Unheil anrichten. Wenn Sie nicht ganz sicher sind, was Sie tun, dann lassen Sie es lieber und schließen Sie ResEdit in den Giftschrank ein! Aber auch wenn Sie sicher sind, arbeiten Sie bitte nur mit Kopien der Programme, die Sie verändern wollen.

Ebenso wie die Menüs werden auch die Dialoge in Form von Ressourcen gespeichert. Das betrifft sowohl die ausgegebenen Texte als auch die Lage des Dialogs und der einzelnen aktiven Felder darin auf dem Bildschirm.

Erschwerend für Entwickler kommt hinzu, daß viele Befehle in Macintosh-Programmen kontext-sensitiv sein sollen, also ihre Formulierung ständig an die jeweilige Situation anpassen. Unter Umständen kann das zu kleinen Mißformulierungen führen wie in der Version 2.0 von HyperCard, wo die Stapelinformationen im Normalfall richtig angeben, wieviel Karten und wieviel Hintergründe es gibt. Aber mit dem seltenen Fall einer einzigen Karte klappt leider nicht alles, wie in Bild 1-12 zu sehen ist. Dieser kleine Übersetzungsfehler, der in der deutschen Version wohl übersehen wurde, ist allerdings fast schon das Einzige, was wir an HyperCard zu kritisieren haben. Im Prinzip ist dieses Programm ein Werkzeug zur Gestaltung und Programmierung Ihres Macintosh, mit dem auch Anfänger bald umgehen können. Ein Vorteil ist auch, daß es jedem neugekauften Macintosh beigelegt wird.

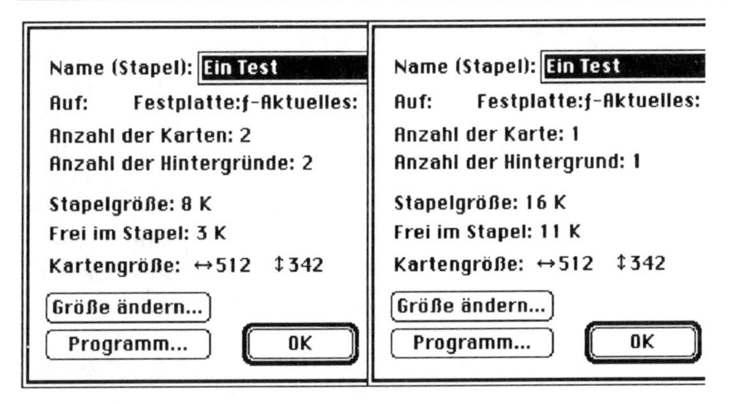

Bild 1-12: Formulierungsprobleme mit der Einzahl

❄ Falls Sie mehr über HyperCard wissen möchten, das eine ebenso zentrale Bedeutung für den Macintosh als Anwendersoftware hat, wie System 7 sie als Betriebssystem besitzt, lesen Sie bitte:

Karl-Heinz Becker, Michael Dörfler, "Wege zu HyperCard", VIEWEG-Verlag, ISBN 3-528-15119-6

Karl-Heinz Becker, Michael Dörfler, "HyperCard griffbereit", VIEWEG-Verlag, ISBN 3-528-24653-7

Im Inneren des Systemordners

MacOS

Sie werden sich sicher schon gefragt haben, wo sich denn nun auf der Festplatte die Software befindet, die beim Starten des Rechners als ständiges Programm abläuft, die Betriebssystemsoftware, das Betriebssystem oder in Fachchinesisch: das "Macintosh Operating System" (*MacOS*). Diese Software befindet sich im Systemordner auf Ihrer Festplatte. Dieser Ordner hat in System 7 mehr noch als in den anderen Versionen eine zentrale Bedeutung. Da wir ja ein Maximum an Komfort und Effizienz bei unserer Arbeit erreichen wollen, lohnt es sich also, einen intensiven Blick in diesen Ordner zu tun, um genau zu verstehen, welche Teile wie zusammenarbeiten.

Öffnen Sie den Ordner durch Doppelklick. Sie sehen danach verschiedene Symbole, die alle mit dem Betriebssystem zu tun haben. Es sind separate Programme, Dokumente oder Ordner, die regelmäßig von der Betriebssystemsoftware aktiviert oder abgefragt werden. Der Grund dafür ist folgender: Mit Hilfe einiger dieser Programme oder Dateien können Sie das Betriebssystem auf ihre Bedürfnisse einstellen. Die von Ihnen gewählten Einstellungen werden gespeichert. Und das MacOS muß natürlich dauernd nachschauen, ob Sie etwas Neues eingestellt oder verändert haben, und ggf. darauf reagieren.

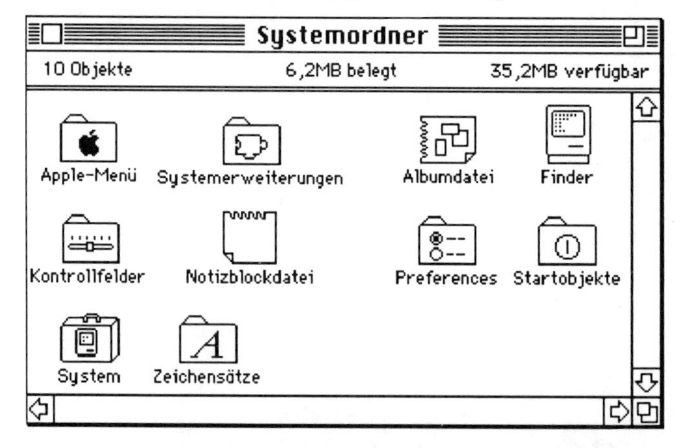

Bild 1-13: Im Innern des Systemordners

Die zentralen Teile des "Macintosh Operatingsystem" sind in zwei Dateien untergebracht, die "System" und "Finder" genannt werden. Der "Finder" stellt die Schnittstelle zum eigentlichen zentralen Kern des Betriebssystems dar, das sich in der Datei mit dem Namen "System" befindet.

Finder

Er stellt für den Benutzer die grafische Benutzeroberfläche zur Verfügung. All das, was Sie auf Ihrem Bildschirm sehen, wenn kein Anwenderprogramm läuft, ist Ergebnis der Arbeit des "Finders". Er malt die hübschen Ikonen oder die langen Listen Ihrer Inhaltsverzeichnisse, ggf. in der Farbe und Schriftart, die Sie vereinbart haben. Jede Operation, die Sie durchführen, wird vom Finder unterstützt, sei es, daß Sie eine Datei kopieren, eine Diskette löschen oder einen Ordner umbenennen. Der Finder ist für den normalen Benutzer nicht zugänglich. Spezialisten können Kleinigkeiten ändern, z.B. die Namen der Menübefehle in eine andere Sprache übersetzen. Da der Finder automatisch gestartet wird, kann man ihn nicht zusätzlich per Doppelklick öffnen. Beim "System" ist dies anders.

System

Die Systemdatei ist (neben dem "Finder") eines des zentralen Teile des Betriebssystems. Es bereitet den Rechner, dessen interner Festspeicher (ROM) u.U. schon mehrere Jahre alt sein kann, auf die neuen Eigenschaften vor, die der Finder und die übrigen Programme benutzen können.

❄ Ein Rechner besitzt immer zwei Arten von Speichern. Der Inhalt des Festspeichers RAM (Read Only Memory) bleibt auch - im Gegensatz zum flüchtigen Speicher ROM (Random Access Memory) - nach Ausschalten des Stromes erhalten (vgl. Kap. 6).

Auch Fehler, die man nachträglich in der Betriebssystemsoftware entdeckt, werden vom System beim Start des Rechners korrigiert. Neben vielem, was dem Benutzer verborgen bleibt, ist die Tatsache, daß auf einfache Weise Klänge und Tastaturbelegungen verändert werden können, für uns von Interesse. Die Systemdatei wird nämlich durch Doppelklick geöffnet und zeigt ihren Inhalt an(s.a. Bild 1-14).

❄ Probieren Sie das Öffnen bitte gleich einmal aus. Sie werden in der bildlichen Darstellung unterschiedliche Objekte sehen, die unterschiedliche Töne darstellen. Durch Doppelklick können Sie sie ausprobieren.

Ganz ähnlich verhält sich die Datei "Zeichensätze" (die bis System 7.0.1 in "System" integriert war). Beim Öffnen durch Doppelklick zeigen sich zunächst die Koffer, in denen man dann die einzelnen Zeichensätze finden kann.

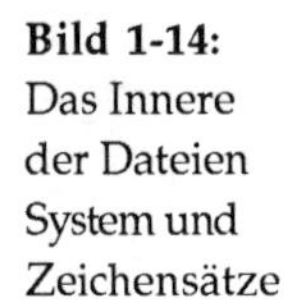

Bild 1-14: Das Innere der Dateien System und Zeichensätze

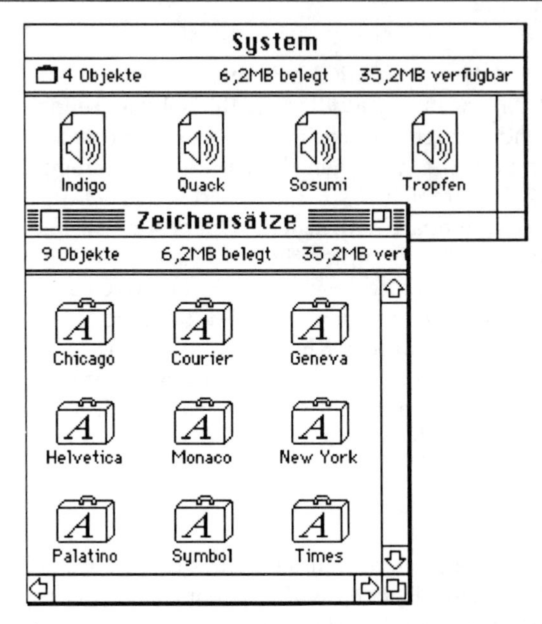

❄ Wer jetzt schon mehr über die Zeichensätze erfahren will, lese bitte Kap. 2, "Aufrechte und schräge Typen".

Es gibt jedoch neben "Finder", "Zeichensätze" und "System" noch weitere interessante Dateien und Ordner im Systemordner.

Um dem Benutzer ein Maximum an Komfort zu bieten, sind die einzelnen Teildateien des Betriebssystems sehr übersichtlich in mehreren Ordnern untergebracht. Diese heißen:

- Apple-Menü
- Startobjekte
- Kontrollfelder
- Systemerweiterungen
- Preferences (Voreinstellungen)

Wir wollen den Inhalt all dieser Ordner und ihre Bedeutung nun etwas genauer untersuchen.

Apple -Menü

Das Menü **Apple** gehört zu den Menüs, die am oberen Bildschirmrand angezeigt werden. Es ist das erste von acht Menüs, noch vor **Ablage** und **Bearbeiten**, und wird von manchen Benutzern leicht übersehen: **Ablage Bearbeiten**

Und weil es besondere Möglichkeiten für den Benutzer bereitstellt, ist es mit dem Apfelsymbol () gekennzeichnet. In der Standard-Konfiguration sieht der Ordner "Apple-Menü" im Systemordner so aus:

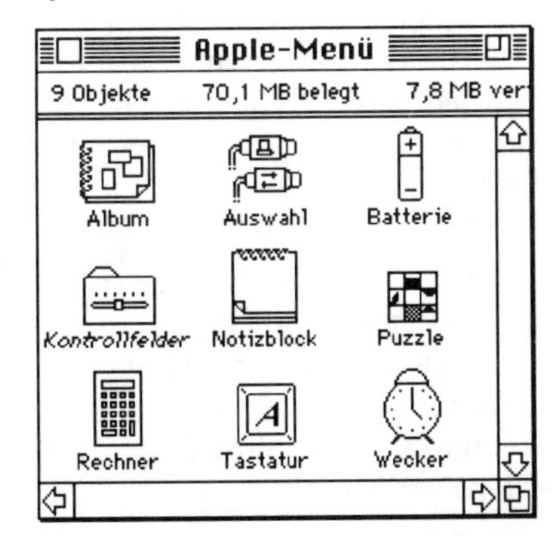

Bild 1-15: Der Ordner Apple-Menü

Zur Zeit der Betriebssysteme 1 - 6 war das Spezialprogramm "Font/DA-Mover" notwendig, wenn man am Apfel-Menü etwas ändern wollte. Das geht mit System 7 nun einfacher. Alle Objekte, die in den Ordner "Apple-Menü" hineingelegt werden, erscheinen unter ihrem Namen im Apple-Menü. Durch Auslösen dieses Menübefehls wird das Objekt aktiviert, also z.B. ein Programm gestartet.

Bild 1-16: Das Apple-Menü

Diese elegante Möglichkeit funktioniert aber nicht nur für Programme, sondern für alle Arten von Objekten:

- Programme und Schreibtischprogramme
- Dokumente zu diesen Programmen
- Ordner
- Zeichensätze und Klänge
- Alias-Dateien und Alias-Ordner, sogar Alias-Festplatten

❄ Eine "Alias-Datei" ist eine Datei, die nur einen Verweis auf die richtige Datei enthält, sich aber genauso wie das Original öffnen und bearbeiten läßt. Die unsichtbare Verbindung zwischen Verweis und Original bleibt auch aufrechterhalten, wenn das Original bewegt, also von einem Ordner in einen anderen kopiert wird.

Damit ist es jedem Benutzer möglich, seine am häufigsten gebrauchten Objekte (Programme, Dokumente und Ordner) in diesen Ordner zu legen, um diese vom Menü sofort aktivieren zu können. Will er diese wieder entfernen, nimmt er sie einfach aus dem Ordner heraus. Probieren Sie bitte einmal aus, wie man mit dem Ordner "Apple-Menü" arbeitet.

Anweisungsbaustein

Objekte des Menüs entfernen/installieren

- `Öffne den Ordner "Apple-Menü".`
- `Wähle das Objekt "Puzzle" aus. (Klicke darauf und halte die Maustaste gedrückt.)`
- `Entferne es aus dem Ordner "Apple-Menü". (Schiebe mit gedrückter Maustaste das Objekt aus dem Ordner auf die Schreibtisch-oberfläche.)`
- `(Beim Installationsvorgang wird im Gegensatz dazu das gewünschte Objekt in den Ordner "Apple-Menü" gelegt.)`

Beobachten Sie, was sich nach dem Entfernen im -Menü geändert hat. Der Menüpunkt **Puzzle** ist verschwunden, das Programm kann also nicht mehr aufgerufen werden. Wenn Sie gelegentlich diese Entspannung brauchen, installieren Sie wieder das Objekt "Puzzle" im Menü , indem Sie es wieder in den Ordner tun. Durch das Hereinlegen und Herausnehmen von Programmen wird das -Menü also häufig verändert.

❄ Für die Änderungen benötigen wir den Ordner "Apple-Menü" auf der Schreibtischoberfläche. Daher wollen wir einen Trick verraten, wie wir ihn öffnen, ohne uns durch die Hierarchie (Festplatte - Systemordner - -Menü) hindurchzuarbeiten.

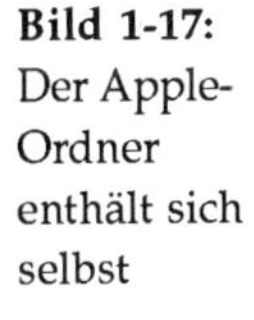

Bild 1-17: Der Apple-Ordner enthält sich selbst

❄ Wir haben eine Alias-Datei des Ordners "Apple-Menü" erzeugt, diese in "• Apple-Menü" umbenannt, und in den Original-Ordner "Apple-Menü" gelegt. Nun erscheint er (alphabetisch) als letzter Menüpunkt und stört nicht die übrigen. Wenn Sie mehr über die Arbeit mit Alias-Dateien wissen wollen, lesen Sie bitte die Hinweise in Kap.1, "Der ganz persönliche Mac".

❄ Noch ein Hinweis zum Apfel-Menü: Es können maximal 54 Einträge im -Menü angezeigt werden. Sind mehr Objekte im Ordner vorhanden, werden diejenigen nicht gezeigt, die zuletzt hineinkopiert wurden. Manche Programme (wie "QuickKeys") erzeugen Menüpunkte, die sich nicht im Apple-Ordner finden lassen.

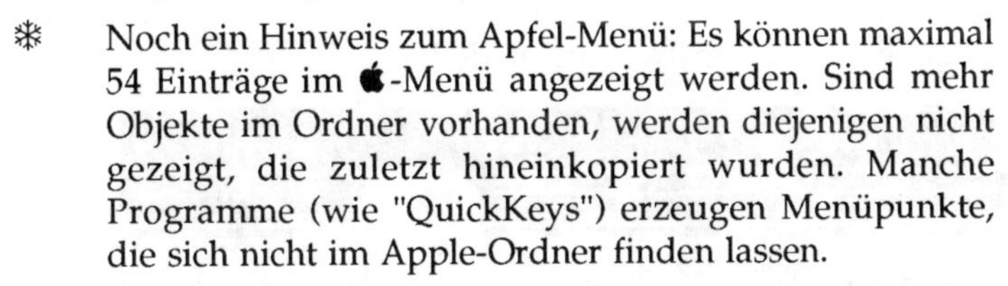

Über diesen Macintosh...

Wie Sie soeben erfahren haben, hat also jeder Benutzer es selbst in der Hand, das Apfel-Menü zu gestalten. Daher werden wir an dieser Stelle nur den ersten, unveränderbaren Menübefehl erläutern. Er trägt den Namen **Über diesen Macintosh....** Die drei Punkte am Ende eines Menübefehls deuten an, daß als nächstes ein *Dialog* zu erwarten ist, also ein Fenster, das eine Benutzeraktion erforderlich macht. In der Regel hat so ein Dialog als Namen in seiner Titelleiste den Text des ausgelösten Befehls, also in diesem Fall "Über diesen Macintosh".

Dialog

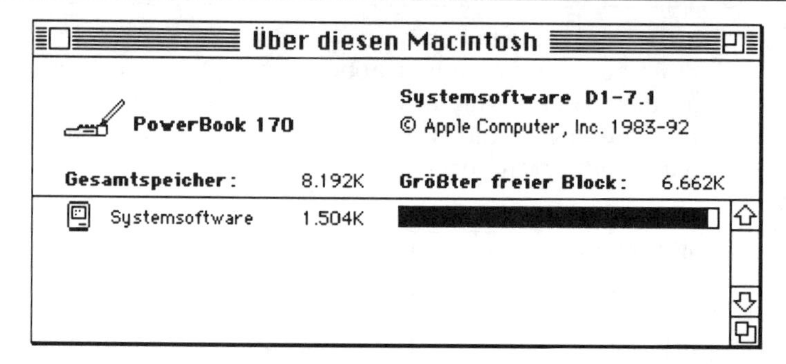

Bild 1-18: Dialogbox Über diesen Macintosh

Neben Dingen, die Sie vermutlich schon wußten, also mit welchem Rechnertyp Sie arbeiten, welche Betriebssystemversion Sie benutzen und wieviel Speicher installiert ist, erfahren Sie auch einiges über deren Nutzung und die noch vorhandenen Möglichkeiten. In der Situation von Bild 1-18 ist es beispielsweise nicht möglich, noch ein Programm zu öffnen, das mehr als 2,1 MByte Speicherplatz benötigt. Sollten Sie mit "Virtuellem Speicher" arbeiten (vgl. Kap. 6, "Speicher ohne Grenzen"), wird auch dies hier angezeigt.

Ein hübscher Gag versteckt sich aber noch zusätzlich hinter diesem Menübefehl: Er verändert sich nämlich, wenn Sie die Wahltaste (⌥) - man nennt sie auch Options-Taste - halten, während Sie auf den drücken. Dann heißt es dort **Über den Finder...** und Sie sehen einen echten Apple-Klassiker, die schneebedeckte Berglandschaft, die die erste Generation des Finders (Version 1.1) auszeichnete. Wenn Sie sich dann etwas Zeit lassen, geht zwar der Mond nicht unter, aber Sie erfahren, wer alles im Lauf der Jahre an den verschiedenen Versionen dieses Software-Kunstwerkes modelliert hat.

Bild 1-19: Erinnerung an den Finder 1.1

Startobjekte

Systemstart

Ebenso elegant wie die Sache mit dem Ordner "Apple-Menü" verhält es sich mit dem Ordner "Startobjekte". Es gibt ja ganz ungeduldige Leute, die sofort nach dem Anschalten des Rechners mit ihrem Anwendungsprogramm arbeiten wollen, ohne es ausdrücklich nach dem Einschalten zu starten. Auch an diese Personen ist gedacht. Die "Lieblingsprogramme" oder Aliase davon brauchen nur in den Ordner "Startobjekte" im Systemordner gelegt zu werden. Nach dem Systemstart werden alle diese Programme automatisch geöffnet. Wie bei allen Macintosh-Anwendungen üblich, genügt es auch, die Dokumente in den genannten Ordner zu legen.

Wenn also die Dokumente gestartet werden, werden auch die dazugehörenden Programme geöffnet. Am einfachsten und für wechselnde Zwecke am leichtesten durchzuführen ist es wohl, wenn Aliase der Dokumente im Ordner "Startobjekte" abgelegt werden. Eine solche Alias-Datei, auch Verweis-Datei genannt, enthält als einzige Information den Hinweis darauf, wo sich das eigentliche Original-Dokument befindet. Das Starten dieser Alias-Datei öffnet also das Original-Dokument, das sich an beliebiger Stelle auf der Festplatte befinden kann. Eine große Beruhigung ist diese Einstellung auch, wenn Sie jemanden (z.B. für die Texteingabe) an Ihrem Rechner arbeiten lassen wollen, der noch nicht so geübt ist und eventuell alles durcheinanderbringen könnte. Wenn er auf diese Weise startet und sich sofort im Anwendungsprogramm befindet, mit dem er arbeiten soll, und er sich danach mit **Ausschalten** im Menü **Spezial** wieder verabschiedet, kann eigentlich nichts schiefgehen. Sollte einmal ein Start ohne diese Dateien erwünscht sein, gibt es eine Abhilfe: Drücken Sie die Umschalttaste (⇧) in dem Moment, in dem die Menüleiste das erste Mal erscheint und die Startobjekte werden ignoriert.

Aber nicht nur Programme und Dokumente öffnen sich beim Start, wenn sie sich im Ordner "Startobjekte" befinden. Auch der dritte Dateityp, der Ordner, kann dort hineingelegt werden. Und für einen Ordner bedeutet Öffnen, daß er auf dem Schreibtisch sein Inhaltsverzeichnis zeigt. Das gilt sogar für Ordner, die sich auf anderen Rechnern befinden. In Kapitel 4 gehen wir näher auf die Arbeit in einem Netzwerk ein, wo es möglich ist, mit Dateien auf fremden Rechnern zu arbeiten. Wenn Sie also ein Alias eines solchen Netzwerkordners in den Startordner legen, findet beim Systemstart automatisch der vollständige Anmeldeprozeß statt. Und damit ist der Sinn dieses Ordners "Startobjekte" erreicht: Den Rechner für die optimale Benutzung vorzubereiten.

Anweisungsbaustein

Rechner für die Weiterarbeit vorbereiten, Alias erzeugen

- Beende die Arbeit an einem Dokument.
- Aktiviere das Dokument. (D.h. wähle das Dokument per Einmalklick aus, so daß es sich schwarz darstellt.)
- Löse den Befehl **Alias erzeugen** im Menü **Ablage** aus. (Es entsteht eine Datei. An den Originalnamen wird "Alias" angehängt. Außerdem erkennt man diesen Dateityp an der kursiven Schrift.)
- Verschiebe die neu entstandene Datei in den Ordner **Startobjekte** im Systemordner.
- Schalte den Rechner aus. (**Ausschalten** im Menü **Spezial**)
- (Bei den nächsten Systemstarts wird diese Datei automatisch geöffnet.)
- Ist die Arbeit mit diesem Dokument endgültig beendet, lösche die Alias-Datei.

❄ Probieren Sie bitte auch hier einmal aus, wie man mit dem Ordner "Startobjekte" arbeitet. Suchen Sie sich beispielsweise wieder das Objekt "Puzzle" aus dem "Apple-Menü" als Trainingsobjekt aus. Denken Sie daran, den Vorgang wieder rückgängig zu machen und beobachten Sie jeweils genau, was passiert.

Jetzt wird es etwas komplizierter, weil wir uns all die vielen kleinen nützlichen Dateien anschauen wollen, die auch einen wichtigen Teil des Betriebssystems darstellen und mit dem Sie Ihren Rechner kontrollieren und individuell konfigurieren können. Diese Dateien heißen "Kontrollfelddateien" und befinden sich innerhalb des Systemordners im Ordner "Kontrollfelder".

Kontrollfelder

Der Ordner mit den entsprechenden Kontrollfelddateien öffnet sich, wenn Sie den Befehl im -Menü auslösen oder einen Doppelklick auf das Ordnersymbol vornehmen.

❄ Untersuchen Sie doch einmal den Typ dieses Ordners im Ordner "Apple-Menü" (s.a. Bild 1-15). Was fällt Ihnen dabei auf?

Haben Sie schon vorher mit dem Kontrollfeld gearbeitet, können Sie auch in einen auf dem Schreibtisch sichtbaren Teil dieses Fensters klicken. Im Bild 1-20 sehen Sie 22 solcher Dateien. Zusätzlich kann es eine Unmenge von Kontrollfelddateien anderer Firmen oder von Privatpersonen geben, mit denen man ganz individuell seinen Rechner nach eigenen Bedürfnissen einstellen kann.

Kontrollfelddateien werden durch **Öffnen** im Menü **Ablage** oder durch Doppelklick gestartet. Von den (systemeigenen) Kontrollfelddateien werden wir in diesem Kapitel nur diejenigen erläutern, die für die Grundeinstellung Ihres Systems wichtig sind.

Dateien, die nur für Netzwerkdienste benötigt werden wie "Benutzer & Gruppen", "Gemeinschaftsfunktionen", "File Sharing Monitor" und "Netzwerk", erklären wir im entsprechenden Kapitel (vgl. Kap. 4, "Dinner for one"). Auf "Speicher" gehen wir im Kap. 6, "Speicher ohne Grenzen", ein.

Diese zusätzlichen Hilfsdateien befinden sich im allgemeinen im Ordner "Kontrollfelder". Sie können jedoch auch an jeder beliebigen anderen Stelle auf der Festplatte liegen und per Doppelklick geöffnet werden. Für jede Regel gibt es natürlich eine Ausnahme: Einige wenige dieser Dateien sind so programmiert, daß sie sich unbedingt im Innern des Systemordners, im Ordner "Kontrollfelder" oder im Ordner "Systemerweiterungen" befinden müssen. Das wird beim Installieren einer neuen Datei vom System selbst entschieden.

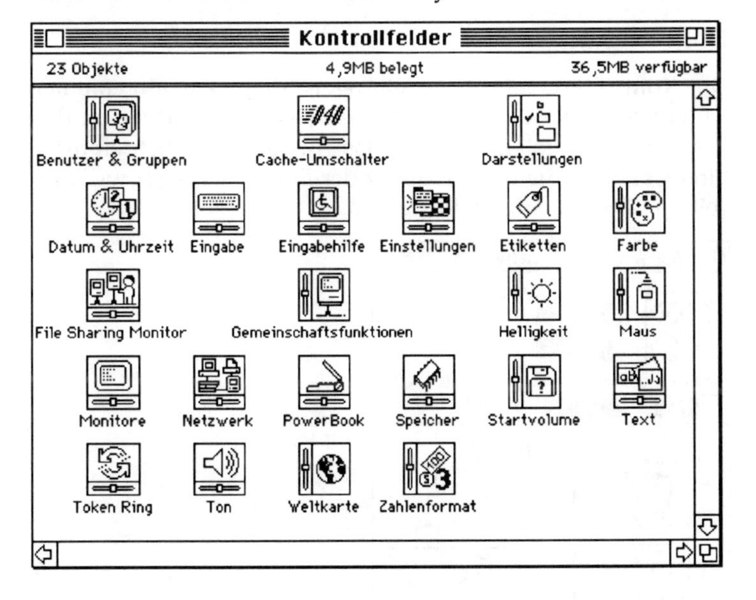

Bild 1-20: Inhalt des Ordners Kontrollfelder

Anweisungsbaustein

Installieren einer Hilfsdatei

- Vorbereitung: Lösche eine selten benutzte Datei aus dem Ordner "Kontrollfelder", indem Du das Symbol in den Papierkorb schiebst und den Befehl **Papierkorb leeren** auslöst.
- Kopiere die Hilfsdatei von der entsprechenden Systemdiskette auf die Festplatte, indem Du das Symbol der Datei auf das Symbol des Systemordners schiebst. (Der Rechner zeigt einen Dialog.)
- Bestätige den Dialog (OK). Die Datei wird wieder installiert. Starte den Rechner neu. Anschließend steht die vorher gelöschte Datei wieder zur Verfügung.

Einige der Dateien in Bild 1-20 sind nur auf speziellen Geräten nötig und werden hier nicht genauer beschrieben. Sie können also auf Wunsch auch entfernt werden. Es sind dies: "Cache-Umschalter" für Macintosh Quadra-Geräte, "Helligkeit" für Macintosh Classic-Geräte, "PowerBook" oder "Portable" für die LapTop-Rechner und "Token Ring" für Geräte mit entsprechender Netzwerkkarte.

Einstellungen

Die Kontrollfelddatei "Einstellungen" dient zur allgemeinen Anpassung des Aussehens Ihrer Schreibtischoberfläche an Ihre Wünsche. Beispielsweise kann das Aussehen des Schreibtischhintergrundes, die Blinkfrequenz der Einfügemarke sowie Uhrzeit und Datum eingestellt werden.

Bild 1-21: Das Kontrollfeld Einstellungen

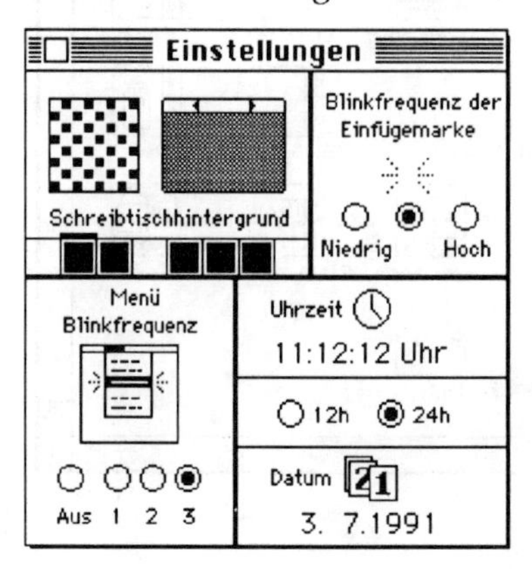

Schreibtischhintergrund
Im oberen linken Feld "Schreibtischhintergrund" legen Sie fest, was der Bildschirm zeigt, wenn kein Programm läuft und kein Fenster geöffnet ist. Unsere Erfahrung sagt uns zwar, daß alles andere als das schlichte Grau an den Nerven zerrt, aber machen Sie diese Erfahrung doch ruhig selber!

Aus zwölf vorgegebenen Hintergründen können Sie einen auswählen, indem Sie die kleinen Pfeile nach links oder rechts betätigen. Sobald Sie in das Anzeigefeld darunter klicken, wird dieses Muster auf den gesamten sichtbaren Hintergrund übertragen. Um die Muster zu verändern, dient das links stehende Quadrat aus 8 x 8 Punkten. Durch Anklikken einzelner Punkte werden diese in der Farbe gesetzt, die in der Zeile darunter ausgewählt wurde. Es lassen sich so beliebige Muster entwerfen, wie das "herzige" Beispiel zeigt. Verwenden Sie dies vorzugsweise an Festtagen!

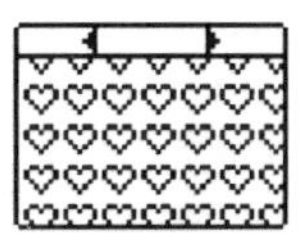

Neben schwarzen und weißen Punkten lassen sich auch für Hintergründe Farben einsetzen, sofern Sie über einen entsprechenden Monitor verfügen. Acht Farben sind gleichzeitig zu benutzen. Die jeweils gewünschte muß durch Anklicken ausgewählt werden und macht sich durch einen kleinen schwarzen Balken bemerkbar. Durch Doppelklick auf eines der acht Farbfelder läßt es sich im Farbrad definieren.

Blinkfrequenzen
Zwei weitere Einstellungen regeln, wieviel Aufmerksamkeit der Bildschirm auf sich zu ziehen versucht. Nach Auslösen eines Menübefehls blinkt dieser bis zu dreimal. Da wir aber ein Menü in der Regel nicht aus Versehen betätigen, benötigen wir diesen Hinweis auch nicht, also: Ausschalten! Anders halten wir es mit der Einfügemarke. Die soll ja beim Schreiben die Aufmerksamkeit auf sich lenken, also: hohe Blinkfrequenz!

Uhrzeit und Datum
Diese Einstellungen arbeiten mit der internen Uhr des Mac zusammen. Diese zählt, wieviel Sekunden seit Mitternacht am 1. Januar 1904 vergangen sind, und berechnet daraus Datum und Uhrzeit. Veränderungen der Einstellungen sind eigentlich nur selten nötig, z.B. nach Beginn und Ende der Sommerzeit. Dazu wird die entsprechende Größe angeklickt und an den neu erscheinenden Pfeilen nach oben oder unten korrigiert. (Die 12-Stunden-Einstellung wird in den USA benötigt.)
Diese Uhr läuft auch weiter, wenn Ihr Macintosh ausgeschaltet ist. Verantwortlich dafür ist eine kleine Batterie im Inneren des Rechners. Wenn nach einigen Jahren die Lebensdauer erschöpft ist, wird sie von Fachleuten ausgewechselt. Die Notwendigkeit erkennen Sie daran, daß der Rechner "dauernd das Datum vergißt".

Datum & Uhrzeit, Zahlenformat (International)

"International" lautete bis System 7.0.1 der Titel einer weiteren wichtigen Kontrollfelddatei. Seit 7.1 hat man diesen Punkt aufgeteilt in "Datum & Uhrzeit" sowie "Zahlenformat". Wird mit mehreren Schriftensystemen gearbeitet (vgl. Kap. 2), kommt noch "Text" hinzu.

Bild 1-22: Das Kontrollfeld Datum & Uhrzeit

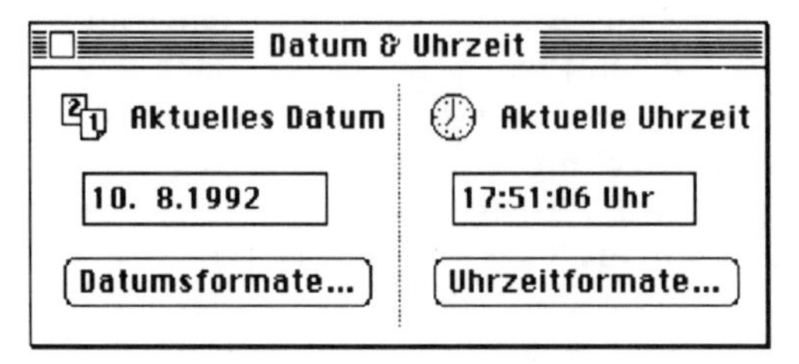

Datumsformate: Deutsch
Langform
Vorzeichen:
Wochentag ,
Tag .
Monat
Jahr
Führende "0" für Tag
Kurzform
Tag.Monat.Jahr
Trennzeichen: .
Führende "0" für Tag
Führende "0" für Monat
Jahrhundert anzeigen
Beispiele
Donnerstag, 2. Januar 1992
Don, 2. Jan 1992
2.1.1992
Abbrechen
OK

Selbstverständlich können Sie im Dialogfenster "Datum & Uhrzeit" diese beiden Werte auch ändern. Dies geschieht wie in den "Einstellungen" durch Anklicken des gewünschten Wertes. Am Rande tauchen zwei Pfeile auf, mit denen Sie den Zahlenwert erhöhen bzw. erniedrigen können. Ist eine logische Grenze erreicht, bei Sekunden z.B. die Zahl 59, fängt die Zählung wieder von vorne an. Hält man die Maustaste auf einem der Pfeile länger gedrückt, laufen die Zahlen schneller.

Weitere Einstellmöglichkeiten verbergen sich aber hinter den Knöpfen "Datumsformate..." und "Uhrzeitformate...". Bereits am Konzept der "Ressourcen" zur leichten Anpassung von Menü- und Dialogtexten wurde klar, daß der Mac von vornherein als internationale Maschine konzipiert worden ist. In eigenen Ressourcen wird auch festgelegt, wie ein Datum, eine Uhrzeit oder eine Zahl dargestellt werden soll. Nicht alle, aber viele Programme machen Gebrauch davon, z.B. der Finder in seinen Inhaltsverzeichnissen oder Informationsfenstern. Mit den Kontrollfeldern können wir nun diese Formate bequem bearbeiten. Änderungen, die Sie durch Anklicken, Eintippen oder mit Pop-Up-Menüs vornehmen, werden im Beispielfeld am unteren Rand sofort angezeigt, aber erst nach einem Neustart wirksam.

Machen Sie sich bitte klar, daß mit diesen Änderungen nicht die Daten selber verändert werden, sondern nur die Art und Weise, wie sie dargestellt werden.

Die Einstellungen beschreiben ein kurzes und ein langes Datum. Möchte man von der deutschen Standardeinstellung abweichen, hat man mehrere Möglichkeiten. Fürs lange Datum kann man die Bestandteile und ihre Reihenfolge mit Hilfe der Pop-Up-Menüs festlegen. Vor dem ersten Teil und nach allen weiteren lassen sich bis zu drei Zeichen lange Trennzeichen wie Leerzeichen, Punkte, Doppelpunkte oder Kommata vereinbaren. In der Kurzform kann man in mehreren Schritten zwischen "3.9.93" und "03. 09. 1993" wählen.

Bei Uhrzeiten ist wohl wesentlich der Unterschied zwischen der amerikanischen Schreibweise, wo vor- und nachmittags (AM bzw. PM) jeweils von 0 bis 12 gezählt wird, zur europäischen 24-Stunden-Einteilung.

Ähnlich bedeutsam ist die Wahl des richtigen Zeichens für die Dezimalzahlen. Dies ist bei uns ein Komma statt des Punktes, der in USA üblich ist. Dieser Punkt kann bei uns dann verwendet werden, um bei großen Zahlen die Tausender voneinander zu trennen. Man kann aber dafür auch ein Leerzeichen verwenden.

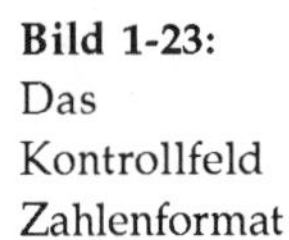

Bild 1-23: Das Kontrollfeld Zahlenformat

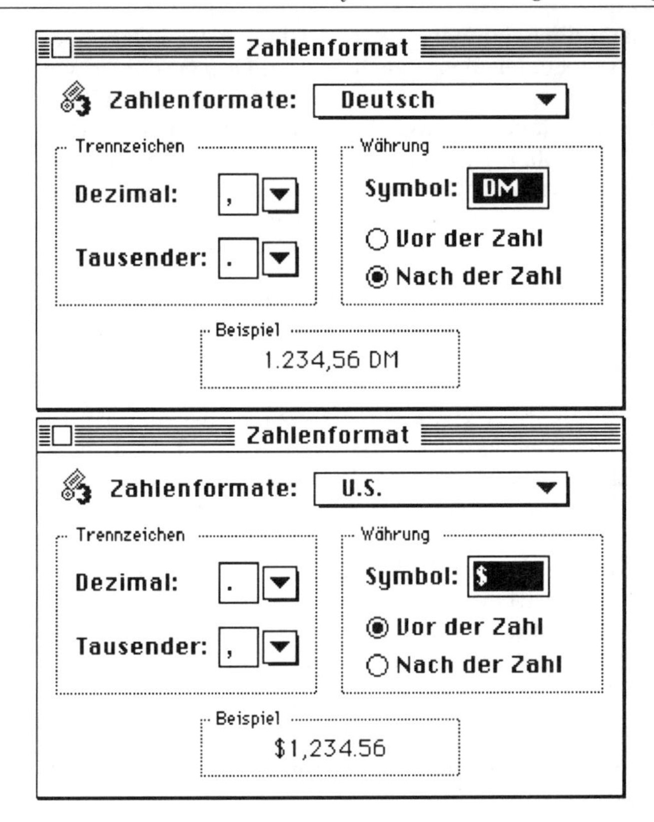

Eingabe

Die Kontrollfelddatei "Eingabe" hat mehrere Funktionen zu erfüllen. Für die "internationalen Fähigkeiten" des Macintosh ist der untere Teil sehr wichtig. Die Tastaturbelegung in der jeweiligen Landessprache wird hier eingestellt. Im Grunde genommen wird so die Tabelle ausgewählt, die festlegt, welches Zeichen mit welcher Taste korrespondiert.

Bild 1-24: Das Kontrollfeld Eingabe

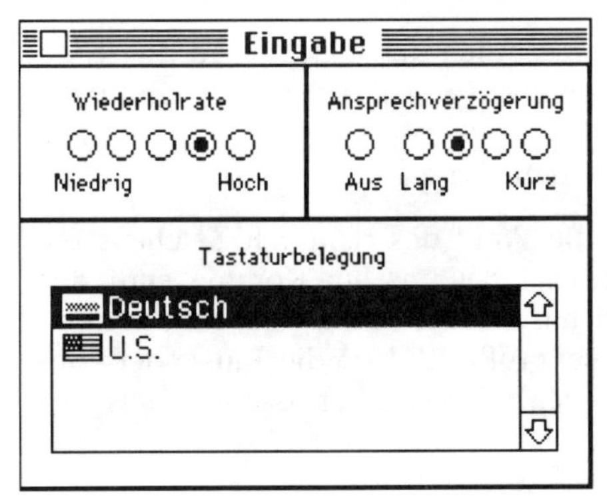

❄ Wenn Ihnen schon einmal passiert ist, daß Sie beim Tippen auf die Taste "Z" ein "Y" auf dem Bildschirm erhalten, liegt sicher hier der Fehler. Dann hat jemand die Tastaturbelegung auf "U.S." anstatt "Deutsch" verstellt.

Weitere Tastaturtreiber (so werden die Dateien genannt) müssen Sie zunächst in die Datei "System" legen und dann hier auswählen.

Zusätzlich kann man individuell die Charakteristik der Tastatur einstellen, was besonders geübte SchreiberInnen sehr nützlich finden. Hält man über eine längere Zeit eine Taste, wird nach Ablauf der Ansprechverzögerung die Taste wiederholt ausgelöst. Allerdings läßt sich diese Funktion auch unterdrücken. Das ist z.B. sinnvoll, wenn man mit Kindern arbeitet, die eine Taste oft sehr lange festhalten.

Tetris

Einen weiteren Grund gibt es allerdings noch, die Ansprechzeit auf extrem kurz und die Wiederholfrequenz auf hoch zu stellen: das beliebte Spiel *Tetris*. Wer da neue Rekorde erreichen will, muß sich häufig sehr schnell mit Hilfe der Tasten <J> und <L> nach links und rechts bewegen. Da sind die extremen Einstellungen nützlich. Für ruhigere Beschäftigungen am Rechner sollten Sie anschließend allerdings wieder die ursprünglichen Werte wählen.

Maus

Grafiktablett

Die Kontrollfelddatei "Maus" sollten Sie benutzen, wenn Sie Schwierigkeiten mit der Bedienung dieses "Computertiers" haben. Für die Arbeit mit einem *Grafiktablett* oder für manche Computerspiele (da gibt's inzwischen allerhand für den Mac!) ist es nötig, die Maus sehr langsam auf Bewegungen reagieren zu lassen. Haben Sie andererseits sehr wenig Platz auf dem Schreibtisch (was bei uns immer der Fall ist) oder ist Ihr Bildschirm sehr groß (was uns leider zu teuer ist), sollten Sie eine sehr schnelle Mausbewegung wählen, da kleine Bewegungen auf dem Tisch dann große Reaktionen auf dem Bildschirm bewirken. Das Doppelklickintervall sollten Sie langsamer einstellen, wenn Ihnen häufiger eine gewünschte Doppelklickaktion mißlingt. Die zulässige Verzögerung zwischen erstem und zweitem Klick beträgt je nach Einstellung ca. 3/4, 1/2 oder 1/3 Sekunde.

Bild 1-25:
Das Kontrollfeld Maus

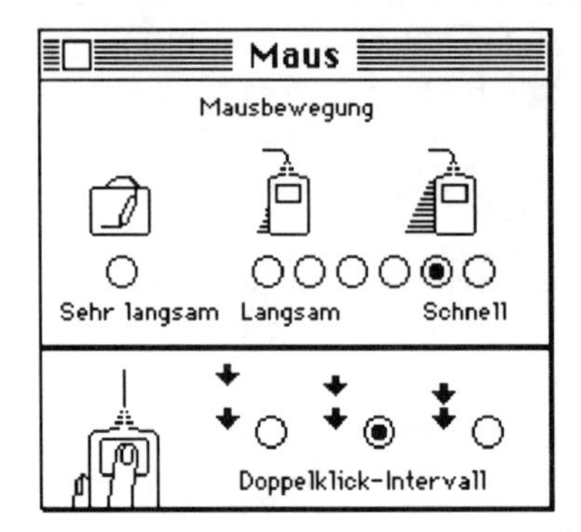

Ton

Die Kontrollfelddatei "Ton" dient dazu, mit Hilfe des Schiebereglers die Lautstärke des gewählten Warntones einzustellen. Nur ganzzahlige Werte sind möglich. Erhält sie den Wert "0" (günstig für Nachtarbeiter und Leute, die nicht wollen, daß andere ihre Fehler bemerken), erfolgt statt der akustischen Warnung eine optische: Die Menüleiste blinkt bei Bedarf.

Neben den Standardtönen, die Sie nach der Installation im Ordner "System" finden, gibt es eine ganze Reihe von Klängen, die man in das Betriebssystem einschleusen kann, indem man sie in diesen Ordner kopiert. Die neueren Macintoshs sind ja bereits mit einem Mikrophon ausgerüstet. Als angenehm erweisen sich "bekannte Geräusche" wie Telefonklingeln, Tagesschau-Gong oder der entzückende Schrei der drei Monate alten Tochter. Ein weiterer zusätzlicher Ton ist übrigens im "Album" vorhanden.

Bild 1-26:
Das Kontrollfeld Ton

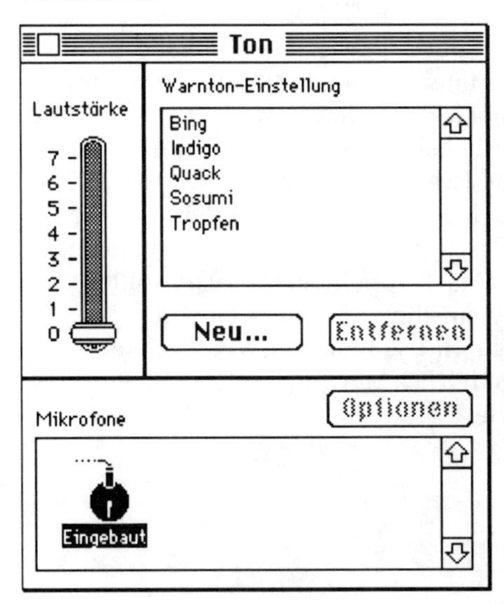

Monitore

Nicht jeder Mac-Fan nennt einen Farbmonitor sein eigen. Wenn man hauptsächlich Texte bearbeiten will, reicht ein S/W-Monitor. Wer aber ein farbfähiges Gerät oder eine Farbkarte plus Monitor zur Verfügung hat, kann unterschiedliche Farbtiefen vereinbaren. Einen Standard in der Farbbearbeitung stellt die Palette von 256 Farben bzw. Grautönen dar. Technisch fortschrittliche Systeme sind sogar in der Lage, mit ca. 16 Millionen Farben (entstehen durch Mischung aus je 256 Tönen der Grundfarben rot, grün und blau) zu arbeiten. Das soll mehr sein, als das menschliche Auge unterscheiden kann. Das Ergebnis der Einstellung sehen Sie jeweils im unteren linken Rechteck des "Monitore"-Fensters. Darüber hinaus ist der Macintosh darauf vorbereitet, mit mehreren, auch unterschiedlichen, Monitoren gleichzeitig zu arbeiten. In der großen grafischen Darstellung können Sie diese arrangieren und denjenigen bestimmen, der die Menüleiste trägt.

Haben Sie (was bei bis zu sechs Monitoren kein Wunder wäre) den Überblick verloren, klicken Sie auf den Knopf unten rechts: Jeder Monitor zeigt dann in der Mitte, welche Nummer ihm zugeordnet ist.

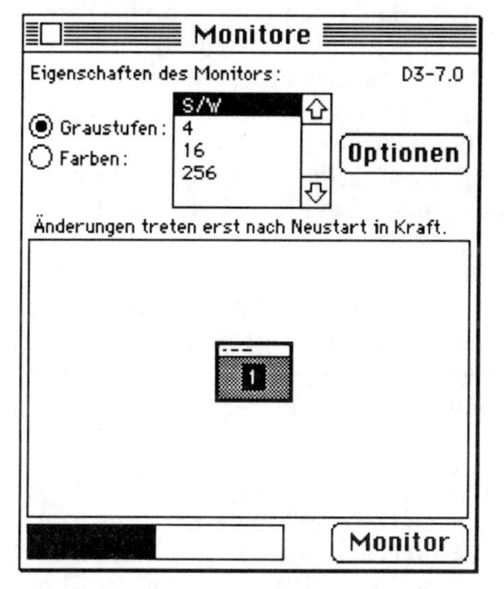

Bild 1-27: Der Dialog Monitore

Doppelklicken auf das Monitorsymbol in der Mitte oder Klikken auf **Optionen** führt Sie zu einem Dialogfenster, in dem Sie Einzelheiten einer evtl. vorhandenen Farbgrafikkarte einstellen können.

Bild 1-28: Spezielle Einstellungen für Farbgrafikkarten

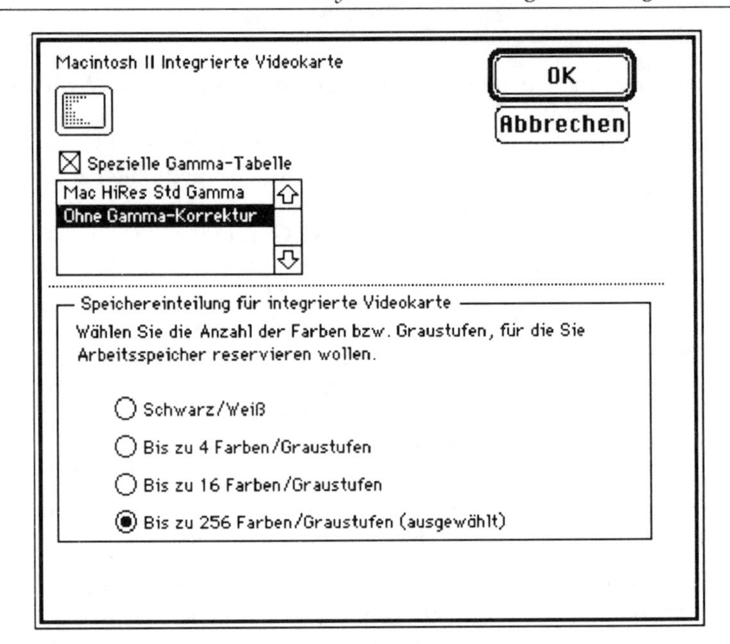

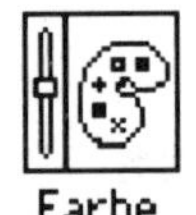

Farbe

Pop-Up-Menü

Die Kontrollfelddatei "Farbe" erlaubt den Besitzern von Farbmonitoren mit Hilfe von zwei *Pop-Up-Menüs* zusätzliche Einstellungen. Zunächst kann die Farbe vereinbart werden, mit der ausgewählter Text unterlegt wird. In dem kleinen Fenster läßt sich der Erfolg an einem Beispieltext überprüfen. Jede andere als die Standardeinstellung "S/W" zeigt aber einen schwarzen Text auf farbigem Hintergrund. Gerade bei den kräftigen Farben, die die Aufmerksamkeit auf sich lenken sollen, ist daher allerdings die Schrift schlechter zu lesen. Auch mit der zweiten Einstellung, der Fensterfarbe, hat Apple etwas zuviel Aufwand getrieben, denn wer benötigt wirklich einen "goldenen Rollbalkenschieber"? Trotzdem wollen wir an diesem Beispiel kurz die Benutzung eines Pop-Up-Menüs erläutern:

Sie erkennen es an dem Schlagschatten, der das rechteckige Feld unten und rechts umgibt und an dem kleinen nach unten gerichteten Pfeil. Wenn Sie es anklicken, wird es aktiv und zeigt eine mehr oder weniger lange Menüliste, aus der Sie Ihre Auswahl treffen können. Nach dem Loslassen wird die neue Einstellung angezeigt.

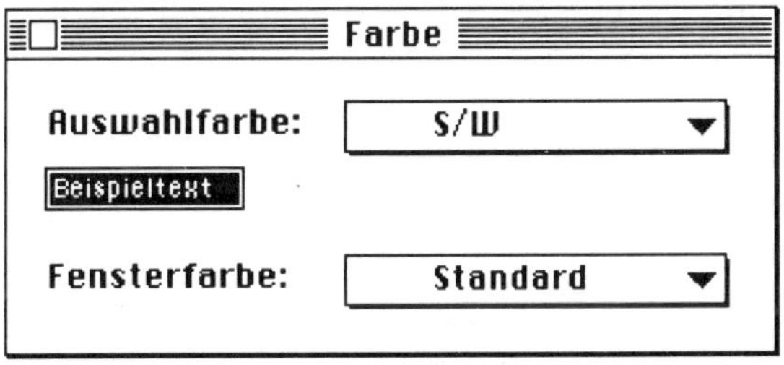

Farbe
Auswahlfarbe: S/W
Beispieltext
Fensterfarbe: Standard

Bild 1-29:
Der Dialog Farbe

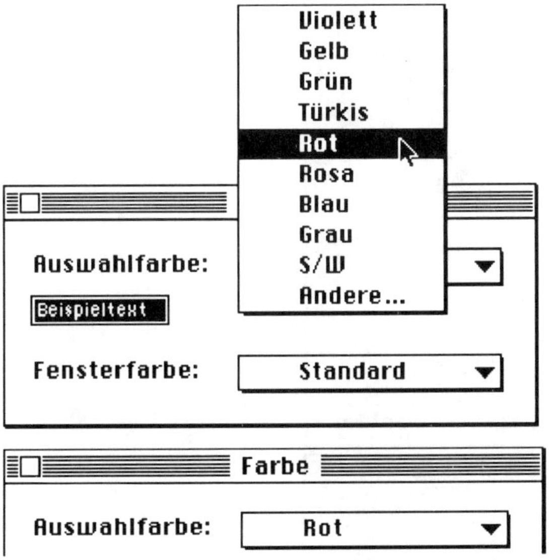

Violett
Gelb
Grün
Türkis
Rot
Rosa
Blau
Grau
S/W
Andere...
Auswahlfarbe:
Beispieltext
Fensterfarbe: Standard

Farbe
Auswahlfarbe: Rot

Bild 1-30:
Arbeiten mit einem Pop-Up-Menü

Weltkarte

Die Kontrollfelddatei "Weltkarte" unterstützt die Bestimmung von Entfernungen und Zeitunterschieden zwischen beliebigen Orten der Erde. Nach dem Öffnen zeigt sich eine Weltkarte mit Ankerpunkt, von dem aus alle Entfernungen gemessen werden. Um Ihren Heimatort hier zu vereinbaren, tragen Sie den Namen und die geographische Breite und Länge hier ein. Für die südliche bzw. westliche Hälfte der Erde müssen die Kreuze vor "N" und "O" entfernt werden. Durch Klicken in "Wo?" wird die Stadt übernommen, durch Klicken in "Setzen" zum neuen Nabel der Welt. Problematisch an diesem Schreibtischzubehör ist, daß der Mauszeiger sich nicht in ein Fadenkreuz verwandelt, so daß es schwer ist, einen der blinkenden Orte, die schon vereinbart wurden, exakt zu treffen. Haben Sie ihn aber aktiviert oder den Namen (in der amerikanischen Schreibweise) richtig eingegeben, sehen Sie dessen Daten. Durch Anklicken erhält man statt der Zeitdifferenz die Zeitzone, statt der Kilometer-Angaben solche in Meilen oder Grad. Die Darstellung ist sehr grob, da ein Bildschirmpunkt einem geographischen Grad entspricht.

Eine Vergrößerung ergibt sich, wenn Sie die Datei mit der gedrückten Wahltaste (⌥) oder der Befehlstaste (⌘) öffnen.

Sollten Sie eine bessere Weltkarte zur Verfügung haben, können Sie diese mit Hilfe des Befehls **Einsetzen** im Menü **Bearbeiten** einfügen. Eine farbige ist beispielsweise im Album ab System-Version 7.0.1 vorhanden.

Bild 1-31: Zwei Beispiele für Weltkarte

Die Stadt Bremen in Bild 1-31 ist natürlich von uns eingegeben worden, aber die 1000 km davon entfernte europäische Hauptstadt war schon von vornherein dabei.

Bei dieser Gelegenheit sollten Sie gleich einmal die Lage von ein paar weniger bekannten Orten überprüfen. Oder wissen Sie auf Anhieb, wo Cupertino, Mt. Everest, Mountain View, København oder Middle Of Nowhere liegen?

Eingabehilfe

Die Kontrollfelddatei "Eingabehilfe" ist ursprünglich geschaffen worden, um behinderte Benutzer zu unterstützen. Von vielen wird sie aber auch benutzt, wenn es auf sehr exakte Mausbewegungen ankommt. Der Dialog ist in vier Bereiche eingeteilt, wobei die Einstellung im oberen Teil als akustische Unterstützung sicher immer sinnvoll ist.

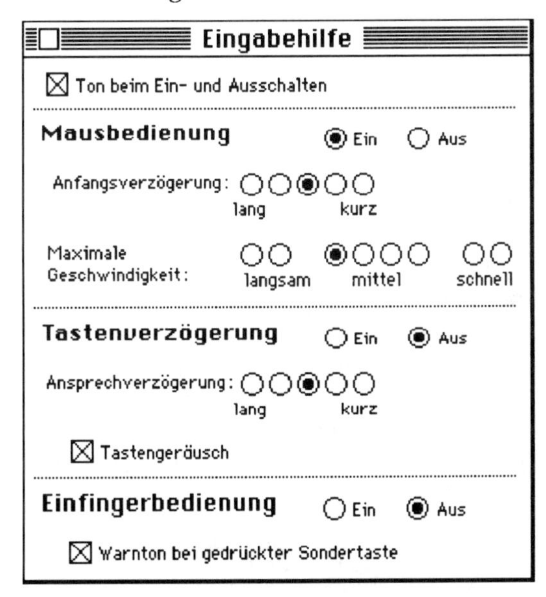

Bild 1-32: Der Dialog Eingabehilfe

Im zweiten Bereich läßt sich einstellen, daß die Mausbedienung von den Zifferntasten der numerischen Tastatur unterstützt wird. Hat man diese eingeschaltet, wirkt die Taste "5" wie die Maustaste, während die darumliegenden die Mausbewegung bewirken. Z.B. lenkt die "8" die Maus nach oben, die "7" nach links oben, die "4" nach links usw. Das Festhalten der Maustaste für Aktivierungen größerer Flächen o.ä. wird durch die "0" erreicht.

Um versehentliche Benutzung zu erschweren, kann eine Anfangsverzögerung vereinbart werden. Die maximale Geschwindigkeit kann ebenfalls beschränkt werden.

❄ Diese Einstellung hat sich auch für punktgenaues Arbeiten bewährt, wenn es z.B. in einem Zeichenprogramm darum geht, aktivierte Bereiche exakt zu verschieben. Die Bedienung der übrigen Tasten kann ebenfalls durch die Vereinbarung einer Ansprechverzögerung sicherer gemacht werden. In diesem Fall muß man wirklich lange und gründlich drücken, damit der Rechner den Tastendruck akzeptiert.

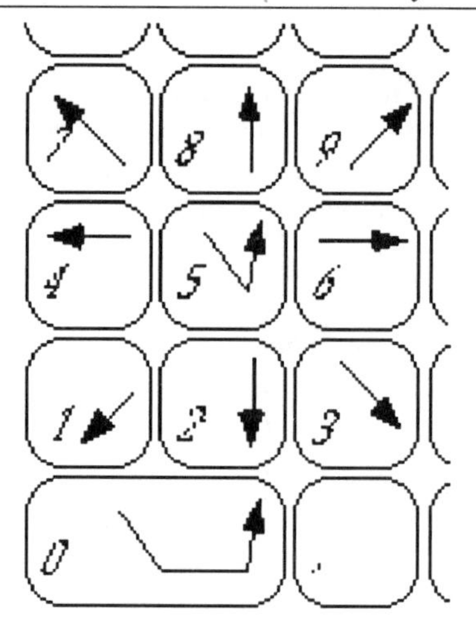

Bild 1-33: Mausbedienung mit Zifferntasten

Der vierte Bereich betrifft die Möglichkeit, die einzelnen Tasten einer Kombination (wie Umschalttaste-A = <⇧>-<A> um "A" statt "a" zu erhalten oder Befehlstaste-Umschalttaste-3 = <⌘> - <⇧> - <3> für eine Bildschirmkopie) hintereinander statt gleichzeitig einzugeben. Sobald die Einstellung aktiviert wurde, erscheint ein kleines Symbol in der oberen rechten Ecke des Bildschirms, das sich verändert, sobald eine oder mehrere Tasten gedrückt wurden.

Bild 1-34: Hinweise auf Einfingerbedienung

Zwei der vier Einstellmöglichkeiten lassen sich auch ohne den Dialog "Eingabehilfe" ein- und ausschalten: Fünffaches Drükken der Umschalttaste (⇧) wechselt den Status der Ein-Fingerbedienung und die Kombination Befehlstaste-Umschalttaste-Numtaste (⇧-⌘-⌧) tut dasselbe mit der Mausbedienung. (Die Numtaste ⌧ liegt im Ziffernblock ganz links oben und heißt wegen ihres Symbols auch die "Nichtrauchertaste".)

❄ Merken Sie sich diese Tastenkombination für alle Fälle, da es die einzige Möglichkeit ist, den Rechner zu bedienen, wenn die Maus einmal "stirbt".

Etiketten

Die Kontrollfelddatei "Etiketten" unterstützt ein Konzept, das Apple mit dem System 7 erstmalig verwendet: Jede Datei kann unabhängig von ihrem Typ und ihrer Lage in einem bestimmten Ordner zu einer von acht Kategorien zugerechnet werden. Die fraglichen Objekte (Ordner, Programme, Dokumente) werden aktiviert, dann wird ihnen die neue Eigenschaft zugewiesen, indem man sie im Menü **Etikett** auswählt.

Bild 1-35: Das Menü und die Kontrollfelddatei Etiketten

Diese Markierungen können zum Suchen und Sortieren verwendet werden, weil mit diesem zusätzlichen Attribut jenes Objekt ja ein Ordnungskriterium erhält. Auf Farbmonitoren beeinflussen sie die Anzeige. Denkbar ist es, daß Sie alle Dateien mit "In Arbeit" etikettieren, die Sie am Abend sichern wollen, oder alle mit "Projekt 1", die über ein Netz anderen zur Verfügung stehen. Es gibt auch kein Problem, wenn Ihnen die vorgeschlagenen Farben und die Namen nicht gefallen. Im Dialog "Etiketten" lassen sich nach Doppelklicken alle verändern. Die Namen werden neu eingetippt. Die Farben wählen Sie aus dem "Farbrad" aus, dessen schwarz-weiße Version Sie in Bild 1-36 sehen.

Die Einstellmöglichkeiten in diesem Dialog "Farbrad" sind sehr vielfältig, da hier verschiedene Farbmodelle zusammengefaßt werden. Am äußeren Rand des Kreises erkennt man die additiven Grundfarben Rot (R), Grün (G) und Blau (B), dazu Gelb (g), Cyan (c) und Magenta(m). Der kleine Kreis gibt die ausgewählte Farbe an, wobei nach innen die Farbintensität abnimmt. Am Schieberegler rechts kann die Gesamthelligkeit eingestellt werden. Die Eingabefelder links sind in zwei Gruppen zu je drei geordnet. In jedem Feld sind Zahlenwerte zwischen 0 und 65535 möglich. Eine Änderung mit Hilfe der Pfeilknöpfe oder durch Eintippen eines neuen Wertes wirkt sich sofort auf den Farbenkreis aus.

Bild 1-36:
Der Farbrad

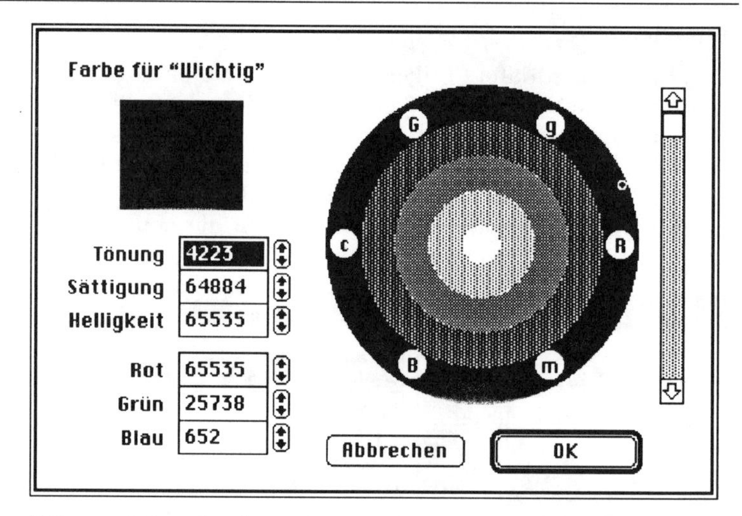

"Tönung" beschreibt, wieweit der Zentralwinkel des Farbpunktes von Rot abweicht (gegen den Uhrzeigersinn gemessen), "Sättigung" ist der Abstand vom weißen Mittelpunkt des Kreises, "Helligkeit" ist direkt am Schieberegler abzulesen. Ein davon unterschiedliches Farbmodell baut auf den Grundfarben Rot, Grün und Blau auf. Haben alle die gleiche Größe, entstehen Grautöne, Schwarz, wenn alle = 0 sind, Weiß, wenn alle = 65535. Reine Grundfarben entstehen, wenn eine Größe maximal ist und die anderen den Wert Null haben.

Darstellungen

Die Kontrollfelddatei "Darstellungen" hat einen großen Einfluß auf alles, was Sie auf dem Schreibtisch sehen, auf die Inhaltsverzeichnisse von Disketten, Festplatten und Ordnern nämlich. Diese werden im Menü **Inhalt** ausgewählt.

Im oberen Teil läßt sich eine Schriftart für die Darstellung der Texte wählen. Dies betrifft sowohl die Namen bei den grafischen Objekten als auch die Einträge in den Listen. An die Standardeinstellung "Geneva 9" haben sich erfahrene Mac-Veteranen so gewöhnt, daß alles andere als fremd empfunden wird. Aber das soll Sie nicht daran hindern, z.B. eine Version in "Helvetica 24" für Kurzsichtige auszuprobieren.

Im weiteren wird zwischen der grafischen Darstellung mit Symbolen und der Listendarstellung unterschieden.

❄ Wobei die Überschrift "Verzeichnisinhalt im Listenformat" das meint, was das Original mit "List Views" aussagt und was eigentlich ja "Inhaltsverzeichnisinhalt im Listenformat" hätte heißen müssen.

Darstellungen

Zeichensatz: Geneva 9

Verzeichnisinhalt nach Symbolen

Regelmäßiges Raster

Versetztes Raster

Am Raster ausrichten

Verzeichnisinhalt im Listenformat

Größe zeigen

Art zeigen

Etikett zeigen

Datum zeigen

Version zeigen

Kommentar zeigen

Ordnergröße berechnen

Volume-Information anzeigen

Bild 1-37: Der Dialog Darstellungen

Grafische Darstellungen werden mit großen und kleinen Symbolen angeboten. Bei den Minisymbolen befindet sich der Name der Datei neben den Bildchen, bei den normalen Symbolen darunter. Sehr lange Namen (bis zu 31 beliebige Zeichen außer ":" sind ja möglich) können sich aber auch teilweise überdecken. Daher kann man ein versetztes Raster vereinbaren, wobei jedes zweite Symbol etwas nach unten verschoben ist, so daß man die Namen besser lesen kann. Kreuzt man "Am Raster ausrichten" an, so sind beim Verschieben eines Symbols nur solche Rasterplätze möglich.

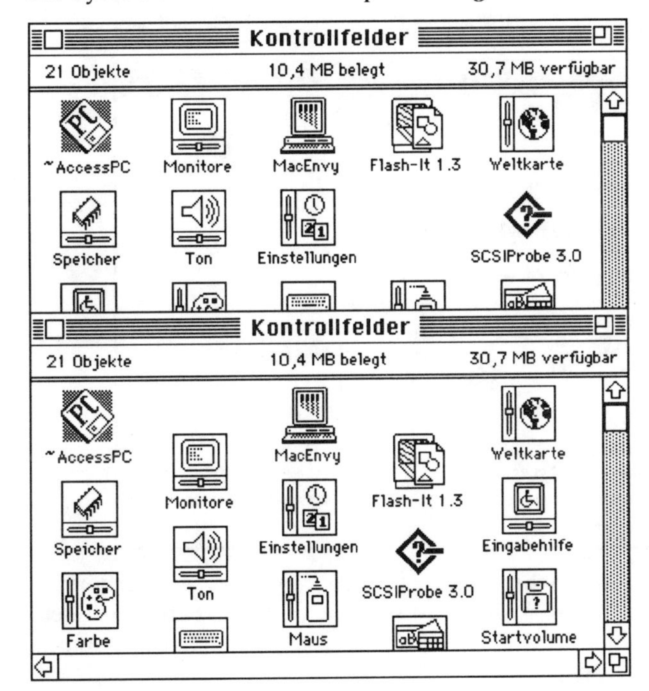

Bild 1-38: Regelmäßiges und versetztes Raster

Auch bei Listendarstellungen werden die Dateien mit einem Symbol versehen, wir arbeiten ja schließlich mit einem Macintosh!

Durch Anklicken müssen wir uns zwischen kleinen, mittleren und großen Symbolen entscheiden. Daß der Name angezeigt wird, ist in einem Inhaltsverzeichnis ja wohl klar. Darüber hinaus gibt es aber noch sechs Eigenschaften, die wir zeigen lassen können: die Größe (in kByte), die Art (Ordner, Programm oder zu einem Programm gehörendes Dokument), das Etikett, das Datum der letzten Veränderung, die Versionsnummer - interessant bei Programmen - und schließlich die ersten 22 Zeichen des Kommentars (in Geneva 9).

❄ Kommentar zu einem Objekt können Sie eingeben, nachdem Sie mit dem Befehl **Information** im Menü **Ablage** ein Fenster geöffnet haben, das alle wissenswerten Daten darüber anzeigt.

Bild 1-39: Inhaltsverzeichnis im Listenformat erzeugt durch die darunter stehenden Darstellungen

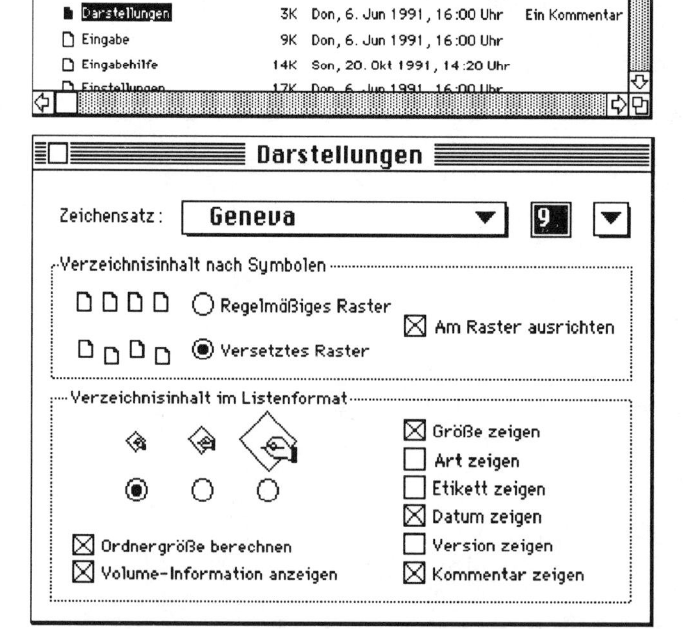

Jede der zusätzlichen Informationen kann auch als Sortierkriterium im Menü **Inhalt** vereinbart werden. Falls Sie nach Datum sortieren lassen, wird das jüngste Objekt an den Anfang der Liste gestellt.

Systemerweiterungen

Nach dem Ordner "Kontrollfelder" wollen wir uns den nächstwichtigen Ordner "Systemerweiterungen" anschauen.

Der Macintosh ist von jeher als "offenes", erweiterbares System konzipiert worden (vgl. Kap. 8). Anders wären die vielen Evolutionsschritte, die schließlich bis zum System 7 führten, nicht möglich gewesen. Es gibt daher eine ganze Reihe von Dateien, die die Funktionalität des Systems auch für die Zukunft erweitern oder an spezielle Gegebenheiten anpassen. Einige Systemerweiterungsdateien liegen bereits in dem dafür vorgesehenen Ordner, andere können automatisch oder manuell hinzugefügt werden. Das funktioniert genauso wie bei den Ordnern "Apple-Menü" oder "Startobjekte". Die Erweiterungsdateien werden einfach in den Systemordner geschoben, der Finder packt sie automatisch in den richtigen Ordner "Systemerweiterungen". Beispielsweise kann der Inhalt dieses Ordners so aussehen:

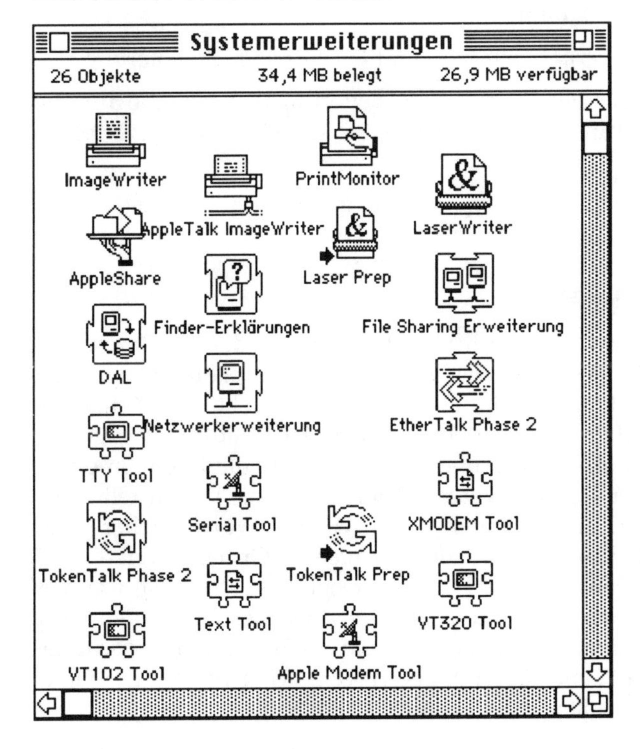

Bild 1-40 : Der Ordner Systemerweiterungen

Drucken

In dem Fenster in Bild 1-40 sehen Sie im oberen Teil einige Erweiterungsdateien, die das *Drucken* mit verschiedenen Druckern ermöglichen und unterstützen:

- ImageWriter und AppleTalk ImageWriter,
- LaserWriter und Laser Prep,
- PrintMonitor.

ImageWriter und AppleTalk ImageWriter sind Betriebssystemprogramme für das Drucken auf Matrix-Druckern bzw. Nadel-Druckern. LaserWriter und LaserPrep sind Dateien, die zum Drucken auf Laserdruckern benötigt werden. PrintMonitor ist ein Programm, mit dem die Druckausgabe durch den Benutzer gesteuert werden kann, was wir später erläutern werden.

Im mittleren Teil sehen Sie Erweiterungsdateien, die bei der Benutzung der Netzwerkdienste wichtig sind (vgl. Kap. 4):

- AppleShare und DAL
- Netzwerkerweiterung und File Sharing -Erweiterung

Im unteren Teil sehen Sie Erweiterungsdateien, die für die Kommunikation über das Netzwerk oder über Modems benötigt werden:

- TTY Tool, Serial Tool, XMODEM Tool, Text Tool etc.

Voreinstellungen

Es gibt beim Macintosh viele Programme, die die Voreinstellungen des Benutzers dauerhaft auf der Festplatte in speziellen Dateien ablegen. In der Vergangenheit hat es daher im Systemordner von Betriebssystem 6 viel Unordnung gegeben, weil eben alle "systemrelevanten" Dokumente in einem einzigen Ordner abgelegt wurden. Nun können die Voreinstellungen ebenso wie andere Hilfsdateien wie z.B. Wörterbücher nicht nur im "Systemordner", sondern auch im Ordner "Preferences" abgelegt werden. Jedes Programm legt dies selber fest, wenn es installiert wird. Sie brauchen diesen Ordner nur in den ganz seltenen Fällen zu öffnen, wenn Sie ein Programm gelöscht haben und z.B. auch überflüssige Wörterbücher von der Festplatte entfernen wollen.

❄ Wörterbücher sind Dateien, die alle wesentlichen Wörter und Begriffe einer Sprache enthalten. Diese Dateien werden zur Rechtschreibprüfung von Textverarbeitungsprogrammen benutzt.

Clipboard

Der englische Begriff *Clipboard* wird in der deutschen Version als Zwischenablage bezeichnet. Dies ist ein universeller Speicher für alle Arten von Daten, die auf dem Macintosh verarbeitet werden können. Bei sehr großen Datenmengen wird der Inhalt der Zwischenablage in die Datei "Clipboard" ausgelagert.

❄ In vielen Anwenderprogrammen, auch im Finder, läßt sich durch einen entsprechenden Menübefehl der Inhalt der **Zwischenablage** kontrollieren.

Notizblock

Der Notizblock ist ein nützliches Schreibtischzubehör, auf dem man sich bis zu acht kurze Bemerkungen notieren oder aus der Zwischenablage eingeben kann.

Bild 1-41: Der Notizblock

Man kann, wie bei einem richtigen Notizblock, Seite für Seite aufblättern, indem man mit der Maus auf die linke untere abgeknickte Ecke des Notizblockes drückt.

Albumdatei

Das Album hat die Aufgabe, den Inhalt der Zwischenablage dauerhaft zu speichern. Wenn man es öffnet und den Befehl **Einfügen** aus dem Menü **Bearbeiten** auslöst, wird ein neues Blatt angelegt und der Inhalt (zumindest teilweise) gezeigt.

PICT

Im Bild 1-42 erkennt man ein Albumblatt, das ein Symbol der Albumdatei als Inhalt hat. Diese Grafik ist vom Typ *PICT*, womit ein universelles Grafikformat bezeichnet wird, das viele Programme weiterverarbeiten kann. Von großen Grafiken sieht man nur den zentralen Teil, gleichwohl ist das gesamte Bild gespeichert. Das Album kann neben Bildern auch Texte und Töne aufnehmen. Bleibt man mit Texten innerhalb eines bestimmten Textverarbeitungsprogramms, werden sogar die Formatierungen erhalten, sonst nur der reine Text.

Mit den Befehlen **Ausschneiden** und **Kopieren** aus dem Menü **Bearbeiten** transportiert man den Inhalt des ausgewählten Blattes wieder in die Zwischenablage, in der Regel, um ihn dann in einem Anwenderprogramm **Einfügen** zu können.

Der Rollbalken am unteren Rand dient zum Durchblättern. Die Angabe "3/4" zeigt, daß man im Moment das dritte von vier Albumblättern sieht.

Wenn der Speicherplatz auf der Festplatte ausreicht, kann das Album bis zu 255 Objekte aufnehmen.

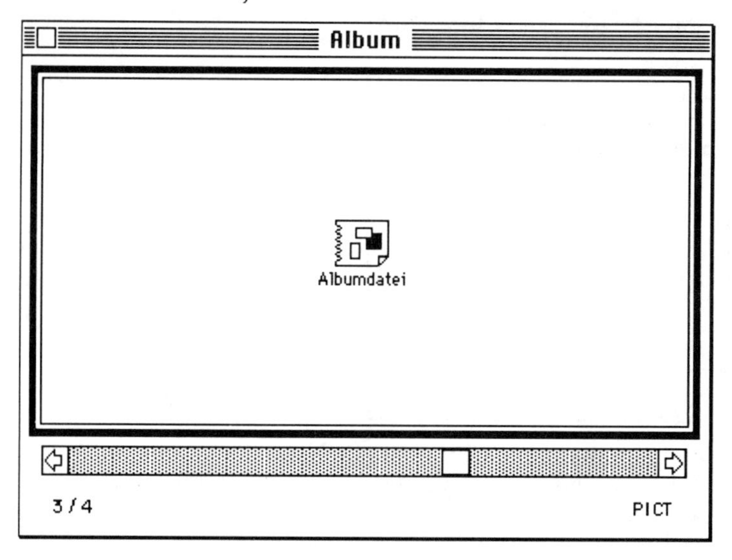

Bild 1-42 :
Das Album

Das Konzept der Zwischenablage

Bei den letzten drei behandelten Themen ("Clipboard", "Notizblock" und "Album") tauchte immer wieder ein Begriff auf, der es wert ist, näher untersucht zu werden: die Zwischenablage. Es handelt sich um einen universellen Speicher, über den man eine Verbindung zwischen Teilen eines Dokuments und zwischen verschiedenen Dokumenten sogar von unterschiedlichen Programmen herstellen kann. Wie geht das?

Ressource

Hier kommt wieder einmal das für den Mac so wichtige Konzept der Ressourcen ins Spiel, das wir in anderen Zusammenhängen schon erwähnten. Alle Inhalte, die man transportieren möchte, lassen sich nämlich in solchen Ressourcen speichern. Ist der Inhalt z.B. ein Teil eines bestimmten Textes, gibt es zunächst einmal eine Ressource vom Typ *TEXT*, die nur die reine Zeichenfolge enthält. Hinzu kommt bei vielen Textverarbeitungsprogrammen eine Information, die Hinweise auf die Stilmerkmale enthält. Alle Programme können mit der "TEXT"-Ressource umgehen. Falls die anderen Daten nicht interpretiert werden können, werden sie eben ignoriert. Ein weiterer Macintosh-Standardtyp heißt *PICT* und enthält Informationen über Grafiken.

TEXT

PICT

Zwei Wege müssen nun beschrieben werden, um die Arbeit mit der Zwischenablage vollständig zu verstehen: Wie kommt etwas in diese Ablage hinein und wie wieder heraus? Dazu benötigen wir eine Gruppe von Befehlen, die es im Finder sowie in jedem Mac-Programm gibt. Im Menü **Bearbeiten** finden wir immer die drei Befehle **Ausschneiden**, **Kopieren** und **Einsetzen** (oder in Englisch **Cut**, **Copy** & **Paste**). Die beiden ersten Befehle dienen dazu, die Zwischenablage zu füllen. **Kopieren** beläßt das Original an seiner Stelle, **Ausschneiden** entfernt es dort. Der dritte Befehl fügt den Inhalt an der Stelle der Einfügemarke im aktuellen Programm ein. Wie man sieht, gibt es keinen Befehl, diesen Speicher zu löschen. Wir können also davon ausgehen, daß immer irgendetwas in der Zwischenablage ist (außer, wenn wir den Rechner gerade erst angeschaltet haben).

Im nächsten Bild 1-43 wird die Wirkung der Befehle grafisch dargestellt. Ausgangspunkt sind zwei Dateien, "Quelle" und "Ziel", sowie die Zwischenablage mit zunächst unbestimmtem Inhalt. Der kleine senkrechte Strich in "Ziel" ist die Einfügemarke, der Ort, an dem wir den Text verändern können.

Da die Vorgänge dynamisch sind, sollten Sie versuchen, die beschriebenen Vorgänge in der Grafik nachzuvollziehen.

Bild 1-43: Arbeiten mit der Zwischenablage

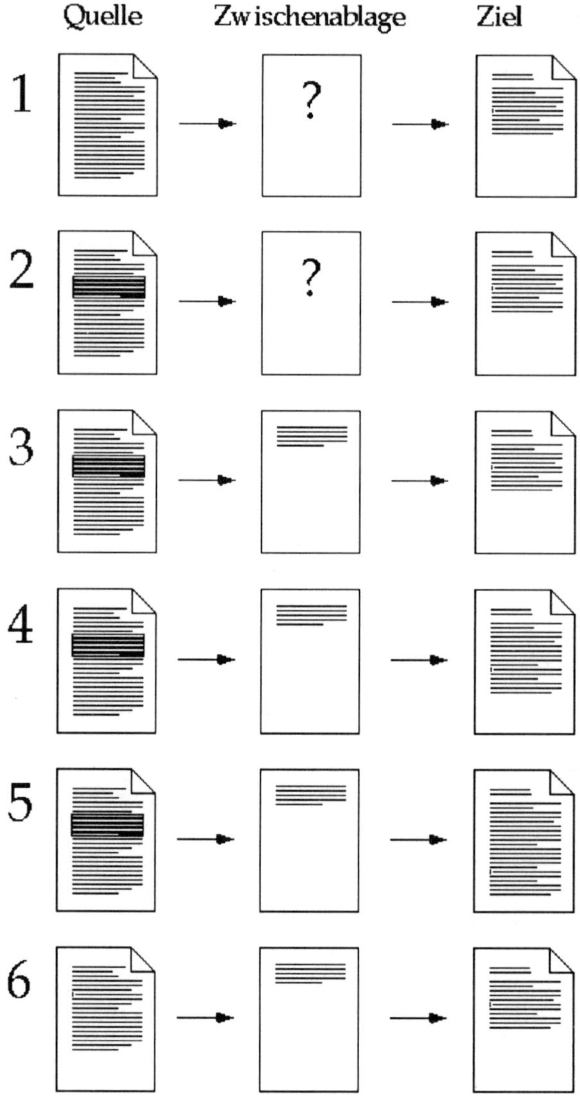

Quelle Zwischenablage Ziel

1 ?

2 ?

3

4

5

6

1. Ausgangssituation

1. -> 2. Ein Bereich in der Quelle ist aktiviert.

2. -> 3. Wirkung von **Kopieren**

3. -> 4. Wirkung von **Einsetzen**

4. -> 5. Wirkung von noch einmal **Einsetzen**

2. -> 6. Wirkung von **Ausschneiden**

Print Monitor -Dokumente

Ein weiterer Ordner im Systemordner hat vielleicht schon Ihre Aufmerksamkeit erregt, obwohl er fast immer leer ist: Der Ordner *PrintMonitor*-Dokumente. Dahinter verbirgt sich ein sehr nützliches Prinzip: Alle Dateien, die an den Drucker geschickt werden sollen, werden zunächst einmal hier abgelegt. Das geht wesentlich schneller als das eigentliche Drucken und macht den Rechner für weitere Aufgaben frei. Fehler und Engpässe, die z.B. in einem Netz auftreten können, werden so überbrückt. Im Hintergrund verwaltet der Rechner mit dem Programm PrintMonitor dann selbst, wann die Zeit und die Möglichkeit da sind, die Daten zum Drucker zu senden. Dies ist ein einfaches Beispiel für das *kooperative Multitasking* von System 7 (vgl. Kap. 5).

kooperatives Multitasking

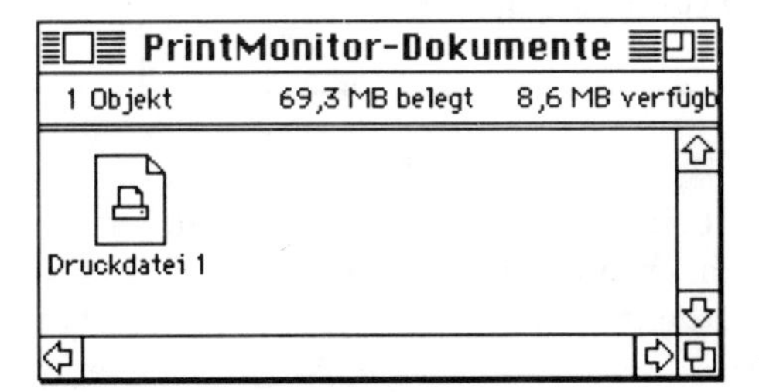

Bild 1-44: Eine Datei wartet auf das Drucken

Daß der Printmonitor aktiv ist, erkennt man im Menü **Programme**, das sich rechts oben befindet und immer das Symbol des gerade aktiven Programms anzeigt. Im Printmonitordialog können Sie sich einen Überblick über die momentane Druckerwarteschlange verschaffen und ggf. auch einzelne Aufträge wieder zurücknehmen oder das Drucken auf einen späteren Zeitpunkt verschieben.

Bild 1-45: Der Printmonitor ist aktiv

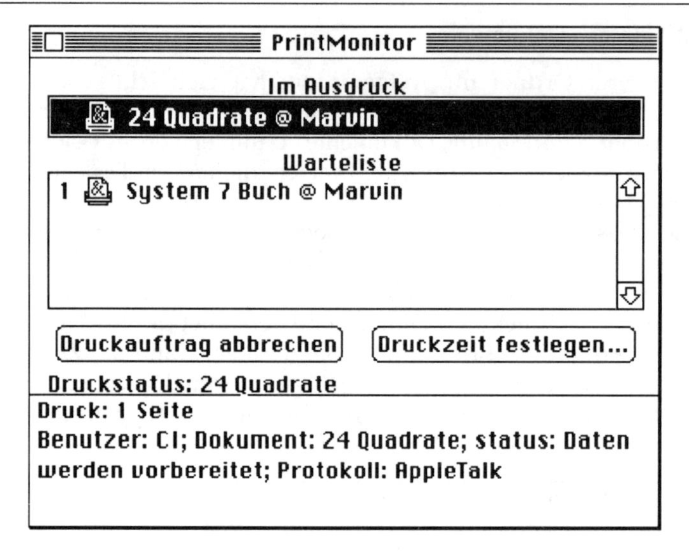

Bild 1-46: Der Printmonitor-Dialog

❄ Sollte allerdings beim Drucken ein Problem auftreten, meldet es der Rechner Ihnen. Es könnte sein, daß kein Papier eingelegt wurde oder daß der ausgewählte Drucker ausgeschaltet ist.

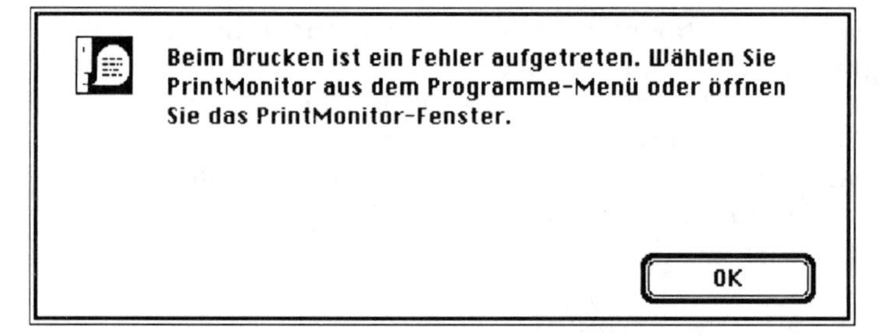

Bild 1-47: Beim Drucken ist ein Problem aufgetreten

Alle Teile (Objekte), die wir bisher kennengelernt haben, werden mit Hilfe der mitgelieferten Systemdisketten automatisch installiert. Selbstverständlich kann man dies auch manuell erledigen. Dazu werden die einzelnen Objekte von Diskette oder Festplatte einfach auf den Systemordner bewegt. System 7 ist so schlau, genau zu wissen, in welchen der Ordner das Objekt gehören sollte. Es wird dann einfach dort hineingelegt. Nähere Hinweise zum Installationsvorgang finden Sie im Anhang.

Der ganz persönliche Mac

Aufbau und Funktion der einzelnen Teile zu betrachten ist ja immer nur ein Teil der Geschichte. Richtiges Leben bekommt ein Vorgang erst dadurch eingehaucht, daß man ihn in Aktion sieht und erkennt, wie in dem gut geschmierten Getriebe ein Rädchen ins andere greift. Bestimmte Entscheidungen, die man getroffen hat, werden so auch klar und verständlich.

Zum Abschluß ders ersten Kapitels, das sich mit dem "Look & Feel" der Macintos-Benutzeroberfläche beschäftigt, dokumentieren wir einmal eine kurze typische Arbeitssitzung am Mac. An verschiedenen Stellen werden Alternativen angedeutet. Selbstverständlich ist alles auch stark subjektiv gefärbt, von unseren persönlichen Vorlieben und Möglichkeiten bestimmt. Sicher fallen auch einmal ein paar Begriffe, mit denen Sie noch nicht so gut vertraut sind, aber da können wir Sie auf die folgende Kapitel verweisen.

Die Arbeitssitzung dient uns natürlich nur als Vorwand, im Zusammenhang das Funktionieren des Macs zu beschreiben. Sie umfaßt Anschalten, Öffnen eines neuen Dokuments, Sichern, Drucken, Kopieren, Löschen und Abschalten. Das Beispiel soll eine kurze Notiz mit offiziellem Aussehen sein.

Anschalten

Nach dem Anschalten des Gerätes werden in alphabetischer Reihenfolge die Start- und Kontrollfelddateien geladen, was sich in der Regel durch eine Reihe von kleinen Bildern am unteren Rand des grauen Bildschirms bemerkbar macht. Bei uns sind es z.Zt. etwa 15 Bildchen für 15 Inits.

❄ Die Preisfrage, was passiert, wenn die Reihe voll ist und weitere Startdateien geöffnet werden, überlassen wir Ihren eigenen Forschungen.

Nachdem der Bootvorgang abgeschlossen ist, erscheint das Symbol der Festplatte oben rechts. Da wir sicher irgendwo dort weiterarbeiten wollen, ist das Inhaltsverzeichnis bereits geöffnet. Der Grund hierfür ist, daß wir beim Abschalten des Rechners dieses Fenster offen gelassen hatten. Wir hätten auch einen komplizierteren Aufbau mit vielen Verzeichnissen in eigenen Fenstern einstellen können. Genau der letzte Zustand vor dem Schließen wird vom Finder wieder hergestellt.

Bild 1-48: Geöffnetes Inhaltsverzeichnis nach dem Booten

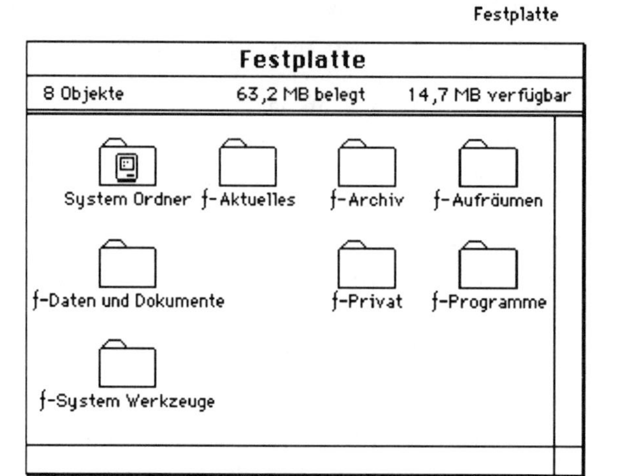

Bild 1-49: Inhaltsverzeichnis als Liste

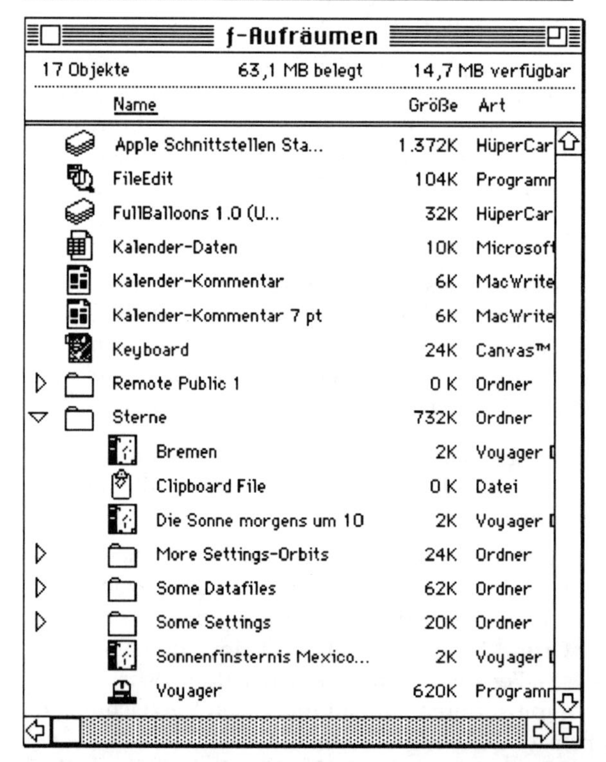

Wir haben hier eine Darstellung mit **Symbolen** gewählt, da wir nur die 8 oben vorgeschlagenen Ordner benutzen. Ab 10 - 12 Objekten pro Fenster sollte man **Minisymbole** oder eine Listendarstellung wählen. Auf alle Fälle sollte man einstellen, daß die Symbole am Raster ausgerichtet werden.

Einer unserer Ordner, "ƒ-Aufräumen", zeigt diese Listenstruktur. Sein Inhalt wird ständig verändert, und die Liste (alphabetisch sortiert, mittlere Symbolgröße) zeigt einfach mehr Informationen, z.B. die Größe und die Art der Dateien. Auch die "Volume"-Informationen (vgl. Bild 1-49) am oberen Rand des Fensters finden wir nützlich.

Einer der gezeigten Ordner (Sterne) ist innerhalb der Liste geöffnet worden. Die in ihm enthaltenen Objekte sind eine Spalte nach rechts eingerückt. Außer mit der Maus können wir uns auch mit Hilfe der Tastatur durch dieses Verzeichnis bewegen.

❄ Ausführlich beschrieben sind die Möglichkeiten in den fünf Karten, die der Finder im Menü **Hilfe** als **Kurzbefehle** zeigt. Bemerkenswert ist vielleicht die Methode, mit der Tabulatortaste alphabetisch durch die Listen zu gehen, wobei auch die in Ordnern enthaltenen Dateien mitzählen.

Zur Zeit haben wir keine **Startdateien** vereinbart, aber in der heißen Phase eines Projektes ist es natürlich sehr schön, nach dem Einschalten des Rechners sofort mit dem aktuell bearbeiteten Dokument weitermachen zu können. Eine Zeitlang haben wir auch mit einer "to-do-list" experimentiert, einem kleinen Textdokument, das an wichtige Termine erinnert. Allerdings merkten wir, daß man doch nicht jeden Tag daraufschaut, und sind wieder zu Papier und Kuli zurückgekehrt.

Öffnen eines neuen Dokuments

Zum Öffnen eines neuen Dokuments ist es nötig, das Programm direkt zu starten. Aber wo ist es denn? Da wir die Ordnerstruktur (nach schlechten Erfahrungen) einigermaßen systematisch angelegt haben, suchen wir zuerst im Ordner "ƒ-Programme", dann im Ordner "Textverarbeitung" und schließlich im Ordner "MacWrite".

Bild 1-50: Ordnerstruktur für MacWrite II

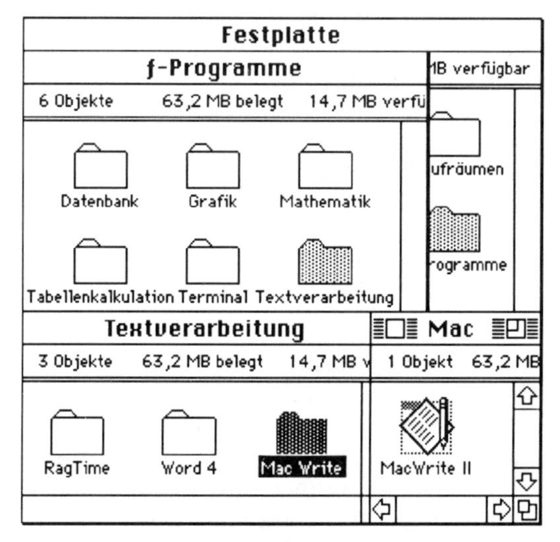

❄ Eine Darstellung der Ordnerhierarchie (nur informationshalber oder weil man ein paar Stufen heraufgehen möchte) ist ebenfalls möglich: Ein Klick auf den Titel des Fensters mit gehaltener Befehlstaste (⌘) zeigt die Hierarchie in Listenform.

Bild 1-51: Ordnerhierarchie in Listenforrm; s.a. Bild 1-50

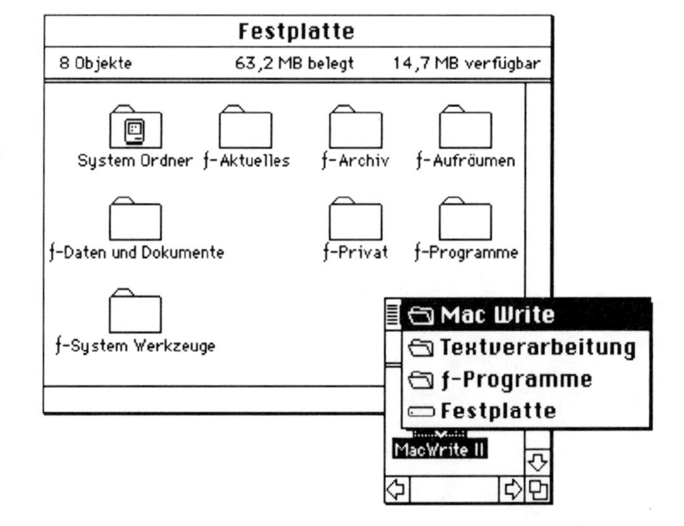

Aber solch eine komplizierte Suche können wir natürlich nicht ständig durchführen. Beim Suchen (oder, was ja noch besser ist, beim **Finden...**) hilft uns der Finder mit dem entsprechenden Befehl und öffnet das Fenster, in dem er das Programm gefunden hat.

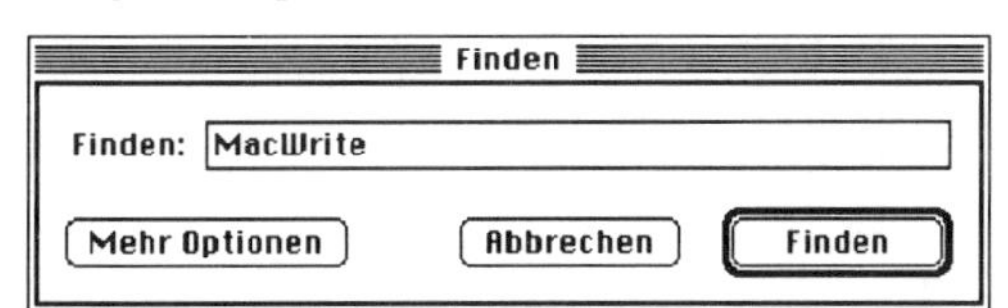

Bild 1-52: Suchen von MacWrite

Aber spätestens nach dem dritten Mal, an dem der Tag mit dem Suchen begann, möchte man noch etwas Eleganteres probieren: das Apple-Menü. Dort haben wir nämlich eine Alias-Version von MacWrite II untergebracht. Man braucht also nur noch den Apfel anzuklicken und erhält im Menü dann die Möglichkeit, das gewünschte Programm zu starten.

Im Menü selber ist nicht zu erkennen, ob es sich um das Originalprogramm oder um ein Alias handelt. Das erkennen wir erst im Ordner **Apple-Menü**.

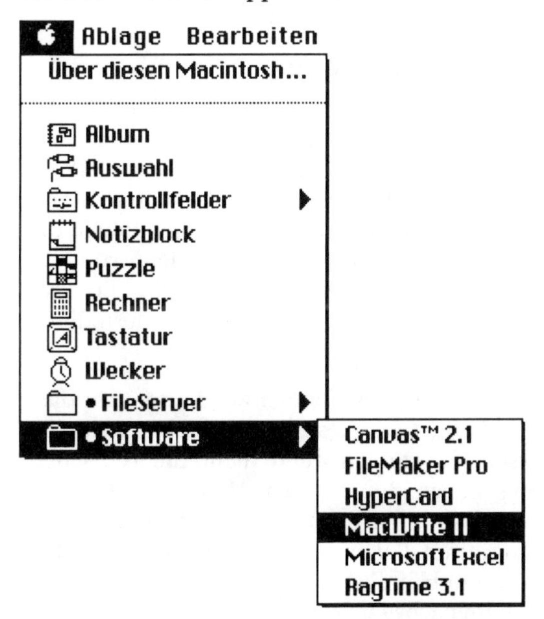

Bild 1-53: Unser Apple-Menü

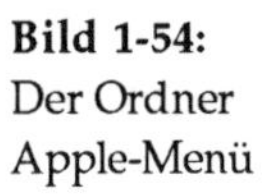

Bild 1-54:
Der Ordner Apple-Menü

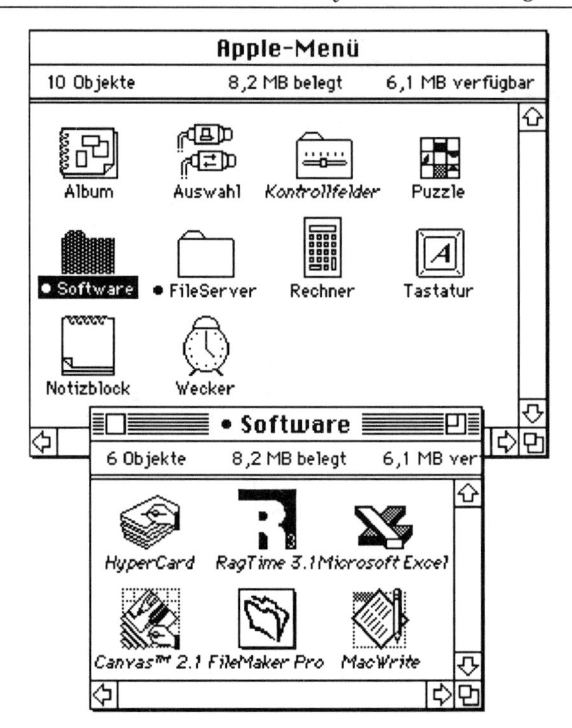

Im Ordner "• Software" sehen Sie dieselben zehn Objekte, deren Namen Sie in Bild 1-53 finden. Sieben von ihnen sind Schreibtischprogramme, die ältere Mac-Benutzer noch als DAs (Desk Accessories) kennen. Die übrigen drei sind wiederum Ordner. Einer von ihnen ist geöffnet und zeigt seinen Inhalt: die sechs Programme, die Sie in dem hierarchischen Menü von Bild 1-53 ebenfalls schon sehen. Allerdings sind nicht die Programme selber in diesen Ordner gelegt worden, sondern deren Aliase.

public domain

Behierarchic

Vermutlich können Sie auf Ihrem Rechner zu Hause nicht dasselbe Bild erzeugen, da die Ordner sich nicht als hierarchische Menüs öffnen lassen. Sie zeigen auch nicht die typischen schwarzen Dreiecke neben den Namen. Verantwortlich für diese Veränderungen ist bei uns das öffentlich zugängliche (*public domain*) Programm *BeHierarchic*. Falls Sie es sich bei Freunden oder bei Ihrem Händler besorgen, kopieren Sie es in den Systemordner. Vom nächsten Start an sind auch Ihre Menüs hierarchisch aufgebaut.

Die Aliase sind gut an der kursiven Schrift zu erkennen. Läßt man sich im Menü **Ablage** die **Informationen** darüber geben, wird dies noch deutlicher. Sie verbrauchen nur wenig Speicherplatz und stellen nur Zeiger auf die eigentliche Datei dar. Ihre Namen können frei gewählt werden und brauchen nicht mit dem Original übereinzustimmen.

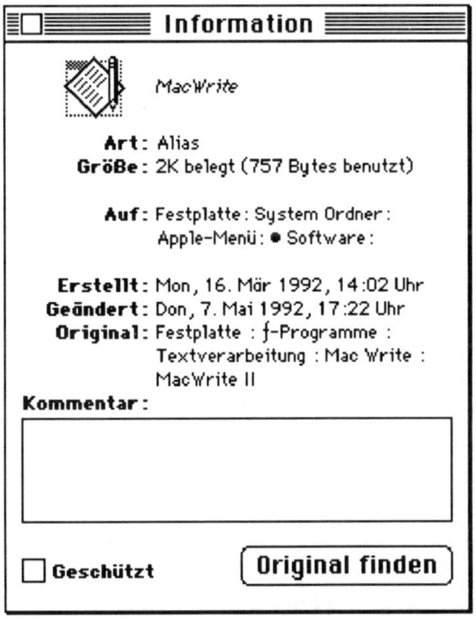

Information

MacWrite

Art: Alias
Größe: 2K belegt (757 Bytes benutzt)

Auf: Festplatte: System Ordner: Apple-Menü: • Software:

Erstellt: Mon, 16. Mär 1992, 14:02 Uhr
Geändert: Don, 7. Mai 1992, 17:22 Uhr
Original: Festplatte : ƒ-Programme : Textverarbeitung : Mac Write : MacWrite II
Kommentar:

Geschützt

Original finden

Bild 1-55: Informationen zu einer Alias-Datei

Bedenken Sie nur, daß nicht zwei gleiche Namen in einem Ordners auftauchen dürfen.

Alias-Dateien können sehr einfach erzeugt werden. Man aktiviert die in Frage kommende Datei (oder die Gruppe von Dateien) und löst den Befehl **Alias erzeugen** im Menü **Ablage** aus. Die neue Datei entsteht und hat einen Namen, der sich aus dem alten durch Anhängen des Begriffs " Alias" ergibt. Ja, Sie lesen richtig, es werden 6 Buchstaben angehängt, ein Leerzeichen und die 5 Buchstaben, die "Alias" bilden.

Oft ist es so, daß dieses Anhängsel "Alias" stört. Um es zu entfernen, sollte man sich an folgendes Vorgehen gewöhnen: Sofort nach der Erzeugung der Alias-Datei die Rechtspfeil-Taste (→) drücken. Da der Name der neu erzeugten Datei aktiviert war, wandert so die Einfügemarke ans Ende des Namens. Tippen Sie dann 5 einmal die Löschtaste, und "Alias" verschwindet. Der Name kann nun mit <RET> bestätigt werden. Aber passen Sie auf: Wenn Sie alle 6 Zeichen löschen, löschen Sie auch das Leerzeichen, und der neue Name unterscheidet sich nicht mehr vom alten. Das läßt das Betriebssystem nicht zu. Der mit der oben genannten Methode erzeugte neue Name sieht also genau so aus wie der ursprüngliche, ist aber durch ein Leerzeichen am Ende ergänzt. In der Regel werden wir ihn nicht in diesem Ordner lassen, sondern an eine andere Stelle, wie den Ordner "Apple-Menü" oder den Ordner "Startdateien" kopieren.

In manchen Fällen können die Namen der Alias-Dateien von der o.g. Regel abweichen. Das können Sie ruhig einmal ausprobieren, z.B. wenn

- eine Datei zweimal nacheinander "gealiast" wird,
- ein Alias von einem Alias erzeugt wird, oder
- der Name des Originals schon so lang ist, daß die Grenze von 31 maximal zulässigen Buchstaben überschritten zu werden droht.

❄ Noch anders verhält sich des System, wenn sich die Datei, von der ein Alias erzeugt werden soll, auf einer geschützten Festplatte oder Diskette befindet: sie wird auf den Schreibtischhintergrund gelegt. Das kann man sich zu einer netten Arbeitserleichterung zu Nutze machen: Sammeln Sie in einem Ordner "Externes" die Aliase von Dateien, die sich auf solchen geschützten Disketten befinden. Wenn Sie eine davon brauchen, doppeltklicken, schon sagt Ihnen das System, welche Diskette eingelegt werden soll. Die ureigentliche Funktion des Rechners, uns Arbeit abzunehmen, hat sich erfüllt.

Aber nicht nur angehängte Leerzeichen zur Unterscheidung von Dateinamen, auch führende Leerzeichen können im Zusammenhang mit dem Menü ganz interessant sein. Wie Sie im Bild 1-53 sehen, werden die Dateien darin alphabetisch geordnet. In einem "Menü der kurzen Wege" wäre es also angebracht, die aktuell bearbeiteten Dateien (oder ihre Aliase) mit "A" beginnen zu lassen, damit sie vorne erscheinen. Das sieht natürlich ein bißchen merkwürdig aus, ist aber auch gar nicht nötig. Das "A" ist nämlich im Computeralphabet des Mac keineswegs der erste Buchstabe. In der internen Codierung (ASCII-Code, vgl. Kap. 3) hat er erst die Nummer 65. Wesentlich weiter vorne stehen der Punkt (46), das Komma (44), die Anführungsstriche (34) oder das Leerzeichen (32). Und wenn Sie die Namen der Dateien im Menü mit einem solchen Zeichen beginnen lassen, haben Sie ein hervorragendes Ordnungskriterium - und können die Namen außerdem noch gut lesen.

MacWorld

In der Zeitschrift *MacWorld* wurde der Vorschlag gemacht, im Menü gleich gründlich zu sortieren: Zuerst die aktuellen Dokumente mit drei führenden Leerzeichen, dann die wichtigsten Programme mit zwei und die Kontrollfelder mit einem Leerzeichen. Anschließend könnte man noch die normalen Aliase folgen lassen.

❄ Sogar ein Vorschlag für Separatoren befand sich dabei: Aliase des Finders mit Namen wie " -------" (2 Leer- und 7 Minuszeichen). Und warum gerade der Finder? Wenn man ein solches Alias versehentlich auswählt, erscheint die Meldung "...kann nicht geöffnet werden".

Uns erscheinen diese Möglichkeiten ein wenig an den Haaren herbeigezogen, dokumentieren aber ganz gut, was man unter einem persönlichen Mac verstehen kann. Interessanter erscheinen uns da zwei Kontrollfelddateien, die beide ein hierarchisches Menü erzeugen. Darin lassen sich dann Ordner unterbringen, die u.E. besser geeignet sind, Überblick über die Objekte zu behalten. Die Datei heißen "BeHierarchic", das bereits erwähnte Public domain-Programm und "NowMenus" (von der Firma "Now Software").

❄ Aber unabhängig davon, wie Sie den Überblick behalten, noch ein paar Tips für Alias-Objekte im Menü :

- das Alias des Apple-Ordners selber wurde schon genannt, aber auch das Alias des Systemordners kann von Zeit zu Zeit nützlich sein, wenn man dort schnell etwas verändern möchte.
- Aliase von Festplatten öffnen diese, ohne daß sie auf dem Schreibtischhintergrund angeklickt werden müssen. Die ist besonders nützlich bei kleinen Bildschirmen, die ohnehin immer überfüllt sind.
- Dasselbe gilt für das Alias des Papierkorbs. Vor dem endgültigen Ausleeren guckt man gerne noch einmal nach dem Inhalt. Das ist etwas schwierig, wenn andere Fenster ihn verdecken. Löst man den Alias-Befehl aus, zeigt sich der Inhalt in einem eigenen Fenster.
- Wenn Sie im Netz arbeiten, ersparen die Aliase von Fileserver-Festplatten die mehrschrittige Anmeldeprozedur über den Auswahldialog, die wir im Kap. 7 genauer beschreiben werden.
- Und vergessen Sie nicht, Ihre Lieblingsspiele unter einem unverfänglichen Namen dort abzulegen.

Jetzt haben wir uns so lange mit dem Menü und den Aliasen beschäftigt, daß wir unser eigentliches Ziel fast aus den Augen verloren haben: die Textverarbeitung zu starten. Wenn das Menü entsprechend konfiguriert ist, können wir das Programm am schnellsten von dort aus starten. Dort angekommen, tippen wir unsere kurze Mitteilung an den Briefträger, das Einschreiben bitte bei den Nachbarn abzugeben.

Bild 1-56: Eine Notiz mit MacWrite II

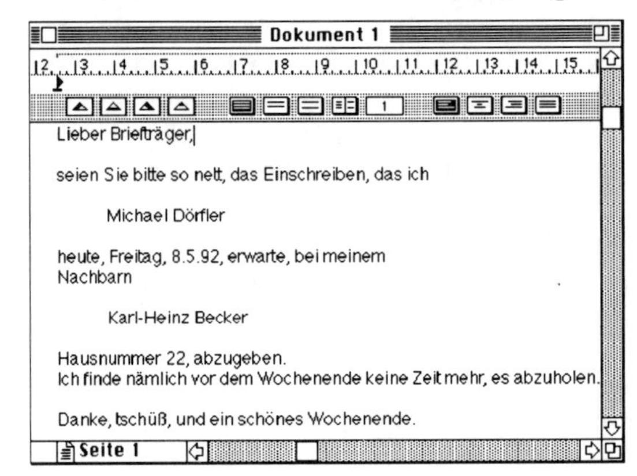

Damit es auch gut lesbar ist, sollte man eine kräftige und große Schrift wählen, Avant Garde 24 oder was immer sich eindrucksvolles im Menü **Schrift** findet.

Bild 1-57: Ein Menü Schrift

Sichern

Jedes Dokument, in dem mehr als fünf Minuten Arbeit steckt, sollte gesichert werden. Der entsprechende Befehl im Menü **Ablage** reagiert beim ersten Auslösen wie **Sichern als....** Ein aussagekräftiger Name hilft Ihnen, auch später die Datei wiederzufinden.

Wenn man unsicher ist, in welchem Ordner man die Datei letztlich speichern will und einem nichts besseres einfällt, sollte man die Datei erstmal auf den Schreibtisch legen. Dort ist sie so deutlich sichtbar, daß man sie garantiert nicht vergißt. Hat man sie im Gegensatz dazu tief in einen der Ordner gelegt, in den sie nicht gehört, kann es gut passieren, daß man sich die Festplatte mit "Datenmüll" füllt, der gar nicht gebraucht wird. Von nun an sollte man etwa alle Viertel Stunde mit der Tastenkombination ⌘-S die aktuelle Version sichern. Es gibt auch Unterstützungsprogramme (z.B. NowSave), die den Benutzer daran erinnern oder das Sichern selbst automatisch durchführen.

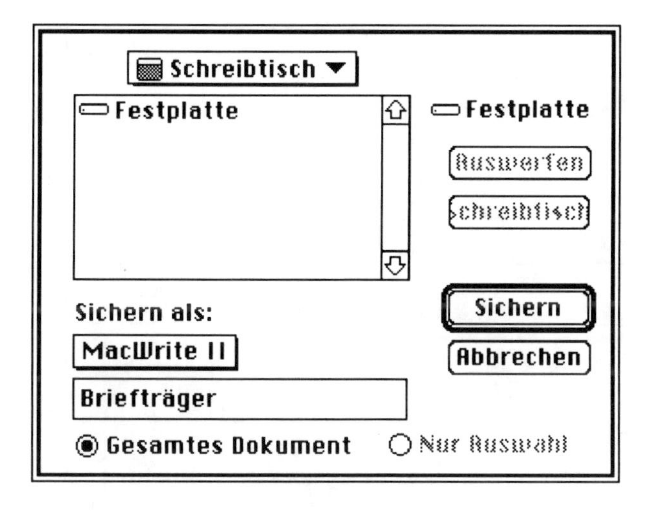

Bild 1-58: Der Sichern-Dialog von MacWrite

Bild 1-59: Die MacWrite-Datei liegt auf dem Schreibtisch

Drucken

Vor dem eigentlichen Drucken, ja sogar vor der Bearbeitung eines Dokumentes sind einige Einstellungen nötig, die dann aber in der Regel für einige Zeit Bestand haben. Als erstes muß man sich im -Menü um die Auswahl des richtigen Druckers kümmern. Diejenigen, die mehr als einen Drucker angeschlossen haben oder in einem Netz arbeiten, sollten sich vor Beginn der Arbeit versichern, daß der richtige ausgewählt ist. Der Druckerauswahldialog zeigt übrigens auch einige zusätzliche Netzwerkdienste an. Einige der Drucker, z.B. die meisten Laserdrucker und diejenigen, die im Namen den Begriff "AppleTalk" führen, benötigen ein installiertes Netzwerk (vgl. Kap. 4), das aktiviert sein muß.

Bild 1-60: Druckerauswahldialog für LaserWriter

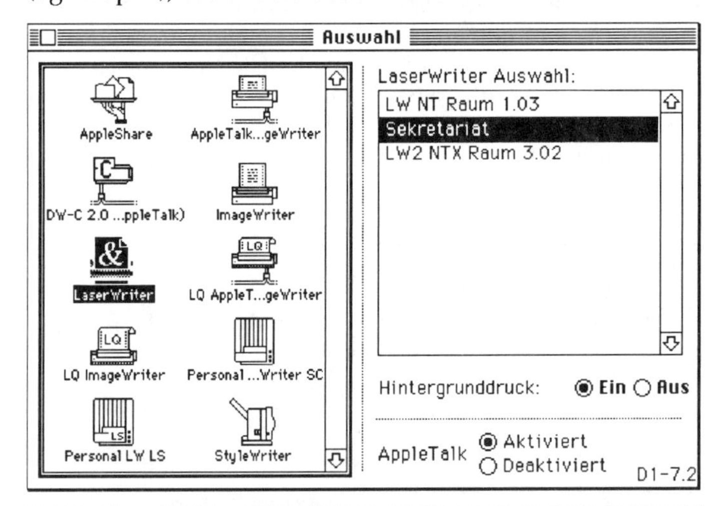

Bild 1-61: Druckerauswahldialog für StyleWriter

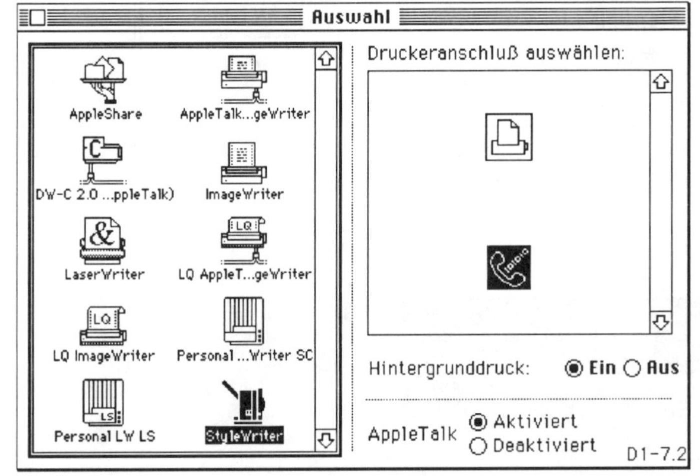

Die übrigen, wie der StyleWriter und der ImageWriter, werden mit Hilfe der seriellen Schnittstellen angeschlossen, wobei man sich durch Anklicken für eine der beiden entscheiden muß. Wenn zusätzlich noch AppleTalk aktiv ist, kommt für den seriell anzuschließenden Drucker nur der Modem-Port in Frage. Lesen Sie dazu bitte in Ihren Handbüchern, wie der Drucker angeschlossen wird.

In jedem Macintosh-Programm gibt es mehrere Befehle im Menü **Ablage**, die sich mit dem **Drucken** beschäftigen. Bevor ein Dokument erstellt wird, sollte man unbedingt das **Papierformat...** überprüfen. Der Dialog unterscheidet sich, je nachdem welchen Drucker man ausgewählt hat. Er läßt aber auf alle Fälle auch die Einstellung von Papierformaten, Vergrößerung und die Umschaltung auf Querformat zu. Über die Einzelheiten können Sie sich mit der **Aktiven Hilfe** informieren (vgl. Kap. 3). Oben links im Dialog wird übrigens noch auf den Typ des Druckers hingewiesen.

Bild 1-62: Papierformat-Dialog

Hier stellt sich die Frage, wie das System die vielen Informationen über die Drucker, auch über Drucker, die evtl. völlig neu sind, verwaltet? Das Geheimnis heißt **Systemerweiterungen**. Einen gleichnamigen Ordner findet man im Systemordner. Bei Neuanschaffung eines Druckers kopieren Sie die entsprechende Steuerdatei dorthin, und nach dem nächsten Systemstart können Sie damit arbeiten. Die Steuerdateien haben Namen, an denen man den unterstützten Drucker erkennen kann, wie "LaserWriter", "StyleWrite", "AppleTalk ImageWriter" oder "DeskWriter C (AppleTalk)". Solche Dateien werden *Druckertreiber* genannt und haben ziemlich mächtige und komplizierte Aufgaben zu erledigen. Alles was sich über das zu druckende Dokument im Speicher findet, also Texte und Bilder, müssen in eine Form umgewandelt werden, die der Drucker versteht. Das kann ein Punktmuster aus schwarzen und weißen Punkten sein wie bei Nadeldruckern und Tintenstrahldruckern. Das kann auch eine verbale Beschreibung mittels der Sprache Postscript sein wie bei Laserdruckern (vgl. Kap. 2).

Druckertreiber

Der eigentliche Druckvorgang wird vom Benutzer dann gestartet, wenn die Einzelheiten im Druckdialog eingestellt sind und dieser bestätigt wurde. Ist der Hintergrunddruck aktiviert worden, werden in einem ersten Schritt die Druckinformationen in den Ordner "PrintMonitor-Dokumente" gelegt. Anschließend kann man bereits mit dem Programm weiterarbeiten, es bspw. auch schließen. Unsichtbar für den Benutzer sendet dann das System die Daten an den Drucker weiter.

Bild 1-63: Informationen über Druckertreiber

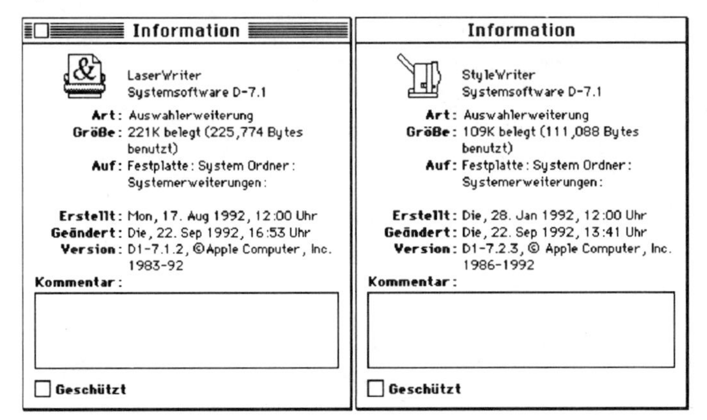

Bild 1-64: Der Druckdialog

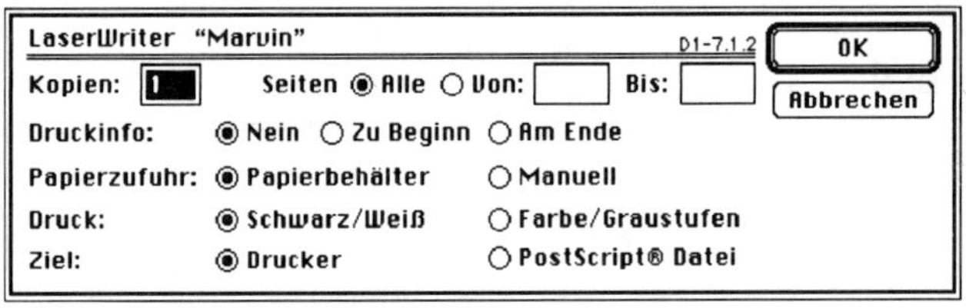

LaserWriter "Marvin" D1-7.1.2 OK
Kopien: 1 Seiten ◉ Alle ○ Von: Bis: Abbrechen
Druckinfo: ◉ Nein ○ Zu Beginn ○ Am Ende
Papierzufuhr: ◉ Papierbehälter ○ Manuell
Druck: ◉ Schwarz/Weiß ○ Farbe/Graustufen
Ziel: ◉ Drucker ○ PostScript® Datei

Kopieren

Eigentlich ist das Kopieren einer Datei auf einem Macintosh die einfachste Sache der Welt: Man verschiebt das fragliche Symbol auf dem Bildschirm vom Ausgangspunkt zum Ziel, den Rest erledigt der Rechner. Probleme kann es nur geben, wenn am Zielort nicht genug Platz vorhanden ist. Und das geht schneller als man denkt. Das "Grundgesetz" der Massenspeicher lautet: Jede neu angeschaffte Festplatte mit n MegaByte Kapazität ist spätestens nach 2 * n Tagen zu 90 % gefüllt. Daher kann man den Platz auf der Festplatte schonen und eine Datei, die man sobald nicht wieder benötigt, aber zu Dokumentationszwecken aufbewahren möchte, auch auf einer normalen Diskette ablegen.

❄ Auch wenn die allgemeine Beschreibung fürs Kopieren sich sehr einfach anhört, manchmal steckt der Teufel im Detail. Und dann passiert so etwas wie in Bild 1-65 links und Mitte: Sie wollen "Briefträger" auf "Archiv" verschieben. aber das Symbol des Zielvolumes wird knapp verfehlt. Anschließend liegen zwei Symbole übereinander auf dem Schreibtisch. Das ist sehr verwirrend! Der Pfeil des Mauszeigers muß also das Zielsymbol berühren, und dieses gibt durch Schwarzfärbung an, daß es sich "getroffen" fühlt (Bild 1-65 rechts). Jetzt erst darf die Maus losgelassen werden.

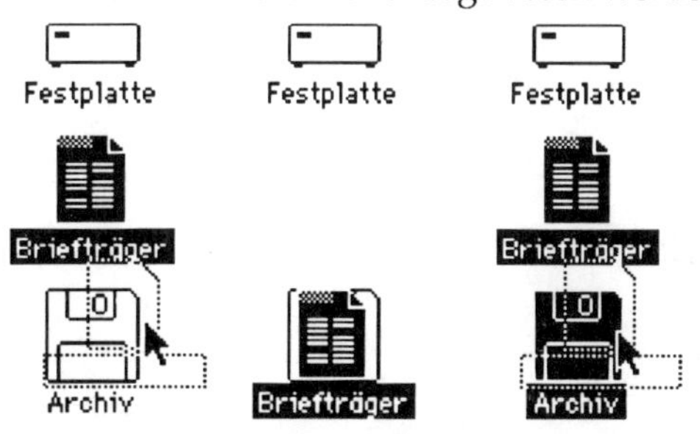

Bild 1-65: Kopieren vom Schreibtisch auf eine Diskette

Den Erfolg bemerkt man auch sofort: Ein Dialog gibt Auskunft über den Kopiervorgang. Gewöhnen Sie sich daran, auf diesen Dialog zu achten. Auch wenn er nur kurz aufblitzt, er muß zu sehen sein, denn ohne ihn wird nicht kopiert!

Bild 1-66: Der Kopierdialog

Andere Probleme kann es beim Kopieren geben, wenn die Zieldiskette geschützt ist oder Sie als Partner in einem Netzwerk keine Zugangsberechtigung haben. Bevor Sie kopieren können, müssen Sie daher den Schreibschutz der Diskette entfernen bzw. sich Schreibrechte einräumen lassen.

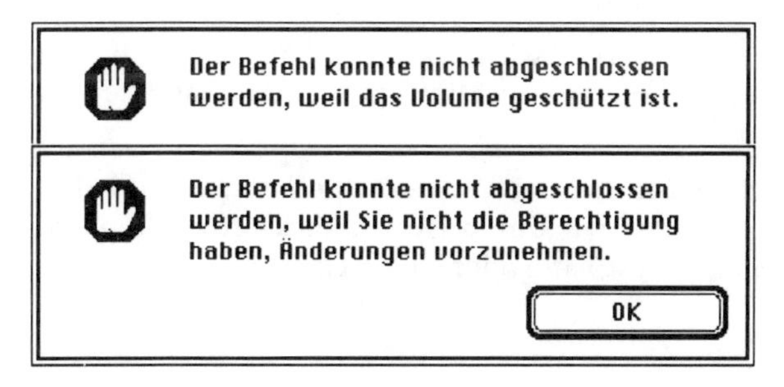

Bild 1-67: Probleme beim Kopieren

Wenn die Zieldiskette keinen freien Platz mehr hat, wird im Fehlerdialog schon ein entsprechender Vorschlag gemacht.

Bild 1-68: Probleme beim Kopieren

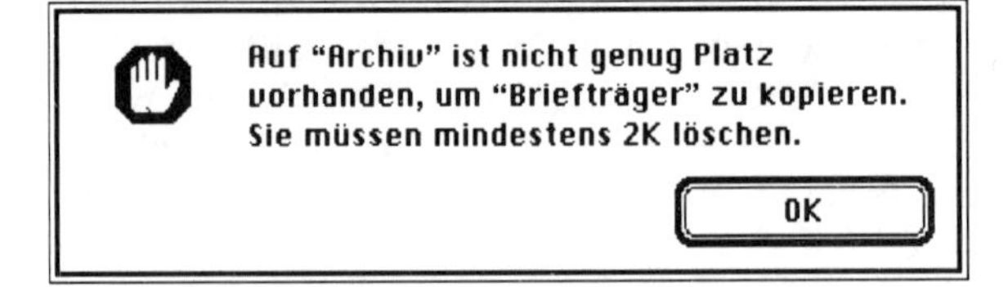

Löschen

Nachdem die Datei gedruckt und sogar archiviert wurde, hat sie auf der Festplatte eigentlich nichts mehr zu suchen. Also ab damit in den Papierkorb!

Bild 1-69: Der leere Papierkorb

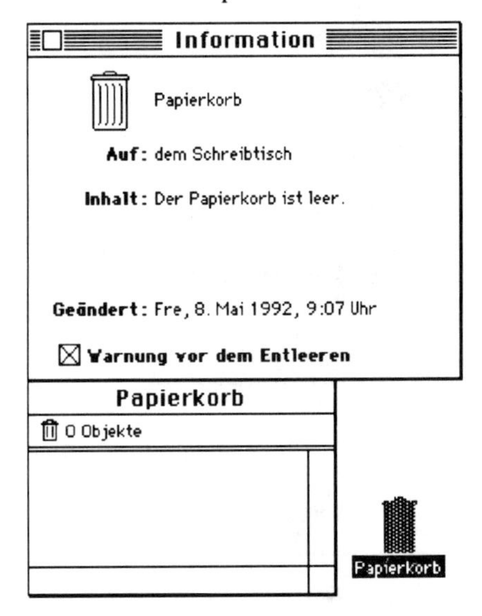

❄ Über den Zustand des Papierkorbs können wir uns an drei Stellen informieren.

- Zuerst einmal ist da das Symbol, das sich verändern kann, wenn er gefüllt ist.
- Dann kann man sich - wie für jedes andere Objekt auf dem Schreibtisch - die **Information** im Menü **Ablage** zeigen lassen.
- Und schließlich hat der Papierkorb ein eigenes Inhaltsverzeichnis, das wir durch Doppelklick öffnen können, wie bei einer Festplatte oder einem Ordner.

Die Bilder 1-69 und 1-70 zeigen dies für den leeren und den gefüllten Papierkorb.

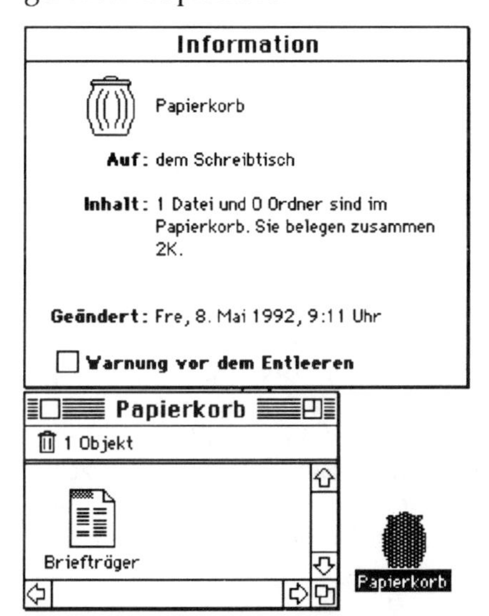

Bild 1-70 : Der gefüllte Papierkorb

Eine weitere Kleinigkeit ist in Bild 1-70 zu beobachten: Auf die Warnung vor dem Entleeren wurde verzichtet. Das Kreuz vor der entsprechenden Zeile wurde weggeklickt. Diese Einstellung birgt allerdings gewisse Gefahren und sollte nur gewählt werden, wenn man hellwach, konzentriert und seiner Sache sehr sicher ist. Denn es ist doch immer noch besser, ab und zu die Frage im "Löschen"-Dialog zu beantworten, als plötzlich festzustellen, daß man aus Versehen die Arbeit von Wochen gelöscht hat.

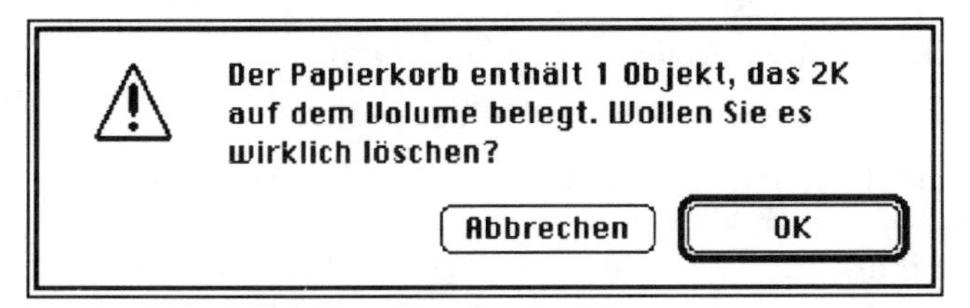

Bild 1-71: Der Löschen-Dialog

Falls nun aber alles schiefgegangen sein sollte und wirklich wichtige Dateien gelöscht wurden, ist hier unser Tip:

❄ Arbeiten Sie zunächst nicht mehr mit dem Rechner (bzw. mit der entsprechenden Festplatte oder Diskette). Die Daten sind in der Regel nicht wirklich gelöscht, sondern noch auf dem Speichermedium vorhanden. Lediglich der Verweis im Inhaltsverzeichnis ist gelöscht. Erst wenn Sie weitere Dateien bearbeiten und speichern, werden die alten Daten überschrieben.

❄ Besorgen Sie sich von Ihrem Händler ein Programm wie "Norton Utilities", das in der Lage ist, gelöschte Dateien wiederherzustellen. Lesen Sie sich die Gebrauchsanweisung genau durch, und halten Sie sich daran. Viel Erfolg.

Abschalten

Bevor Sie an das Abschalten gehen, überlegen Sie sich bitte, ob es wirklich nötig ist. Wenn Sie nur kurz für 1 oder 2 Stunden zum Essen gehen, sollten Sie Ihren Mac lieber laufen lassen. Die Festplatte wird es Ihnen danken. Für die ist es nämlich eine viel größere Belastung, ausgeschaltet und nach einer Stunde wieder eingeschaltet zu werden. Denn das bedeutet jedesmal Temperaturwechsel und Beschleunigungen für die beweglichen Teile. Es ist ähnlich wie mit einer Glühbirne, die ja auch beim Einschalten den größten Belastungen ausgesetzt ist und meistens dann kaputt geht. Machen Sie sich aber bitte deswegen keine zu großen Sorgen. Festplatten halten heute mehrere Jahre.

❄ Wenn Sie nun wirklich abschalten wollen, greifen Sie nicht gleich zum Hauptschalter. Prinzipiell ist es natürlich möglich und ein Rechner ist auch darauf eingestellt, daß einmal die Stromversorgung ausfällt. Aber das normale **Ausschalten** sollte immer von dem gleichnamigen Befehl im Menü **Spezial** eingeleitet werden.

Nur dann werden nämlich

- alle Programme ordnungsgemäß beendet, auch die, die man evtl. ausgeblendet hatte,
- alle Festplattendateien geschlossen und
- alle Netzwerkdienste kontrolliert beendet.

Und - um die Betrachtungen über den persönlichen Mac abzurunden - nur dann können Sie den Schreibtisch so aufräumen, wie Sie ihn beim Einschalten wieder vorzufinden wünschen. Vorausgesetzt natürlich, Sie können Ihre Kinder daran hindern, zwischendurch ein paar Runden Tetris, Shuffelpuck oder Shanghai zu spielen und den Rechner in totale Unordnung zu versetzen.

TrueType

Aufrechte und schräge Typen

2

Man macht sich nur in seltenen Fällen Gedanken darüber, was eigentlich passiert, wenn man Buchstaben auf der Tastatur tippt und diese auf dem Bildschirm des Computers erscheinen. Es funktioniert, und das genügt. Aber wenigstens ein einziges Mal sollte man die dahinter liegenden Vorgänge verstanden haben. Dann kann man die Zusammenhänge getrost wieder in tiefere Schichten des Gehirns verlagern. Und manchmal kann dieses Hintergrundwissen doch ganz nützlich sein, dann nämlich, wenn etwas Unvorhergesehenes passiert, das man sich nicht erklären kann.

An diesem Beispiel können wir auch ganz kurz einige Entwicklungen deutlich machen und zeigen, wie sich Hardwareentwicklungen, Anforderungen an die Software und Firmenpolitik bei der Rechnerentwicklung miteinander verweben.

Der Macintosh ist ein grafisch orientiertes Computersystem. Diese Tatsache zieht sich bis in das Innere der Betriebssystemabläufe und bedeutet z.B., daß der Computer alles, was angezeigt werden soll, also auch die Buchstaben, quasi Punkt für Punkt auf den Bildschirm malt. Für die Programmierer ist ein mächtiges Programmpaket vorbereitet, das alle Einzelheiten der Bildschirmausgabe regelt. Es heißt *QuickDraw* und ist im Betriebssystem-ROM enthalten. Neben den grafischen Befehlen, die z.B. Titelleiste und Rollbalken eines Fensters malen, gibt es viele Befehle, mit denen sich Texte darstellen lassen.

Quick-Draw

Letztlich besteht ein Text aus einzelnen Zeichen - Buchstaben, Ziffern und Sonderzeichen. Um das Malen zu beschleunigen, ist jedes Zeichen als kleines Bild abgespeichert, das dann bei Bedarf auf den Bildschirm kopiert wird.

❄ Bauartbedingt sind Computerbildschirme nicht in der Lage, beliebig feine Bilder zu zeichnen. Da der Elektronenstrahl, der den Bildschirm zum Leuchten bringt, eine gewisse Ausdehnung hat und weil auf einem Farbbildschirm durch die Leuchtpunkte ein Raster vorgegeben ist, können auf einem Zentimeter nur ca. 30 Punkte dargestellt werden. Die genaue Schrittweite beträgt auf dem Macintosh-Bildschirm 1/72 Zoll, was 0,035 cm entspricht. Technisch gesprochen hat dieser Bildschirm eine Auflösung von 72 *dots per inch* (dpi).

dpi

dots per inch

Solche vorbereiteten "Buchstabenbilder", die genau festlegen, welche einzelnen Bildschirmpunkte gezeichnet werden, bezeichnet man als *Bitmaps*. Bis zu 255 Buchstaben, die zur selben Schriftenfamilie gehören, werden in einem (Bitmap-) Zeichensatz (engl. *Bitmap-Font*) zusammengefaßt. Für jede unterschiedliche Größe muß ein eigener Bitmap-Font vorhanden sein. Die Zeichengröße wird in "Punkt", einer alten Buchdrucker-Größeneinheit (etwa 1/72 Zoll), gemessen. Ein "Punkt" entspricht der Bildschirmauflösung der klassischen Macintosh-Bildschirme. Gängige Zeichengrößen sind z.B. 9, 10, 12, 14, 18, 24 Punkt. Die Schriftenfamilien werden mit Namen bezeichnet, an der Fachleute ihre spezifischen Eigenschaften erkennen können. Die ursprünglich mit dem Macintosh ausgelieferten Schriften heißen "Chicago", "Geneva", "Monaco" und "New York". Sie waren für die Anzeige am Bildschirm und die Ausgabe auf dem 9-Nadel-Drucker ImageWriter entworfen worden.

Bitmap

Bitmap-Font

Schwierigkeiten gab es erst, als die technischen Möglichkeiten sich weiterentwickelten und die Ansprüche der Benutzer stiegen. Es tauchte die Frage auf, was eigentlich passiert, wenn ein Buchstabe gedruckt werden soll, für den die passende Größe nicht vorhanden ist. Auch das läßt sich erraten. Aus den Originalen von z.B. 18 und 24 Punkt wird ein 21-Punkt-Bild durch *Interpolation* errechnet. Manchmal klappt es gut, manchmal sehen die so erzeugten Buchstaben auch sehr holperig aus. Wenn man sich nun überlegt, daß die Originale ja nur Punktmuster sind, über die keine weiteren Informationen vorliegen, ist der Nachteil der reinen Bitmap-Fonts augenscheinlich.

Interpolation

Ohne eine exakte mathematische Beschreibung der Buchstabenform können neue Größen nur in deutlich verminderter Qualität erzeugt werden. Ein Notbehelf liegt darin, den Zeichensatz in der jeweils doppelten, dreifachen oder vierfachen Größe im System zu haben.

❄ Zusätzlich verschärft sich das Problem, wenn Drucker oder besondere Ausgabegeräte ins Spiel kommen. Diese gestatten ganz andere Auflösungen als die 72 dpi des Bildschirms: 144 dpi (ImageWriter), 216 dpi (FAX-Geräte), 288 dpi (ImageWriter LQ), 300 dpi (*LaserWriter*), 360 dpi (*StyleWriter*) oder gar mehr als 1000 dpi bei Fotosatzgeräten.

LaserWriter
StyleWriter

Aber oft sind diese Zeichensatzgrößen werksseitig nicht vorhanden, und außerdem nimmt jeder Zeichensatz Speicherplatz auf der Festplatte ein. Wenn man mit vielen Schriften und Druckern unterschiedlicher Auflösung arbeitet, gelangt man so sehr schnell an die Kapazitätsgrenzen des Systems.

Anstatt nun Bitmap-Zeichensätze für jede denkbare Anwendung vorrätig zu haben, machen wir es lieber wie ein Küchenchef, der ja auch nicht jedes Gericht auf seiner Speisekarte schon fertig in der Küche hat (und befürchten muß, daß es an diesem Abend gar nicht gewünscht wird). Er hat neben den Rohmaterialien vor allem sein Rezeptbuch, in dem steht, wie man jedes Gericht erzeugen kann. Und genau das, die Erzeugungsvorschrift für Buchstaben, enthält auch System 7. Die Methode heißt *True Type* und ist in der Lage, das Bild jedes Buchstabens als Umrißbeschreibung durch mathematische Formeln zu berechnen. Die Umrisse sind einfache geometrische Formen wie Linien oder Bögen, die in geeigneter Weise aneinandergesetzt werden. Der so erzeugte Umriß wird dann schwarz gefüllt. Man bezeichnet solche Schriften als *Outline-Fonts*. So kann jeder Zeichensatz bei Bedarf exakt und gestochen scharf in allen notwendigen Größen erzeugt werden. Die eigentliche Beschreibung der Zeichen ist (mit kleinen Ausnahmen) von den später verwendeten Größen total unabhängig. Genau diesen Weg sind vorher auch andere Entwickler gegangen, die sich über die Ausgabe von Schrift auf Ausgabegeräten (Bildschirm, Drucker, *Filmbelichter*) Gedanken gemacht haben.

TrueType

Outline-Fonts

Filmbelichter

Zu Beginn der achtziger Jahre waren die Ausgabe von Text und Grafik bei Computersystemen völlig getrennt. Die ersten Ansätze, Text und Grafik zu integrieren, wurden bei *XEROX* gemacht und führten zur Entwicklung einer Seitenbeschreibungssprache, *Impress* genannt.

XEROX

Impress

❄ Eine Seitenbeschreibungssprache ist eine Art von Programmiersprache, die in der Lage ist, jeden einzelnen Punkt auf einer Seite (beliebiger Größe) so zu beschreiben und anzusteuern, daß der jeweilige Punkt gefärbt wird. Zweck einer solchen Sprache ist es also, Text, Grafik und Bilder völlig unabhängig von der Charakteristik der Ausgabegeräte exakt und in hoher Qualität auf einer Seite zu plazieren.

Diese Idee der mathematischen Schriftberechnung wurde in den achtziger Jahren von zweien der Entwickler (Geschke, Warnock) von Impress weiter vorangetrieben. Sie gründeten ihre eigene Firma mit Namen *Adobe* und entwickelten die Seitenbeschreibungssprache *Postscript*. Postscript hat sich inzwischen zu einem Industriestandard entwickelt, ohne den das grafische Gewerbe nicht mehr auskommen kann. Dem Vorhandensein von Postscript war es u.a. auch zu verdanken, daß der Macintosh so erfolgreich wurde. Apple und Adobe entwickelten nämlich in enger Zusammenarbeit den ersten Laserdrucker, genannt *LaserWriter*. Dieses war nur der erste Schritt, Dokumente in einer Qualität zu erstellen, die bisher mit diesem Preis-/Leistungsverhältnis nicht möglich war. In den achtziger Jahren wurde daraufhin der Mac der einzige Computer, der zu einigermaßen erschwinglichen Preisen eine Fülle von auf Postscript basierenden Anwendungsprogrammen zur Verfügung stellen konnte.

Adobe

Postscript

LaserWriter

Adobe vermarktete sein Postscript sehr erfolgreich und versuchte mit allen Mitteln zu verhindern, daß andere Firmen Produkte, sog. *Postscript-Clones*, entwickelten, die Postscriptprogramme verstehen können. Firmen, die diese Sprache Postscript in Hardware transferieren und mit ihren Druckern verkaufen, müssen nämlich erhebliche Lizenzgebühren bezahlen.

PostScript-Clones

❄ Den Transfer der Programmiersprache Postscript in Hardware muß man sich so vorstellen, daß das mathematische Verfahren, der Algorithmus, die Rechenvorschrift zur Berechnung der Buchstabengrößen in Form einer Schaltung vorliegt. Die entsprechenden Anweisungen liegen in einem festverdrahteten Speicher, der nur gelesen werden kann. Ein solcher Speicher heißt ROM (Read Only Memory). Er wird bei der Herstellung einmal programmiert und enthält dann Anweisungen (in Form eines Programms), die nur gelesen und ausgeführt, aber nicht verändert werden können.

Postscript oder TrueType

Es gibt in der Computerbranche - wie in jeder Branche - bildlich gesprochen eine Menge "aufrechter" und "schräger" Typen. Wer davon jeweils "aufrecht" und wer "schräg" ist, ist oft nicht so leicht auszumachen. Wenn eine Firma jedenfalls ein Marktpotential besitzt, dauert es nicht lange, bis andere Firmen sich darüber ärgern. So war es auch mit Adobe. Zwar merkte die Firma auch, daß sie den Bogen etwas überspannt und den Geldbeutel der Benutzer arg strapaziert hatte und veröffentlichte für den Mac den Display-Postscript-Interpreter *Adobe Type Manager ATM*, aber zu spät: Zu der Zeit verbündete sich Apple mit Microsoft, einem der zur Zeit größten Softwarehersteller, um eine neue Zeichenbeschreibungssprache, nämlich *TrueType*, zu entwickeln. Strategisches Ziel war es u.a., sich aus der Abhängigkeit von Adobe zu lösen. Aber es ging auch darum, eine einfachere moderne Sprache zu entwickeln. Inzwischen scheinen sich nun auch wieder Apple und Microsoft etwas zu entzweien. Auch das kann sich wieder ändern, weil jeden Tag neue Allianzen geschlossen und wieder gekündigt werden.

ATM

TrueType

Adobe
Microsoft

"Aufrecht" oder "schräg", Postscript oder TrueType, Adobe oder Microsoft, es geht uns hier um Schriften jeglicher Art: fette Schriften, kleine Schriften, exotische Schriften, aufrechte oder schräge Schriften. Ausgehend von den Regeln, wie ein Buchstabe auszusehen hat, werden die Grundschriften und auch unterschiedliche Stilarten gebildet. Sobald ein Buchstabe eines speziellen Zeichensatzes (z.B. Times 20 fett) zum ersten Mal benötigt wird, berechnet der Mac den kompletten Bitmap-Font. Außer den eigentlichen 255 Zeichen, deren für die Bildschirmauflösung optimierte Form und Breite, gehören dazu noch eine Reihe weiterer Informationen, z.B. über die höchste Höhe, die längste Unterlänge, mögliche Überlappungen (Kerningpaare) oder Zusammenziehungen (Ligaturen) von nebeneinanderstehenden Buchstaben. Daraus resultiert eine gewisse Verzögerung, die man auf langsameren Rechnern manchmal bemerken kann, sobald eine neue Schriftart gewünscht wird.

TrueType ist also nun Apples hauseigene Seitenbeschreibungssprache, eingebaut in jeden Macintosh, funktionierend mit jedem Drucker, der an den Mac angeschlossen werden kann. Keine Angst, TrueType ist keine Insel. Sie wird von allen bedeutenden Schriftanbietern (außer Adobe) unterstützt. Es gibt jetzt bereits eine große Anzahl von TrueType-Schriften, und täglich werden es mehr. Es gibt sogar Softwarewerkzeuge, mit denen bestimmte Typen von Postscript-Zeichensätzen automatisch in TrueType-Zeichensätze umgewandelt werden können.

Für den Anwender bietet TrueType eine Menge Vorteile:

- die Schriftdarstellung wird auf allen Ausgabemedien verbessert;
- optimale Ausgabequalität auch bei großen Schriften ist mit nur einer einzigen Zeichensatzdatei möglich. Man benötigt keine spezielle Datei für die Druckerschrift. Für fette oder kursive Schriften können eigene Dateien nötig werden.
- TrueType arbeitet ohne jegliche Änderung mit allen Anwendungsprogrammen.

So weit, so gut, was die Geschichte von Postscript und TrueType angeht. Für den Anwender ist letztlich entscheidend, wie einfach diese neue Technologie zu handhaben ist. Sie ist einfach zu handhaben, das können wir jetzt schon versprechen. Deswegen wollen wir einmal TrueType-Schriften im System installieren bzw. entfernen. Wenn sich durch Doppelklicken die Datei "Zeichensätze" geöffnet hat, sieht man z.B. folgendes Bild 2-1:

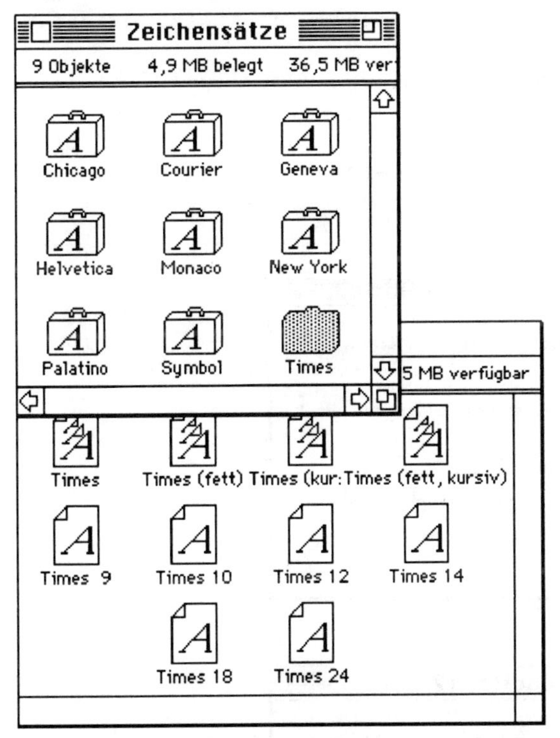

Bild 2-1: Im Inneren der Datei Zeichensätze

Jedes einzelne Symbol stellt eine Zeichensatzfamilie dar. Man kann sie (wie hier für "Times" gezeigt) durch weiteres Doppelklicken öffnen und erkennt dann die einzelnen Zeichensatzbeschreibungen.

Courier (fett)

Bookman 10

TrueType-Zeichensätze unterscheiden sich durch ihr Symbol (drei mal der Buchstabe A in unterschiedlichen Größen) von Bitmap-Zeichensätzen, die als Kennzeichnung nur ein großes A enthalten. Bitmap-Zeichensätze sind ja Bilder einer einheitlichen Größe und keine mathematischen Umrißbeschreibungen. Also enthalten diese Dateien im Gegensatz zu TrueType-Zeichensätze auch noch neben dem Namen eine Punktgröße. Wenn man die Zeichensätze doppelt anklickt, zeigen Bitmap-Fonts einen Beispieltext wie z.B. "Sprache wird durch Schrift erst schön" nur in einer einzigen Punktgröße. TrueType-Schriften zeigen dagegen drei verschiedene Punktgrößen.

Anweisungsbaustein

Systemdatei "Zeichensätze" öffnen / Zeichensätze anschauen

- Öffne den Systemordner durch Doppelklick.
- Wähle die Datei **Zeichensätze** aus.
- Klicke mit der Maus doppelt auf die Datei **Zeichensätze**.
- Klicke wiederum doppelt auf einen der "Koffer".
- Klicke doppelt auf das Symbol des jeweiligen Zeichensatz-Objektes.
  (Bei Zeichensatz-Objekten wird die Schrift in einem Fenster gezeigt. Anschließend muß das Fenster wieder geschlossen werden.)

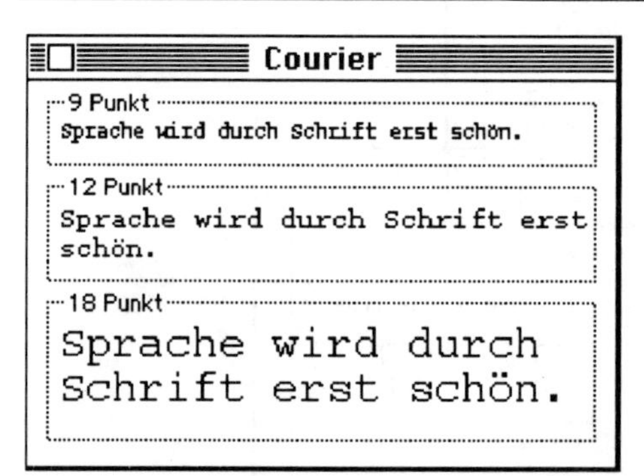

Bild 2-2: Ein TrueType-Zeichensatz stellt sich dar

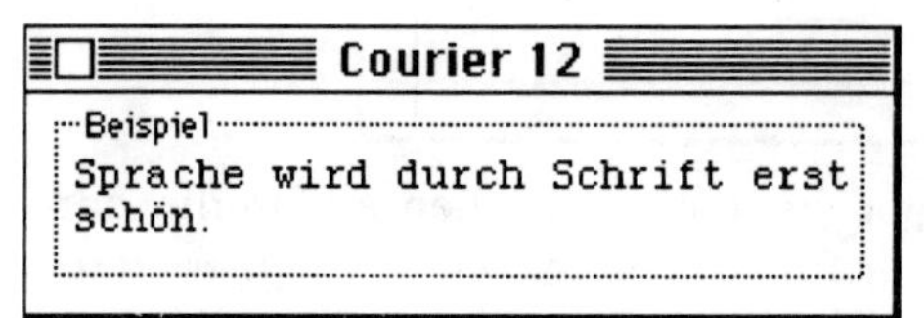

Bild 2-3: Ein Bitmap-Zeichensatz stellt sich dar

In den Bildern 2-2 und 2-3 werden die Zeichensätze vorgeführt. In diesem einfachen Beispielsatz taucht natürlich nicht jedes Zeichen auf. Um einen vollständigen Überblick zu erhalten, benötigt man ein zusätzliches Programm wie *PopChar* oder *Tastatur*. Das Bild 2-4 stellt nur ein Beispiel dar. Auf Ihrem eigenen Rechner wird es unter Umständen ganz anders aussehen, da andere Zeichensätze installiert sind oder eine andere Tastatur benutzt wird.

PopChar

Tastatur

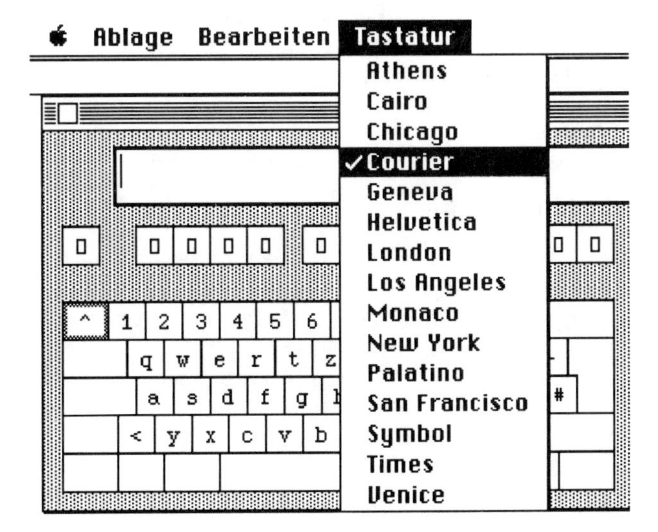

Bild 2-4: Tastatur stellt einen Zeichensatz dar

Anweisungsbaustein

Zeichensatz mit **Tastatur** anschauen

- Wähle im 🍎-Menü den Befehl **Tastatur** aus.
- Bestimme den gewünschten Zeichensatz im neu erschienenen Menü **Tastatur**.
- Um Großbuchstaben und Sonderzeichen ansehen zu können, halte die Umschalttaste (⇧) und/oder die Wahltaste (⌥) gedrückt.
- Die eingegebenen Texte lassen sich mit dem Befehl **Kopieren** im Menü **Bearbeiten** in die Zwischenablage übernehmen.

Um den Inhalt des Ordners "Zeichensätze" zu ändern, verschiebt man die entsprechenden Dateien in den Ordner oder aus ihm heraus. Umständliches Installieren, wie es früher mit dem Programm *Font/DA Mover* nötig war, entfällt. Falls Ihnen aus dem System 6 noch "Koffer" mit Zeichensätzen oder Schreibtischzubehördateien in die Finger fallen, können Sie auch deren Inhalt weiterverwenden. Am sichersten ist es, wenn solche Erweiterungen direkt in den Systemordner kopiert werden.

Font/DA-Mover

Mit der folgenden Methode lassen sich Bitmap-Zeichensätze, TrueType-Zeichensätze sowie Postscript-Zeichensätze in das System integrieren. Alle (wie übrigens auch ATM) können unter System 7 parallel verwendet werden.

Anweisungsbaustein

Zeichensätze installieren

- Öffne eine Datei, die Zeichensätze enthält, z.B. eine Font/DA Mover-Datei von System 6.
- Kopiere den gewünschten Zeichensatz in den Systemordner (vgl. Bild 2-5).
- Um ganze Zeichensatzfamilien (Bitmap) zu kopieren, wähle sie in der alphabetischen Darstellung aus und kopiere alle Dateien gemeinsam (vgl. Bild 2-6).
- Bestätige den Vorschlag mit "OK" (vgl. Bild 2-7).
- Falls Anwendungsprogramme geöffnet sind, schließe diese zunächst (vgl. Bild 2-8).

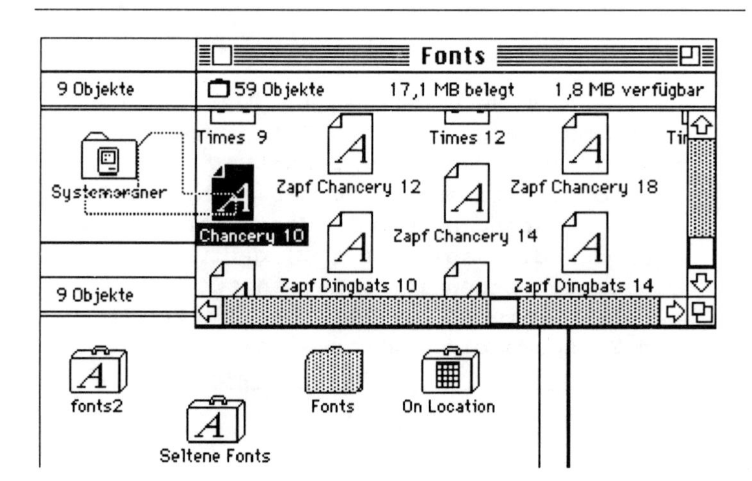

Bild 2-5: Installieren einer Zeichensatzdatei

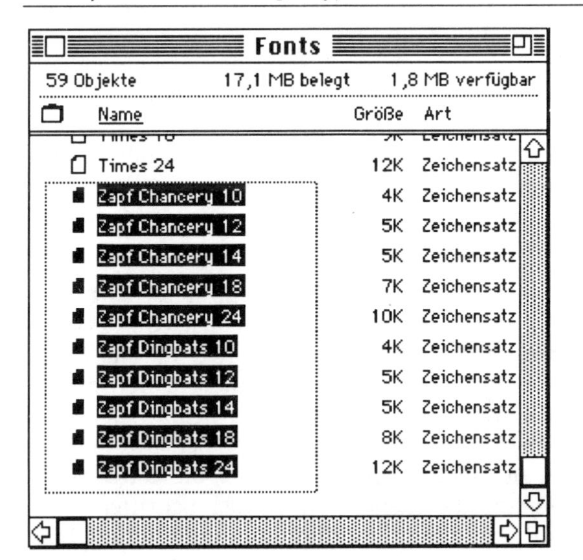

Bild 2-6: Zeichensatzfamilen werden ausgewählt

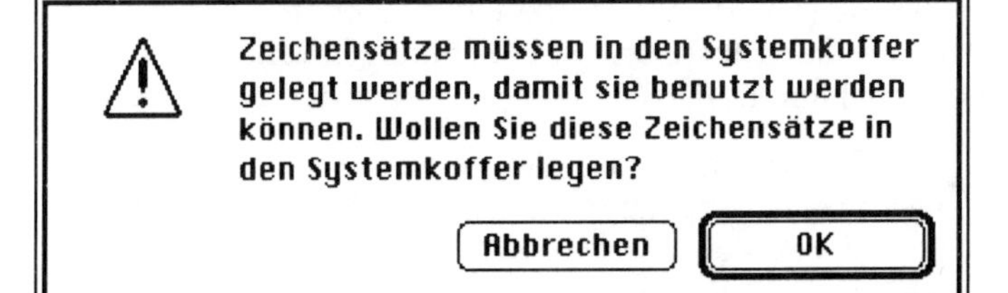

Bild 2-7: Der Zielordner wird vorgeschlagen

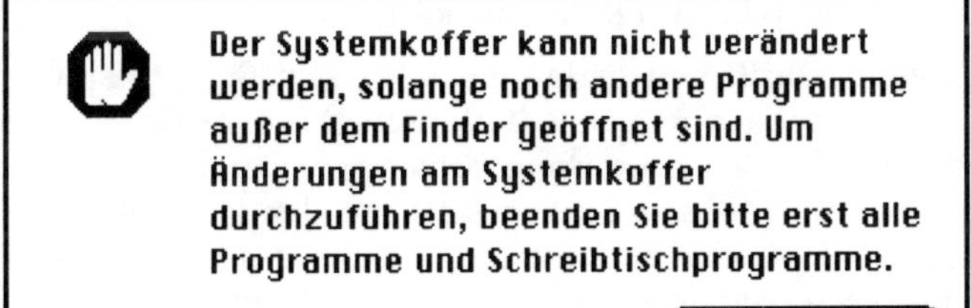

Bild 2-8: Eine Warnung

Grundbegriffe der Typologie

Und wenn das alles geklappt hat? Wenn all die neuen Schriften eingebaut sind? Was ist dann der Erfolg? Na ja, Schriften eben und das ist ein Kapitel, das bis vor ein paar Jahren nur eine kleine Gruppe von Menschen interessierte, ausgebildete Schriftsetzer und Designer. Einige Grundbegriffe der *Typologie* sollen daher kurz beschrieben werden.

Typologie

Das erste wichtige Kriterium für eine Computerschrift sagt etwas über die Breite der einzelnen Zeichen aus. Von der mechanischen Schreibmaschine her sind wir gewohnt, daß jeder Buchstabe gleich breit ist, während bei Handschriften offensichtlich ist, daß ein "i" viel weniger Platz beansprucht als ein "m". Dementsprechend existieren zwei Schriftfamilien, die einen werden als dicktengleich bezeichnet, die anderen als proportional. Weitaus die meisten Macintosh-Schriften sind proportional, weil das damit erstellte Schriftbild wesentlich gleichmäßiger wirkt und angenehmer zu lesen ist. Ein großer Nachteil ergibt sich aber, wenn es darum geht, Tabellen zu schreiben oder Text, der in Spalten gegliedert ist. Bei Übersichten oder beim Schreiben von Rechnungen kann man darauf nicht verzichten. Daher gibt es zwei grundsätzliche Hilfen:

- Alle Ziffern haben die gleiche Breite, so daß beispielsweise bei Geldbeträgen die Pfennige auch wirklich untereinander zu stehen kommen.
- Alle Textverarbeitungsprogramme sehen die Arbeit mit Tabulatoren vor, die sicherstellen, daß bestimmte Texte tatsächlich an exakt derselben Position beginnen (Tabellen) oder enden (bei Rechnungen).

Gleichbreite Schrift verwenden wir in diesem Buch beispielsweise, wenn der Text ein eher "technisches" Aussehen bekommen soll, wie bei den Anweisungsbausteinen. Dort arbeiten wir mit der Schrift `"Courier 10"` statt mit der sonst üblichen "Palatino 10". Auch verzichten wir dabei auf den rechten Randausgleich, verwenden also linksbündige Schrift statt des Blocksatzes.

Palatino

Serife

Ein weiteres offensichtliches Unterscheidungsmerkmal verschiedener Schriften ist an den Enden der langen senkrechten oder waagerechten Linien zu erkennen. Die hier verwendete Schrift *Palatino* zeigt dort kleine Querstriche. Diese bezeichnet man als *Serifen*, und sie machen kleine Schriften für das Auge besser lesbar.

Helvetica

Für große Überschriften sind allerdings serifenlose Schriften wie *Helvetica* besser geeignet.

Das nächste Bild 2-9 zeigt diesen Unterschied am Beispiel des großen B. Die Schriften sind in der Größe 96 pt dargestellt, wie sie auf dem Mac-Bildschirm erscheinen und zwar oben in der Schriftart "Helvetica" und unten in "Palatino". Daneben ist jeweils derselbe Buchstabe in der Größe 12 pt gezeigt, aber 8 mal vergrößert, so daß die einzelnen Bildschirmpunkte sichtbar werden. Die Unterschiede zwischen reinen *Bitmap-Fonts* (rechts) und *Outline-Fonts* (links) werden so deutlich.

Bitmap-Font
Outline-Font

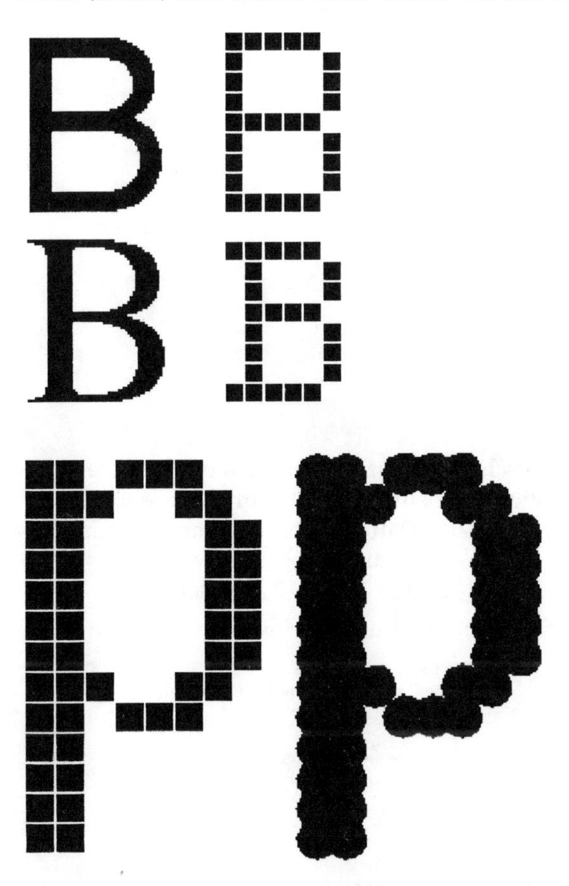

Bild 2-9: Das große B in 96 pt und 12 pt

Bild 2-10: Bildschirm-zeichen und gedrucktes Zeichen

Nachdem die Methode der Outline-Fonts einmal beschrieben wurde, scheint es vielleicht unverständlich, warum Apple davon soviel Aufhebens macht oder warum die genaue Verschlüsselung von Adobes Postscript-Fonts lange Zeit zu den "am besten gehüteten Geheimnissen der PC-Branche" zählte. An einem einfachen Beispiel wollen wir uns kurz ansehen, welche Schritte noch wichtig sind, wenn es darum geht, aus einer mathematischen Beschreibung einen echten Bitmap-Buchstaben zu erstellen.

Beginnen wir mit dem Ergebnis: Wie erscheint uns eigentlich ein Buchstabe, z.B. das kleine p? Das hängt natürlich auch von dem Medium ab, auf dem wir ihn betrachten. Auf dem Bildschirm idealisiert so wie im Bild 2-10 links, auf einem Drucker mit runden Nadeln oder Farbspritzern eher so wie im rechten Teil des Bildes.

Konturbeschreibung

Vorlage ist die Umrißbeschreibung (*Konturbeschreibung*), die wir uns für den Buchstaben "p" so vorstellen können wie in Bild 2-11.

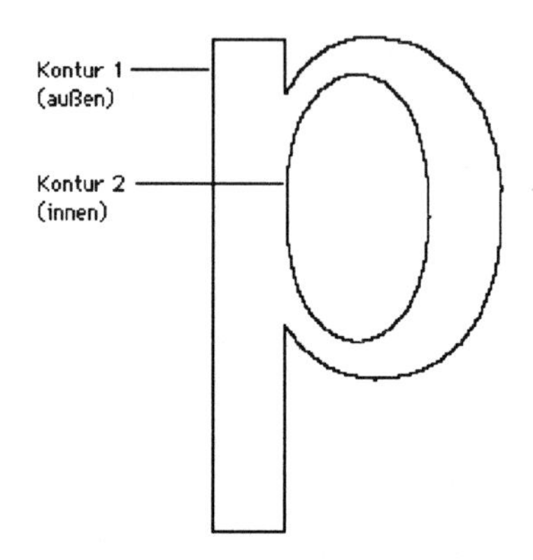

Bild 2-11: Die Konturen eines Buchstabens

Nun ist es aber falsch, sich vorzustellen, daß ein Buchstabe allein für sich existiert. Er befindet sich vielmehr in einer Familie, in einem Zeichensatz. Dafür gelten bestimmte Konstruktionsregeln, die Höhe, Breite und Abstände von Buchstaben festlegen. Einige Regeln sind in Bild 2-12 angedeutet.

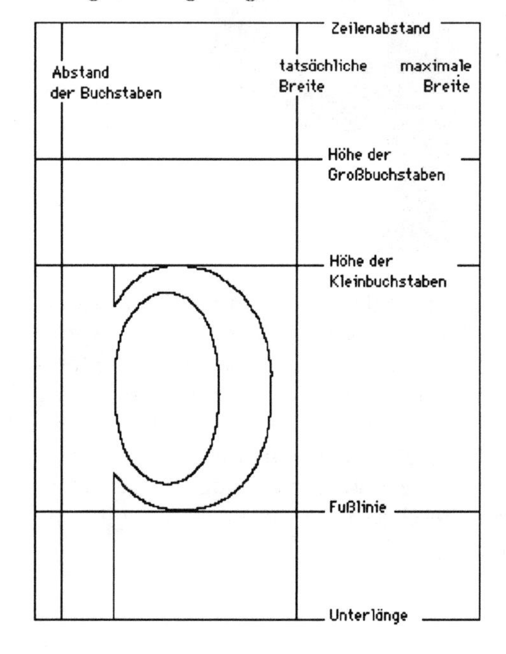

Bild 2-12: Regeln für eine Buchstabenfamilie

Innerhalb des vorgegebenen Rasters geht es nun also darum, die Kontur des Buchstabens zu beschreiben. Das Prinzip besteht darin, ein Zeichen durch Fixpunkte festzulegen und die dazwischenliegenden Grenzen zu berechnen. Relativ einfach erscheint es noch im linken Teil, wo nur gerade Linien auftauchen. Dort reicht es, die Eckpunkte anzugeben, die durch Geraden verbunden werden sollen.

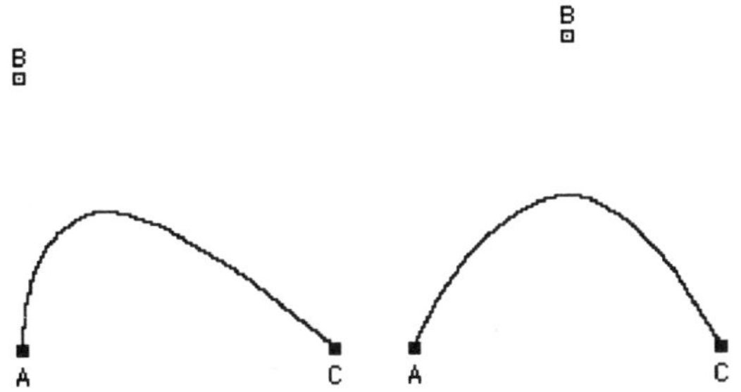

Bild 2-13: Punkt B beeinflußt die Spline-Kurve

Für gebogene Linien benötigt man andere Verfahren, aber der Rechenaufwand soll auch nicht zu groß werden.

Bézier
Spline

Solche Verfahren werden auch in vielen anderen technischen Bereichen verwendet und sind also gut untersucht. Zwei weit verbreitete seien hier genannt: *Spline-* und *Bézier*-Kurven.

Das Bild 2-13 zeigt, wie der außerhalb der Kurve liegende Punkt B ihre Form beeinflussen kann. Legt man zwischen A und C weitere Zwischenpunkte, sind noch glattere Kurven möglich, wobei aber auch der Rechenaufwand steigt.

❄ Die Bézier-Methode gibt feste Stützpunkte vor und legt die Richtung fest, die die Kurve an diesen Stellen haben muß. Dazwischen wird der Kurvenverlauf mit einer Funktion dritten Grades interpoliert. Postscript-Fonts werden so beschrieben.

Display-Postscript

Oft sind die entsprechenden Umrechnungsprogramme in den Ausgabegeräten wie Drucker oder Diabelichter enthalten; beim Mac ist eine Bildschirmdarstellung von solchen Schriften (wie *Display-PostScript* auf dem NeXT-Rechner) nicht vorgesehen.

❄ Das Prinzip der B-Splines beruht auf der Überlegung, daß man einen Kurvenabschnitt durch zwei festgelegte Punkte (A und C) laufen läßt und sie zusätzlich durch einen außerhalb liegenden Punkt (B) beeinflußt. Mit der Parametergleichung

$$F(t) = (1 - t)^2 * A + 2t\,(1 - t) * B + t^2 * C$$

lassen sich nun beliebig viele zwischen A und C liegende Punkt berechnen. Der Parameter t hat Werte zwischen 0 (bei A) und 1 (bei C).

Die B-Splines umfassen eine ganze Klasse von Kurven. Die einfachsten sind Geraden, die nur durch die Endpunkte definiert sind. Die komplizierteren sind durch Endpunkte und Stützpunkte definiert. Gebogene Kurvenstücke erfordern zwar mehr Stützpunkte als Bézier-Kurven, sind aber schneller zu berechnen, da nur quadratische Gleichungen auftreten.

Manche Buchstaben, wie das große I, bestehen nur aus einer einzigen Umrißlinie. Andere bestehen aus einzelnen Teilen (i) oder enthalten einen oder mehrere Hohlräume (p oder &), die - wie in Bild 2-11 zu erkennen ist - jeweils durch eigene Konturen begrenzt werden.

Die prinzipielle Lage der Steuerpunkte zur Beschreibung eines Buchstabens ist in Bild 2-14 gezeigt. Schwarze Quadrate stellen Punkte dar, die auf der Kontur liegen, hohle Quadrate sind Stützpunkte daneben. Die Punkte 0 bis 17 beschreiben die erste Kontur, 18 bis 30 die zweite innere.

Bild 2-14: Konturbeschreibung des p

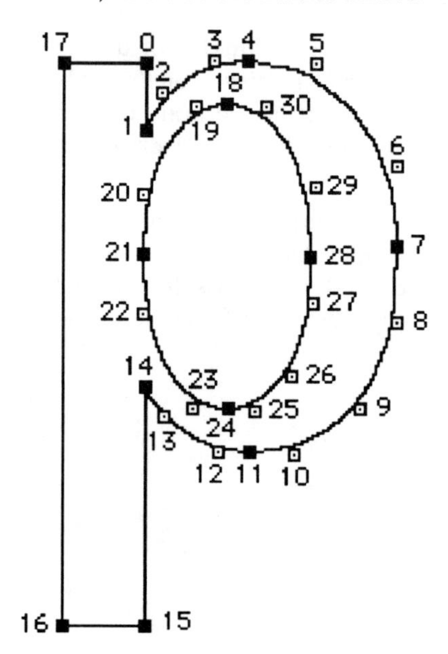

Diese Konturberechnung geschieht zunächst unabhängig vom konkreten Ausgabemedium. Im nächsten Schritt müssen nun Bits gesetzt werden, also schwarze Punkte verteilt werden. Solange die Auflösung des Mediums sehr hoch ist oder solange die Zeichengröße sehr groß ist, gibt es bei der Umsetzung in eine Bitmap keine Probleme: Jeder Punkt, dessen Mittelpunkt innerhalb der von Konturen eingeschlossenen Fläche liegt, wird gefärbt, jeder andere bleibt weiß. Bei kleinen Buchstaben und dazu gehören auch schon die 12-Punkt-Zeichen auf dem Macintosh-Bildschirm, führt dieser erste Ansatz aber zu unschönen Verzerrungen, wie Bild 2-15 zeigt.

Erst durch zusätzliche Korrekturen, die letztlich zu den "Betriebsgeheimnissen" der Fontproduzenten gehören, kommt man zu Zeichen, die den von Hand entworfenen Bitmaps der ersten Generation vergleichbar sind.

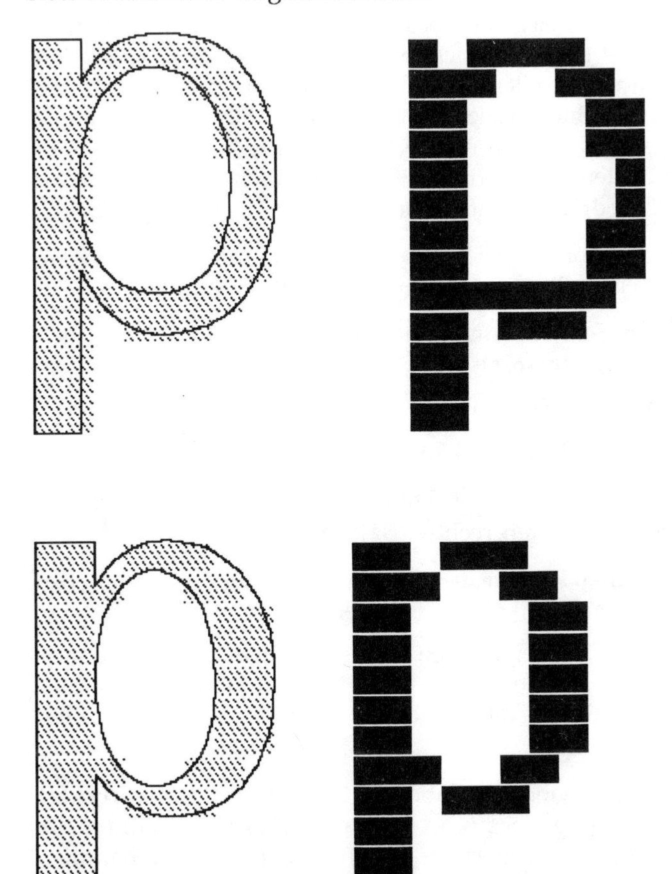

Bild 2-15: Erster Ansatz mit rauhen Konturen

Bild 2-16: Durch Korrekturen werden die Zeichen glatter

Bookman
Times

Vergleichen Sie im folgenden Bild doch einmal die Zeichen, die ein Bitmap-Zeichensatz (*Bookman*) und ein TrueType-Zeichensatz (*Times*) auf dem Mac-Bildschirm erzeugen.

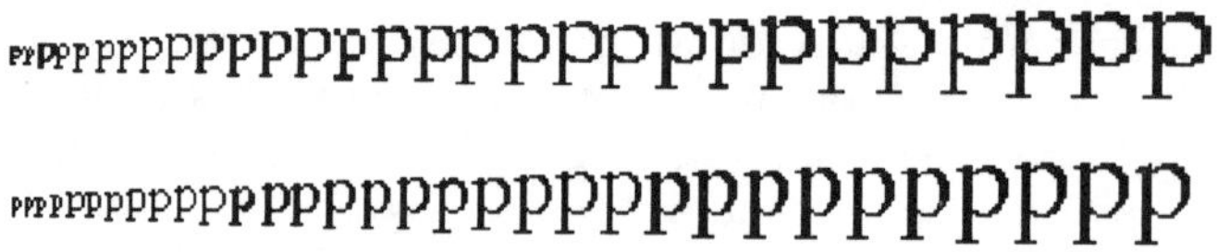

Bild 2-17: Buchstaben in Größe 7 bis 36 pt

pppppppppppppppppppppp

pppppppppppppppppppppppp

Soviel Mühe also, um nur die einfachen Zeichen zu erzeugen! Lohnt sich die Mühe? Wir denken: ja!

Was nun noch kommt, ist auch einfacher, baut darauf auf. Zusätzlich zu den Schriftarten und -größen lassen sich nämlich auch noch Stilmerkmale vereinbaren. Diese modifizieren das Aussehen der Zeichen für bestimmte Zwecke. Die im folgenden genannten Stile lassen sich mischen, sie werden dabei additiv angewendet. In allen Fällen ist es möglich, die Bitmaps aus denen der Standardzeichen zu berechnen. Für höhere Qualität lassen sich aber auch eigene Beschreibungen vereinbaren. In Ihrem Systemordner finden Sie vermutlich den Zeichensatz "Times" in drei Varianten, "normal", "fett" und "kursiv".

Neben den normalen Schriftschnitten sind folgende Varianten in den meisten Textverarbeitungsprogrammen verfügbar:

- Fette Schriften sind breiter als die normalen, aber nicht höher, "**Beispiel**".
- Kursive Schriften sind schräg gestellt, "*Beispiel*".
- Konturschrift zeigt nur die Umrißlinien, "Beispiel".
- Schattenschrift ist ebenfalls hohl mit einem Schlagschatten unten rechts, "**Beispiel**".
- Schriften können auch unterstrichen oder durchgestrichen werden, "Beispiel", "~~Beispiel~~".

Die Tabelle 2-1 zeigt Ihnen einige mögliche Kombinationen von je zwei Stilmerkmalen für die Serifenschrift "Palatino" (rechts oben) und die serifenlose Schrift "Helvetica" (unten links).

❄ Die Ausgabe der Tabelle 2-1 (über den Laserdrucker) sieht vergleichsweise gut aus, allerdings sollten Sie immer im Hinterkopf behalten, bei Stilkombinationen nicht zu übertreiben.

Tabelle 2-1: Stilkombinationen

Stilkombination	normal	fett	kursiv	Kontur	Schatten
normal	pp	**p**	*p*	p	p
fett	**p**	**pp**	***p***	**p**	**p**
kursiv	*p*	***p***	*pp*	*p*	*p*
Kontur	p	**p**	*p*	pp	p
Schatten	p	**p**	*p*	p	pp

Nachdem wir uns auf den vorigen Seiten im wesentlichen um den einen Buchstaben p gekümmert haben, wollen wir nun der Frage nachgehen, wieviel und welche Zeichen es eigentlich gibt. Wieviel Zeichen braucht man denn so? Na ja, zunächst 26 Buchstaben und die 10 Ziffern, dann ein Dutzend Satzzeichen, die kleinen Buchstaben, nicht zu vergessen die Umlaute und das ß, usw., usw. Eigentlich kann es gar nicht genug geben. Das erste Mal wurde dieses Problem international geregelt, als das Hauptkommunikationsmittel, mit dem Texte versendet wurden, der Fernschreiber war. Man einigte sich auf einen Satz von 127 Zeichen, der mit der damaligen Technik problem- und fehlerlos zu versenden war. Diese Liste heißt American Standard Code for Information Interchange (Amerikanischer Standard-Code für den Informationsaustausch) und wird als *ASCII* (sprich: as-ki) bezeichnet. Inzwischen wurde die Liste von verschiedenen Seiten um weitere 128 Zeichen ergänzt. Die im folgenden abgedruckte Liste gilt also nur für Macintosh-Geräte. Falls Texte bearbeitet werden sollen, die mit anderen, bspw. *MSDOS*-Geräten erstellt wurden, sind "Dateifilter" nötig. Solche Übersetzungstabellen sind in viele Textverarbeitungsprogramme integriert, z.B. in Word oder MacWrite II.

ASCII

MSDOS

Die ersten 32 Zeichen der ASCII-Tabelle sind für Steuerzeichen (s.a. Tabelle 2-3) reserviert, von denen viele aber auf einem Computer im Gegensatz zum Fernschreiber keine Bedeutung mehr haben. Deshalb benutzen einige Zeichensätze (wie die Systemschrift "Chicago", die für Dialoge und Menüs benutzt wird) teilweise auch diesen Bereich(s.a. Tabelle 2-2).

Tabelle 2-2: Einige Sonderzeichen im Zeichensatz Chicago

1: ⌥	2: ⇞	3: ⌤	4: ⇧	5: ⇪
6: ⎋	7: ␣	8: ⌫	10:	11: ⌅
12: ⎗	14: ↩	15: ␣	16: ◌	17: ⌘
18: ✓	19: ◆	20: ◌	21: ⌦	22: ⇤
23: ⤷	24: ⌅			

Um bspw. das vierte Sonderzeichen, den Aufwärtspfeil, über die Tastatur einzugeben, müssen Sie die Tastenkombination Kontrolltaste-<D> (<ctrl>-<D>) tippen. Das "D" ist nämlich der vierte Buchstabe des Alphabets! Zu sehen sind die Zeichen allerdings nur in Schriftgrößen größer oder kleiner als 12, da für Chikago 12 ein ROM-Zeichensatz ohne die in Tabelle 2-2 gezeigten Zeichen benutzt wird. Mit dem Programm **Tastatur** im -Menü sind sie daher nicht zu sehen.

Tabelle 2-3 erklärt die Abkürzungen der Sonderzeichen, die in Tabelle 2-4 benutzt werden. Viele davon stammen aus der Fernschreibtechnik.

Tabelle 2-3: Erklärung der Steuerzeichen (s.a. Tab. 2-4)

NUL	Nichts
SOH	Start Of Header
STX	Start Of Text
ETX	End Of Text
EOT	End Of Transmission
ENQ	Enquiry
ACK	Acknowledge
BEL	Bell (akustisches Warnzeichen)
BS	BackStep (zurück)
HT	Horizontal Tabulator
LF	LineFeed (Zeilenvorschub)
VT	Vertical Tabulator
FF	FormFeed (Seitenvorschub)
CR	CarriageReturn (Wagenrücklauf)
SO	Shift Out
SI	Shift In
DLE	Data Link Escape
DC1 - 4	Device Control 1 - 4
NAK	Negative Acknowledge
SYN	Synchronization
ETB	End Of Textblock
CAN	Cancel (Abbrechen)
EM	End Of Medium
SUB	Substitute
ESC	Escape (Flucht)
FS	File Separator
GS	Group Separator
RS	Record Separator
US	Unit Separator
SPC	Leerzeichen
NBS	nichttrennendes Leerzeichen

Auf dieser Seite sehen Sie nun das, worauf kein Computerbuch jemals verzichten sollte: die ASCII-Tabelle. Tatsächlich sind nur die ersten 127 Zeichen international vereinbart. Die restlichen stellen Apple-Ergänzungen dar.

Um den Code für das Zeichen "A" zu erhalten, sehen Sie vom "A" aus an den linken und an den oberen Rand der Tabelle. 60 + 5 = 65, also ASCII (A) = 65.

Umgekehrt erhalten Sie z.B. das 137. Zeichen als das, was neben der 130 und unter der 7 steht, ASCII (â) = 137.

Tabelle 2-4: Die ASCII-Tabelle von Helvetica

	0	1	2	3	4	5	6	7	8	9
0	NUL	SOH	STX	ETX	EOT	ENQ	ACK	BEL	BS	HT
10	LF	VT	FF	CR	SO	SI	DLE	DC1	DC2	DC3
20	DC4	NAK	SYN	ETB	CAN	EM	SUB	ESC	FS	GS
30	RS	US	SPC	!	"	#	$	%	&	'
40	(	)	*	+	,	-	.	/	0	1
50	2	3	4	5	6	7	8	9	:	;
60	<	=	>	?	@	A	B	C	D	E
70	F	G	H	I	J	K	L	M	N	O
80	P	Q	R	S	T	U	V	W	X	Y
90	Z	[	|	]	^	_	`	a	b	c
100	d	e	f	g	h	i	j	k	l	m
110	n	o	p	q	r	s	t	u	v	w
120	x	y	z	{	|	}	~	DEL	Ä	Å
130	Ç	É	Ñ	Ö	Ü	á	à	â	ä	ã
140	å	ç	é	è	ê	ë	í	ì	î	ï
150	ñ	ó	ò	ô	ö	õ	ú	ù	û	ü
160	†	°	¢	£	§	•	¶	ß	®	©
170	™	´	¨	≠	Æ	Ø	∞	±	≤	≥
180	¥	µ	∂	∑	∏	π	∫	ª	º	Ω
190	æ	ø	¿	¡	¬	√	ƒ	≈	∆	«
200	»	…	NBS	À	Ã	Õ	Œ	œ	–	—
210	“	”	‘	’	÷	◊	ÿ	Ÿ	/	¤
220	‹	›	fi	fl	‡	·	‚	„	‰	Â
230	Ê	Á	Ë	È	Í	Î	Ï	Ì	Ó	Ô
240		Ò	Ú	Û	Ù	ı	ˆ	˜	¯	˘
250	˙	˚	¸	˝	˛					

Nicht alle gezeigten Zeichen sind tatsächlich über die Tastatur zu erreichen. Da kann Ihnen ein Hilfsprogramm namens "PopChar" nützlich sein, das als "public domain"-Programm bei Benutzergruppen erhältlich ist.

❄ "PopChar" ist ein wirklich nützliches Programm, bei dessen Autor Günther Blaschek sich alle Mac-Benutzer herzlich bedanken sollten!

Sobald es einmal im Systemordner installiert ist, steht das Programm nach dem nächsten Systemstart zur Verfügung. Der Benutzer muß mit der Maus in die oberste linke Ecke des Bildschirms klicken und zwar an einer Stelle, die man normalerweise gar nicht mehr zum Bildschirm zählt. Dann erscheint ein Fenster mit allen Zeichen des aktuellen Zeichensatzes, aus dem man sich das gewünschte auswählt.

Bild 2-18: Das PopChar-Fenster

```
Palatino

  ! " # $ % & ' ( ) * + , - . / 0 1 2 3 4 5 6 7 8 9 : ;
< = > ? @ A B C D E F G H I J K L M N O P Q R S T U V W
X Y Z [ \ ] ^ _ ` a b c d e f g h i j k l m n o p q r s
t u v w x y z { | } ~ Ä Å Ç É Ñ Ö Ü á à â ä ã å ç é è ê
ë í ì î ï ñ ó ò ô ö õ ú ù û ü † ° ¢ £ § • ¶ ß ® © ™ ´ ¨
≠ Æ Ø ∞ ± ≤ ≥ ¥ µ ∂ ∑ ∏ π ∫ ª º Ω æ ø ¿ ¡ ¬ √ ƒ ≈ ∆ « »
…   À Ã Õ Œ œ – — “ ” ‘ ’ ÷ ◊ ÿ Ÿ ⁄ ¤ ‹ › ﬁ ﬂ ‡ · ‚ „ ‰
Â Ê Á Ë È Í Î Ï Ì Ó Ô  Ò Ú Û Ù ı ˆ ˜ ¯ ˘ ˙ ˚ ¸ ˝ ˛ ˇ
```

Bis auf kleine Unterschiede zeigen die meisten Zeichensätze dieselben Zeichen wie in Tabelle 2-4. Betrachten Sie doch einmal diejenigen, die Sie in Ihrem System installiert haben.

Courier
Monaco

Die meisten Schriften sind proportional, nur bei wenigen, wie *Courier* oder *Monaco,* sind alle Zeichen gleich breit.

Avant Garde
Chicago
Geneva
Helvetica

Wegen der besseren Lesbarkeit haben viele Schriften Serifen - außer *Avant Garde, Chicago, Geneva* und *Helvetica.* Besonders phantasievolle Zeichen zeigt *San Francisco,.* Diese Schrift enthält aber leider keine Umlaute.

San Francisco
Symbol

Da damit die Wünsche, speziell auch der Mathematiker und Naturwissenschaftler, nach Sonderzeichen nicht vollständig befriedigt werden können, benötigt man auch Spezialzeichensätze. *Symbol* enthält bspw. die griechischen Buchstaben sowie viele mathematische Spezialzeichen.

Zapf Dingbats
Cairo
Mobile

In *Zapf Dingbats* findet man alle Arten von Pfeilen und Hinweisen.
Cairo und *Mobile* sind bis zum Rand voll mit kleinen nützlichen Pictogrammen für alle möglichen Zwecke.

In den folgenden Tabellen 2-5 und 2-6 sind noch zwei solcher Zeichensätze abgebildet. Da nicht alle Zeichen tatsächlich vorhanden sind, gibt es ein paar Lücken in diesen Tabellen.

Tabelle 2-5: Die ASCII-Tabelle von Symbol

	0	1	2	3	4	5	6	7	8	9
30				!	∀	#	∃	%	&	∍
40	(	)	*	+	,	−	.	/	0	1
50	2	3	4	5	6	7	8	9	:	;
60	<	=	>	?	≅	Α	Β	Χ	Δ	Ε
70	Φ	Γ	Η	Ι	ϑ	Κ	Λ	Μ	Ν	Ο
80	Π	Θ	Ρ	Σ	Τ	Υ	ς	Ω	Ξ	Ψ
90	Ζ	[	|	]	⊥	_		α	β	χ
100	δ	ε	ϕ	γ	η	ι	φ	κ	λ	μ
110	ν	ο	π	θ	ρ	σ	τ	υ	ϖ	ω
120	ξ	ψ	ζ	{	|	}	~			
160		ϒ	′	≤	⁄	∞	ƒ	♣	♦	♥
170	♠	↔	←	↑	→	↓	°	±	″	≥
180	×	∝	∂	•	÷	≠	≡	≈	…	⏐
190	⎯	↵	ℵ	ℑ	ℜ	℘	⊗	⊕	∅	∩
200	∪	⊃		⊄	⊂	⊆	∈	∉	∠	∇
210	®	©	™	∏	√	⋅	¬	∧	∨	⇔
220	⇐	⇑	⇒	⇓	◊	〈	®	©	™	∑
230	⎛	⎜	⎝	⎡	⎢	⎣	⎧	⎨	⎩	⎪
240		〉	∫	⌠	⎮	⌡	⎞	⎟	⎠	⎤
250	⎥	⎦	⎫	⎬	⎭					

Tabelle 2-6: Die ASCII-Tabelle von Zapf Dingbats

	0	1	2	3	4	5	6	7	8	9
30				✁	✂	✃	✄	☎	✆	✇
40	✈	✉	☛	☞	✌	✍	✎	✏	✐	✑
50	✒	✓	✔	✕	✖	✗	✘	✙	✚	✛
60	✜	✝	✞	✟	✠	✡	✢	✣	✤	✥
70	✦	✧	★	✩	✪	✫	✬	✭	✮	✯
80	✰	✱	✲	✳	✴	✵	✶	✷	✸	✹
90	✺	✻	❜	✽	✾	✿	❀	❁	❂	❃
100	❄	❅	❆	❇	❈	❉	❊	❋	●	❍
110	■	❏	❐	❑	❒	▲	▼	◆	❖	◗
120	❘	❙	❚	❛	❜	❝	❞		❨	❩
130	❪	❫	❬	❭	❮	❯	❰	❱	❲	❳
140	❴	❵								
160		❡	❢	❣	❤	❥	❦	❧	♣	♦
170	♥	♠	①	②	③	④	⑤	⑥	⑦	⑧
180	⑨	⑩	❶	❷	❸	❹	❺	❻	❼	❽
190	❾	❿	➀	➁	➂	➃	➄	➅	➆	➇
200	➈	➉		➋	➌	➍	➎	➏	➐	➑
210	➒	➓	➔	→	↔	↕	➘	➙	➚	➛
220	➜	➝	➞	➟	➠	➡	➢	➣	➤	➥
230	➦	➧	➨	➩	➪	➫	➬	➭	➮	➯
240		➱	➲	➳	➴	➵	➶	➷	➸	➹
250	➺	➻	➼	➽	➾					

Mittlerweile hat die Diskussion um Zeichensätze neue Aktualität gewonnen. Im Gegensatz zu anderen Rechnersystemen ist der Macintosh gut in der Lage, zumindest im europäischen Raum die Bedürfnisse der verschiedenen Sprachen an Akzenten und Sonderzeichen zu erfüllen. Wenn es sein muß, dann eben mit unterschiedlichen Zeichensätzen und Tastaturtreibern. Denn gleichgültig, ob Schwedisch, Kyrillisch oder Griechisch, all diese Schriften beginnen auf der Seite links oben, schreiben weiter nach rechts und fügen Zeilen nach unten an. Diese "lateinische (romanische)" Schriftenfamilie ist im Moment vielleicht die, in der die meisten Computer benutzt werden können, aber bei weitem nicht die einzige.

Schon in der Vergangenheit hatte Apple den Ehrgeiz, das Macintosh-System für viele verschiedene Schriftengruppen zur Verfügung zu stellen. Nur bedeutete das, jede neue Version auch in Japanisch, Chinesisch, Koreanisch und Hebräisch zu entwickeln, um nur einige der unterstützten Sprachen zu nennen.

Seit System 7.1 sind all diese Ansätze vereinheitlicht worden. Die beiden neuen Manager "WorldScript I" und "WorldScript II" stellen allgemeine Methoden zur Verfügung, damit Benutzer auf einem Rechner mit verschiedenen Schriftensystemen arbeiten können, ohne die Systemsoftware austauschen zu müssen. Die Installation einer neuen Sprache soll genau so einfach sein wie die eines Zeichensatzes: durch Hineinschieben in den Systemordner.

Bild 2-19 Installation eines neuen Schriftensystems

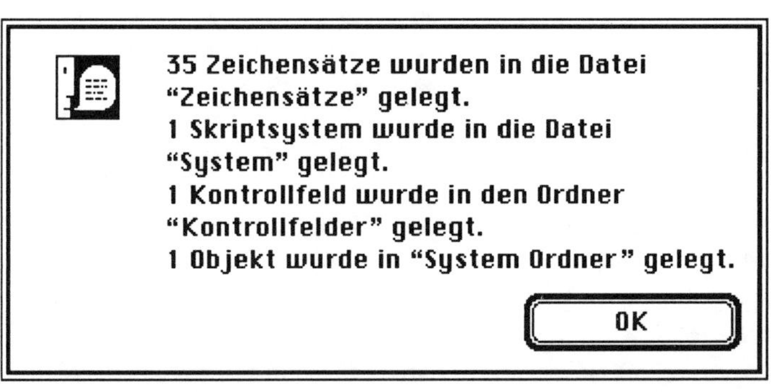

Nach der Installation können wir das aktuelle Schriftensystem durch ein neues ersetzen. In System 7.1 geschieht dies mit Hilfe der Kontrollfelddatei "ScriptSwitcher". In Bild 2-20 erkennt man, wie das aktuelle romanische System durch das hebräische ersetzt wird. Außerdem bekommt man einen kleinen Eindruck davon, wieviele unterschiedliche Schriften bei dieser Entwicklung zu berücksichtigen sind.

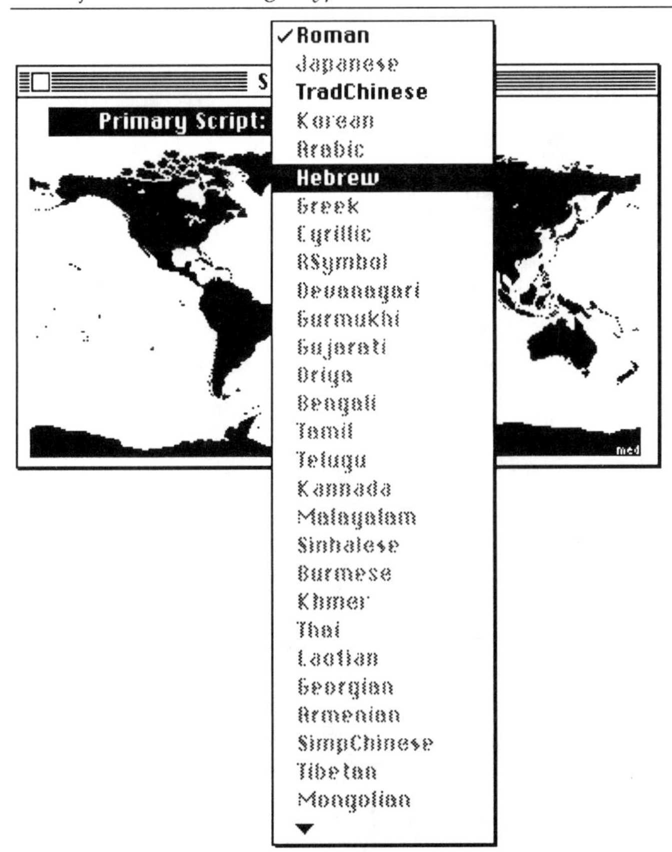

Bild 2-20: Die Kontrollfelddatei Script-Switcher

Bei einem solchen Wechsel wird in eine Reihe von Dateien des Betriebssystems entscheidend eingegriffen.

Neben den notwendigen Zeichensätzen ist auf den ersten Blick vielleicht am auffälligsten die Schreibrichtung. Statt der (für uns) normalen kann man ja auch wie im Hebräischen von rechts nach links voranschreiten. Das betrifft dann natürlich nicht nur die Buchstabenfolge, sondern auch die übrigen Mac-spezifischen Darstellungen. Die Reihenfolge in den Menüs (Symbol - Text - Tastaturabkürzung) bleibt erhalten, aber in Hebräisch von rechts nach links (s.a. Bild 2-21).

Selbstverständlich muß auch für jedes neue Schriftensystem ein eigener Tastaturtreiber existieren, der die vorhandenen Tasten möglichst geschickt den gewünschten Zeichen zuordnet.

Etwas verborgener, aber für das Funktionieren auch sehr wichtig, sind die Regeln für das Sortieren, für Trennmöglichkeiten etc. Solche Informationen werden jeweils tabellarisch in Listenform zur Verfügung gestellt.

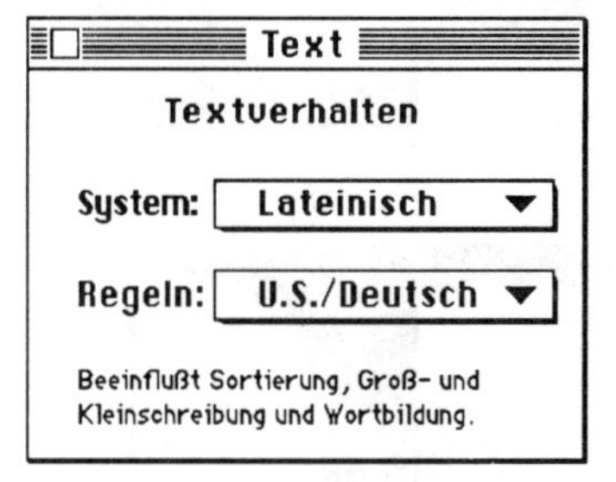

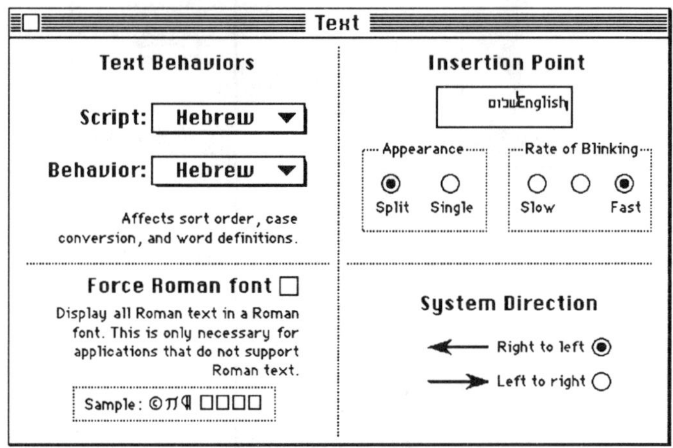

Bild 2-21: Die Kontrolldatei Text im deutschen und im internationalen System

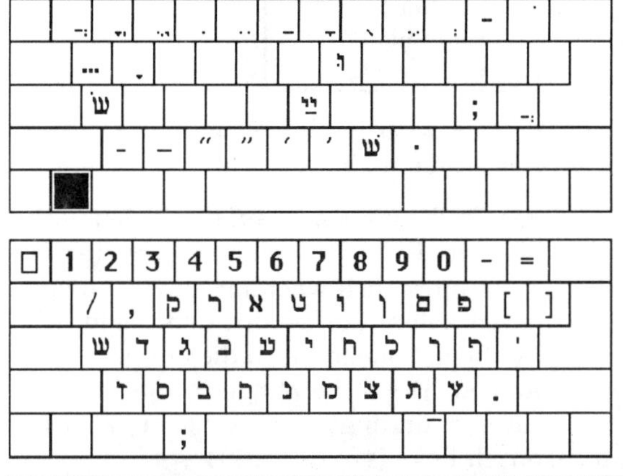

Bild 2-22: Tastaturbelegung in Hebräisch

Bild 2-23: Ein Text mit Word bearbeitet

All dies gab es bisher schon in Ansätzen auf dem Macintosh, wird nun aber vereinheitlicht und so organisiert, daß man durch bloßes Installieren eine neue Schriftenfamilie zugänglich machen kann. Wer also bei der Korrespondenz mit Japan in Zukunft Eindruck schinden möchte, braucht System 7.1 (oder höher) und schiebt die entsprechenden Dateien in den Systemordner. Beim Kopieren werden sie automatisch in die richtigen Ordner verteilt (s.a. Bild 2-20). Was außerdem noch benötigt wird, ist sehr viel Platz auf der Festplatte. Denn in einer Eigenschaft unterscheidet sich Japanisch (genau wie Chinesisch oder Koreanisch) von den romanischen Sprachen: Es gibt wesentlich mehr als 26 Buchstaben, ja sogar mehr als die 255, die nach der bisherigen ASCII-Methode möglich sind. Ein einzelner TrueType-Zeichensatz kann da schon einmal 6 MByte umfassen (verglichen mit den 72 kByte, die z.B. Palatino als größter "romanischer" Zeichensatz benötigt).

Für diese Schriftenfamilien ist WorldScript II geschaffen worden. Jedes Zeichen wird dort mit zwei Byte kodiert. Die Eingabe geschieht dann beispielsweise so, daß erst zwei aufeinanderfolgende Tastendrucke auf einer normalen Tastatur einen Buchstaben auf dem Bildschirm erscheinen lassen.

ISO

Mit zwei Byte lassen sich über 60 000 verschiedene Zeichen kodieren. Aber auch das reicht den wirklich gründlichen Planern der *ISO* (International Organization for Standardization) nicht aus. Um wirklich für alle Fälle und alle schriftlichen Kommunikationsformen gerüstet zu sein, schlagen sie in der Norm ISO 10646 die Übernahme von 4-Byte-Zeichensätze vor, in denen alle erdenklichen Zeichen aufgenommen werden können (jedenfalls wenn es nicht mehr als 2 147 483 648 sind).

BMP
Unicode

Diese gewaltige Datenmenge ist in 127 "groups" aufgeteilt und jede Gruppe in 256 "planes". Nur über die erste Ebene der ersten Gruppe (*BMP*, basic main plane) hat man sich mittlerweile geeinigt. Man hat eine Parallelentwicklung (*Unicode*) integriert, die für 2-Byte-Zeichen entwickelt worden war. Den größten Teil der ca. 65000 möglichen Plätze nehmen die chinesischen, japanischen und koreanischen Zeichen ein. Aber auch das gute alte ASCII ist hier selbstverständlich wiederzufinden, zusammen mit griechischen, hebräischen, arabischen, kyrillischen Schriften. Jeder Typograph wird da voll auf seine Kosten kommen und findet dort allein Dutzende von Pfeilen, von mathematischen Sonderzeichen oder von diakritischen Zeichen wie Akzenten oder Umlaut-Strichen.

Nach soviel Theorie wollen wir zum Schluß des Kapitels wieder zur Praxis zurückkommen. Die Probleme liegen ja bekanntlich im Detail, und wir wissen natürlich nicht, wie es in Ihrem Systemordner genau aussieht. Drei Schriftensysteme versuchen dort friedlich miteinander auszukommen: Bitmaps, TrueType- und PostScript-Beschreibungen. Die Bitmaps liegen entweder in Koffern im Ordner **Zeichensätze** und sind von dort ins RAM geladen worden, oder sie sind mit einer der beiden anderen Methoden im RAM erzeugt worden. Dort finden wir natürlich nicht nur einzelne Buchstaben, sondern jeweils den vollständigen Zeichensatz.

Struktur-Diagramm

Wird nun von einem Programm ein Zeichen benötigt, um es auf dem Bildschirm oder auf einem Drucker auszugeben, muß eine Kette von Entscheidungen gefällt werden, die sich nach der augenblicklichen Situation des Rechners richtet. Wir haben versucht, diese möglichst übersichtlich in Form von *Struktur-Diagrammen* darzustellen. Solche Diagramme werden von Informatikern benutzt, die den Überblick über ihre vielfach verzweigenden Programme behalten möchten.

Strukto-gramm

Zu Lesen sind *Struktogramme* von oben nach unten. Man führt aus, was in einem Rechteck beschrieben ist, und geht dann in das darunter folgende. Ein auf der Spitze stehendes Dreieck deutet eine Entscheidung an, eine Frage, die mit "Ja" oder "Nein" beantwortet werden kann. Entsprechend wird die Bearbeitung des Problems in einem der darunterstehenden Felder fortgesetzt. Lautete die Antwort "Ja", ist es das linke Feld, sonst das rechte. So wie die Probleme meist erst in mehreren Schritten gelöst werden, lassen sich auch die grafisch dargestellten Strukturen aneinanderhängen oder ineinander schachteln.

Wir haben in den folgenden Bildern drei Fälle unterschieden:

- Ausgabe auf den Bildschirm
- Ausgabe auf einen Drucker, der die Seitenbeschreibungssprache Postscript kennt. Hier wird die letztlich zu druckende Bitmap auf dem Drucker zusammengestellt.
- Ausgabe auf einen anderen Drucker. Hier wird die Bitmap auf dem Rechner zusammengestellt und zum Drucker gesendet.

Die folgenden Diagramme beantworten die Frage: Nach welchen Regeln geht das Betriebssysten vor, wenn ein Zeichen benötigt wird und eventuell Bitmaps, TrueType- und PostScript-Zeichensätze gemischt vorhanden sind?

Ein Anwenderprogramm benötigt ein Zeichen
Ist eine Bitmap mit gewünschter Größe, Zeichensatz und Stil vorhanden?
Ja
Nein
Benutze die vorhandene Bitmap
Ist eine TrueType-Beschreibung vorhanden?
Ja
Nein
Erzeuge die Bitmap des benötigten Zeichensatzes aus den TT-Outlines
Ist ATM mit PostScript-Beschreibung vorhanden?
Ja
Nein
Erzeuge die Bitmap des benötigten Zeichensatzes aus den PS-Outlines
Skaliere die vorhandenen Bitmaps (meist unbefriedigendes Ergebnis)
Programm erhält Bitmap für Bildschirmausgabe

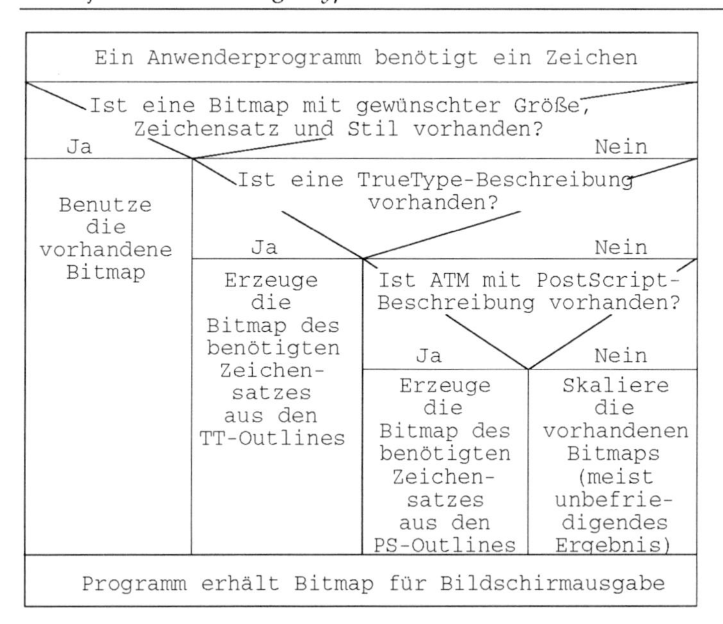

Bild 2-24: Regeln für Bildschirm-Anzeige

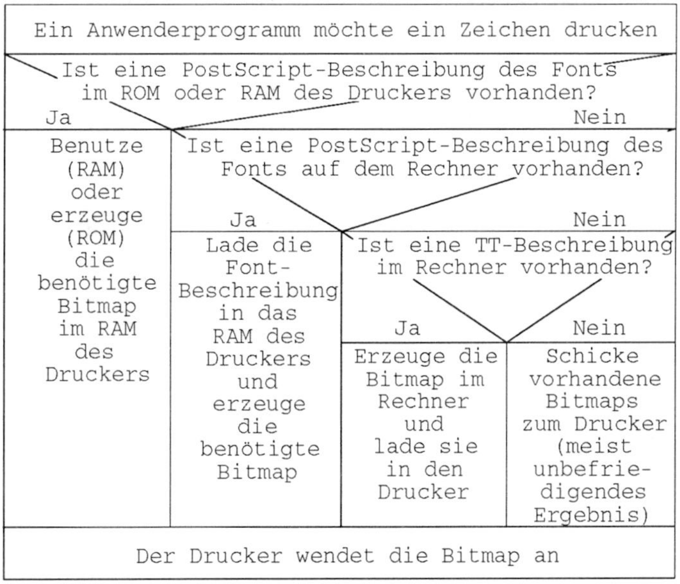

Ein Anwenderprogramm möchte ein Zeichen drucken
Ist eine PostScript-Beschreibung des Fonts im ROM oder RAM des Druckers vorhanden?
Ja
Nein
Benutze (RAM) oder erzeuge (ROM) die benötigte Bitmap im RAM des Druckers
Ist eine PostScript-Beschreibung des Fonts auf dem Rechner vorhanden?
Ja
Nein
Lade die Font-Beschreibung in das RAM des Druckers und erzeuge die benötigte Bitmap
Ist eine TT-Beschreibung im Rechner vorhanden?
Ja
Nein
Erzeuge die Bitmap im Rechner und lade sie in den Drucker
Schicke vorhandene Bitmaps zum Drucker (meist unbefriedigendes Ergebnis)
Der Drucker wendet die Bitmap an

Bild 2-25: Regeln für PostScript-Drucker

Bild 2-26: Regeln für andere Drucker

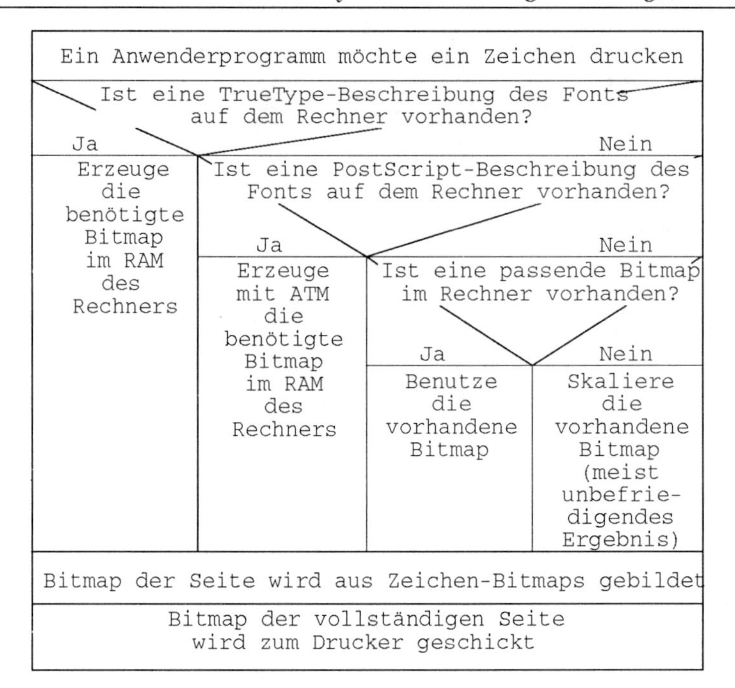

Balloon Help

Eine andere Art von "Comics"

3

Was soll wohl diese "Mickey-Mouse-Sprechblase" oben rechts in der Menüzeile? Beim Herumfahren mit der Maus springen einem auf einmal auf dem leeren Schreibtisch solche Bilder entgegen.

Bild 3-1: Menüzeile mit Balloon Help (Montage)

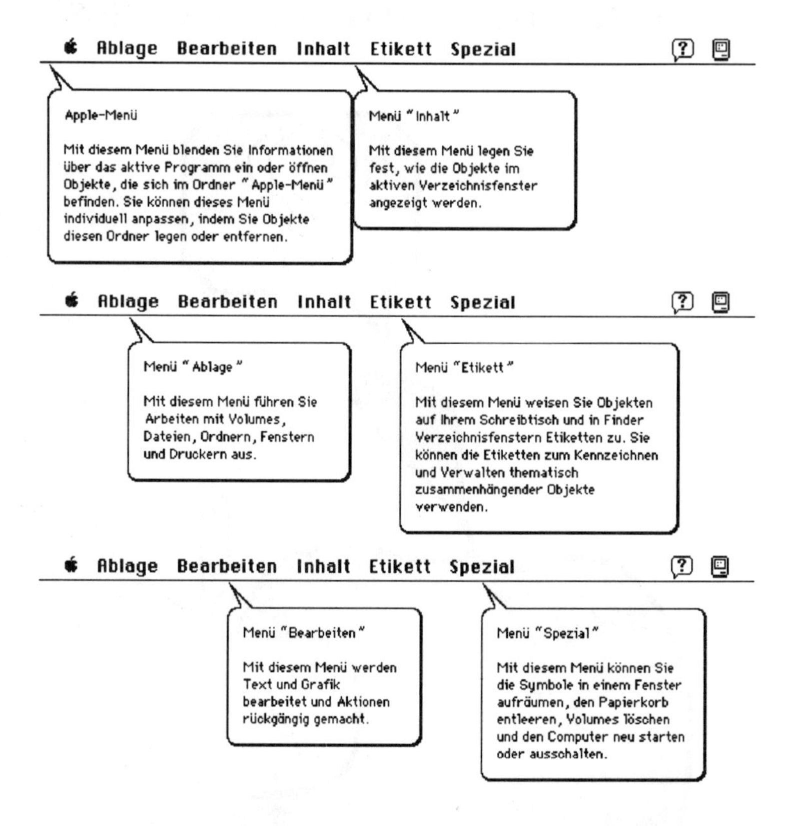

Apple Jokes

Als wir zum ersten Mal System 7 in der vollständig ausgebauten Version sahen, wußten wir nicht, ob das alles so ernst gemeint war. Sollte das wieder einmal einer der berühmten *Apple Jokes* sein, die in den frühen Beta-Versionen neu entwickelter Software regelmäßig mit eingebaut werden ?

Das ist nun kein Witz. In der Apple-Software und im Betriebssystem haben sich manche Programmierer auf originelle Weise verewigt. Mit versteckten Tastenkombinationen, die dann doch irgendwie bekannt werden, werden witzige Effekte erzeugt.

Viele, die solche Tastenkombinationen finden, freuen sich, weil diese Tricks oft ganz nützlich sind. Manchmal ist es allerdings auch purer nonsens, der während einer frustrierenden oder auch erfolgreichen Softwareentwicklungsphase entstanden ist.

Wie, von solchen "Apple Jokes" haben Sie noch nicht gehört? Dann müssen wir erst einmal eine Geschichte erzählen, die bisher charakteristisch für die Programmierer von Apple ist, die solche zentralen wegweisenden Softwaresysteme wie *System 7* oder *HyperCard* entwickelt haben.

System 7
HyperCard

HyperCard erschien zuerst 1987/88; viele fanden seine Möglichkeiten beachtlich, mußten sich aber erst an den Umgang damit gewöhnen. An mindestens zwei Stellen fanden sich Fremdfirmen, die es nachprogrammierten und dabei erweiterten. Die Gruppe bei Apple, die HyperCard überarbeiten sollte, stellte schließlich Ende 1990 ein völlig neues, sehr mächtiges Produkt, eben HyperCard 2.0 vor. Während der Fertigstellung wird für jedes der vielen Produkte, an denen eine so große Firma parallel arbeitet, ein Codename vergeben. Aus HyperCard 2.0 wird schnell H 2.0, das Leerzeichen und der Punkt fallen unter den Tisch, die Ziffer 0 wird zum Buchstaben O und H2O kennt man überall als H_2O, also Wasser. Und von welchen Formen des Wassers träumt ein Kalifornier? Vom Pazifik natürlich und vom Surfen. Das war bereits als Codewort vergeben, da das Datenbankprogramm *4. Dimension* schon unter dem Codenamen *Silver Surfer* entwickelt wurde. So kam man auf den Wintersport mit Schnee als besonderer Form des Wassers! So wurde "Snow" als Codename für *HyperCard* 2 gewählt.

4. Dimension
Silver Surfer

Snow

Eine gewisse Berühmtheit erlangte 1987 das legendäre "stolen icon", eine Nachricht, die man mit wenigen Befehlen in die obere linke Ecke des Mac Plus zaubern konnte. Vermutlich wollte man damit denjenigen auf die Schliche kommen, die die Mac-ROM-Bausteine illegal kopierten.

Das ist eine Sache, die den Apple-Managern über die Jahre hinweg ab und an einen kleinen Adrenalinstoß bescherte, wenn nämlich irgendwo Gerüchte auftauchten, daß die Firma xyz gerade dabei wäre, einen Macintosh-Clone auf den Markt zu bringen. Das ist zwar nie geschehen, aber es sorgte immer für eine gewisse Unruhe, weil die Macintosh-Technologie als absolutes "Staatsgeheimnis" behandelt wurde. Das Clonen von Rechnern ist nur dann legal, wenn es nach dem Verfahren des *reverse engineering* vollzogen wird. Darunter versteht man das "Neuerfinden" einer bekannten Technologie ohne Benutzung des Originals. Eine Gruppe von Ingenieuren wird - unter notarieller Aufsicht - von Informationsquellen isoliert und muß dann versuchen, das Zielprodukt selbständig zu entwickeln. Bei den Macintosh-ROMS hat man diesen Versuch nie gestartet oder es nicht gewagt, sich mit den Rechtsanwälten von Apple Computer anzulegen.

reverse engineering

Zurück zu System 7. Ein besonders hübsches "Osterei" haben die Programmierer direkt in die Datei "System" gelegt. Wenn Sie es selber sehen möchten, müssen Sie eine Kopie dieser Datei herstellen (**Duplizieren** im Menü **Ablage**). Wenn Sie sie mit einem normalen Textverarbeitungsprogramm öffnen, können Sie die ergreifenden Hilferufe der Systemprogrammierer lesen, die sich hinter dem Namen "Blue Meanies" verstecken. Vermutlich handelt es sich um eingefleischte Fans des Beatles-Films "Yellow Submarine".

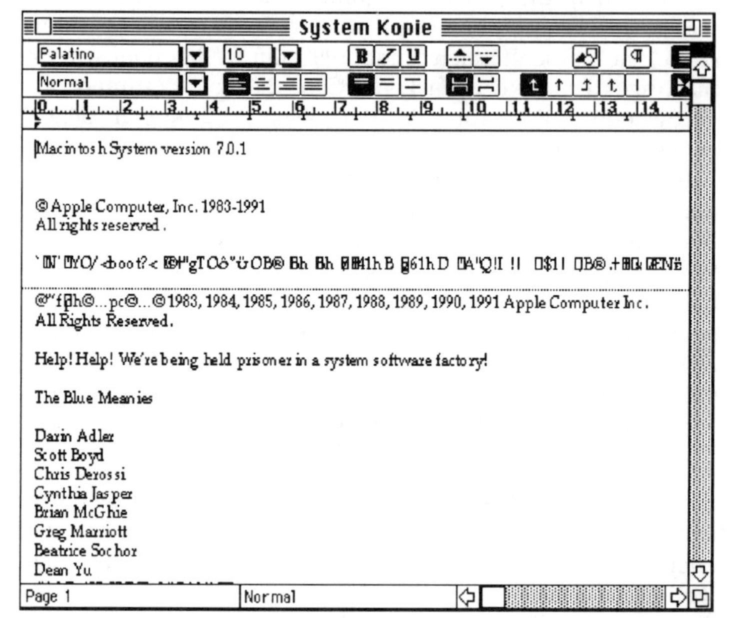

Bild 3-2: Die Nachricht der Blue Meanies

Haben Sie sich schon einmal in Ruhe die Datei "Monitore" betrachtet, die im Ordner "Kontrollfelder" zu finden ist? Ihre Aufgabe besteht darin, die Zahl der Farben einzustellen. Viele Mac-Benutzer haben wenig damit zu tun, da sie einen Schwarz/Weiß-Monitor besitzen. Die Funktion dieses Programms haben wir in Kap. 1 erklärt, aber die netten Zusätze bemerkt man erst, wenn man danach sucht.

❄ Drückt man mit der Maus auf die Versionsnummer oben rechts, erscheinen die Namen der Programmierer. So weit, so gut, aber wenn man beim Klicken auch noch die Wahltaste (⌥) festhält, was dann? Dann bekommt man die Zunge herausgestreckt! Und wenn Sie nun noch einige Male die Wahltaste drücken, fangen die Namen an sich zu verändern. Finden Sie heraus, wer sich sowas wohl ausdenkt?

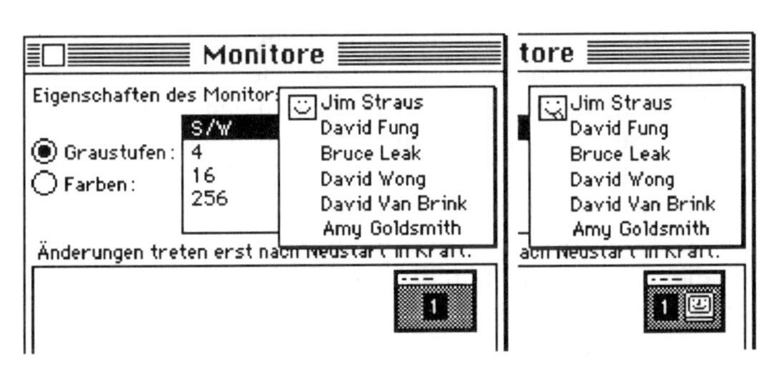

Bild 3-3: Verborgene Einzelheiten des Fensters Monitore

Auch beim System 7 hatten wir eine zeitlang das Gefühl, ein Mickey-Mouse-Heft zu sehen. War das ernst gemeint? War das einmal wieder ein typisch amerikanischer Gag?

Was für den europäischen Geschmack erst einmal ungewöhnlich erschien, entpuppte sich bei näherem Hinsehen als vernünftiges Konzept, das sich nahtlos in die Bemühungen einpaßt, die Benutzung eines Computersystems intuitiv, einfach und selbsterklärend zu machen.

Inzwischen ist klar, daß die Sprechblasen nicht zur Veralberung des Publikums eingeführt wurden. Das Gegenteil ist der Fall: Es zeigt sich, daß dies ein wichtiger dritter Schritt in der Benutzerunterstützung ist. Denn was nützt das schönste Programm, wenn seine Fähigkeiten nicht genutzt werden können, weil der Benutzer vergessen hat, wie es bedient wird, oder er die Möglichkeiten nicht kennt.

- Sie kennen alle die Handbücher und Tutorials mit deren Hilfe bei Problemen nachgelesen und eine Option sofort ausprobiert werden kann. Wir denken beispielsweise "gerne" an ein Programm, dessen Lieferumfang aus zwei Disketten von zusammen 44 g und drei Handbüchern von ca. 2 kg besteht. Erschwerend kommt hinzu, daß es unser Lieblingstabellenkalkulationsprogramm ist und die Handbücher alles tun, um uns den Spaß daran zu verderben. Da werden dann sämtliche Menübefehle der Reihe nach erläutert und man arbeitet sich durch all das durch, was man sowieso schon weiß.

- Direkter im Zugriff sind "On-Line-Hilfen", die vom Programm aus als Hilfedatei aufgerufen werden und nach mehr oder weniger langer Suche die Sachverhalte beschreiben. Einige wandeln auf Wunsch den Mauszeiger in ein großes Fragezeichen um und zeigen nach Anklicken eines Menübefehls das entsprechende Kapitel der Hilfedatei. Andere geben in einem zusätzlichen Fenster Kurzerklärungen zur geplanten Aktion. Wieder andere haben HyperCard-Stapel angeschlossen, in denen sich bekanntlich sehr schnell suchen läßt.
- Balloon Help ist Apples Methode, all diese Ansätze zu vereinheitlichen, so daß auch ungeübte Benutzer nicht erst eine Hilfestellung dazu benötigen, wie denn die Hilfe zu bekommen ist. Das entsprechende Menü enthält bislang noch wenig Befehle, aber allein die Tatsache, daß es existiert und nicht einem der vorhandenen Menüs zugeschlagen wurde, läßt vermuten, daß Apple für spätere Betriebssystemversionen (> 7.0) noch einiges in petto hat. Auch sind die Programmentwickler von Apple aufgefordert worden, ihre eigenen Hilfestellungen in dieses System zu integrieren.

Balloon Help

An ein paar Montagen wollen wir Funktion und Nutzen dieser neuen Kerntechnologie von System 7 beschreiben, die *Balloon Help* genannt wird. Auf "Neudeutsch" heiß Balloon Help "Aktive Hilfe". Diese Hilfe kann ein- und ausgeschaltet werden. Beides geschieht dadurch, daß Sie in der obersten Menüleiste auf das Fragezeichen drücken. Es erscheint ein Aufklappmenü, das im Finder so aussieht:

Bild 3-4: Das Menü Aktive Hilfe des Finders

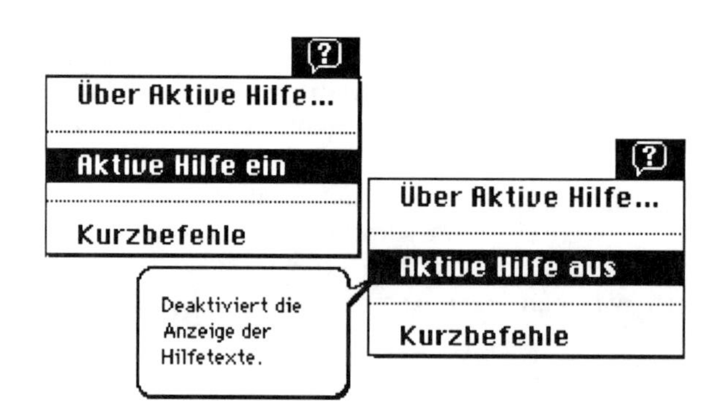

Aktive Hilfe

Sobald die *Aktive Hilfe* eingeschaltet wurde, hat der Mauszeiger eine neue zusätzliche Funktion erhalten. Immer wenn ein dafür vorbereiteter Bildschimbereich berührt wird, erscheint in einer Sprechblase ein erklärender Text. Eine weitere Aktion wie Mausklick oder Doppelklick ist nicht notwendig. Es ist sogar so, daß die normale Funktion der Maus in keiner Weise beeinflußt werden darf. Also kann man die Aktive Hilfe problemlos angeschaltet lassen. Will man sie aber wieder abschalten, ist dazu der gleiche Menübefehl auszulösen, der jedoch mittlerweile eine andere Formulierung zeigt. Diese *Kontextsensitivität*, also die Eigenschaft, sich an veränderte Umgebungen anzupassen, zeigen viele der Mac-Objekte.

Kontextsensitivität

Da bekanntlich "von Nichts nichts kommt", ist diese Hilfe nur möglich, wenn sie entsprechend vorbereitet wurde. Die genaue Art der Vorbereitung hängt ein wenig davon ab, welches Objekt denn nun erklärt werden soll.

Gezeigt haben wir Ihnen die Arbeit der Aktiven Hilfe schon für Menüs (s.a. Bild 3-1), aber auch für einzelne Menüpunkte läßt sie sich vereinbaren. Für diese Funktion ist es gleichgültig, ob der angewählte Menüpunkt gerade aktiv ist oder nicht.

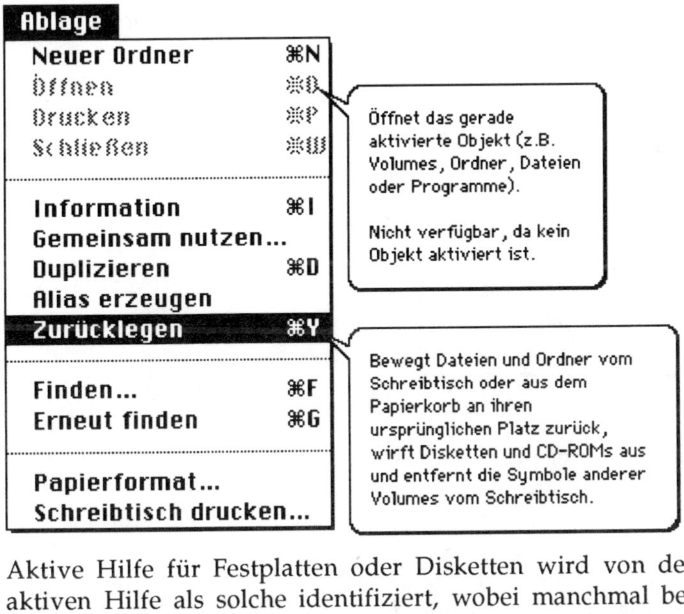

Bild 3-5: Aktive Hilfe für einzelne Menübefehle

Aktive Hilfe für Festplatten oder Disketten wird von der aktiven Hilfe als solche identifiziert, wobei manchmal besondere Merkmale zusätzlich angegeben werden. Selbstverständlich gilt dies auch für alle anderen Objekte des Finders.

❄ Lassen Sie sich von Ihrem Rechner doch einmal erklären, wozu der Papierkorb da ist und was es bedeutet, wenn er "dicke Backen" bekommt.

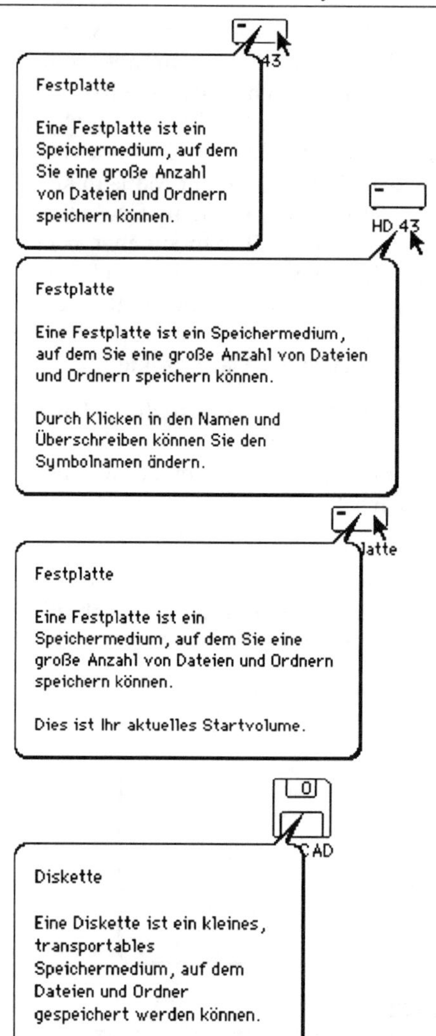

Bild 3-6: Aktive Hilfe für Festplatten- und Disketten-symbole

Diese Erläuterungen, die wir zuerst beim Finder feststellen können, sind aber nicht auf ihn beschränkt. Auch wenn man sich nicht im Finder befindet, arbeiten viele Programme mit Standard-Fenstern. Das sind solche, die eine Titelleiste und Rollbalken enthalten. Die Eigenschaften der einzelnen Bereiche eines solchen Fensters erklärt die Aktive Hilfe, wie eine Montage im nächsten Bild zeigt.

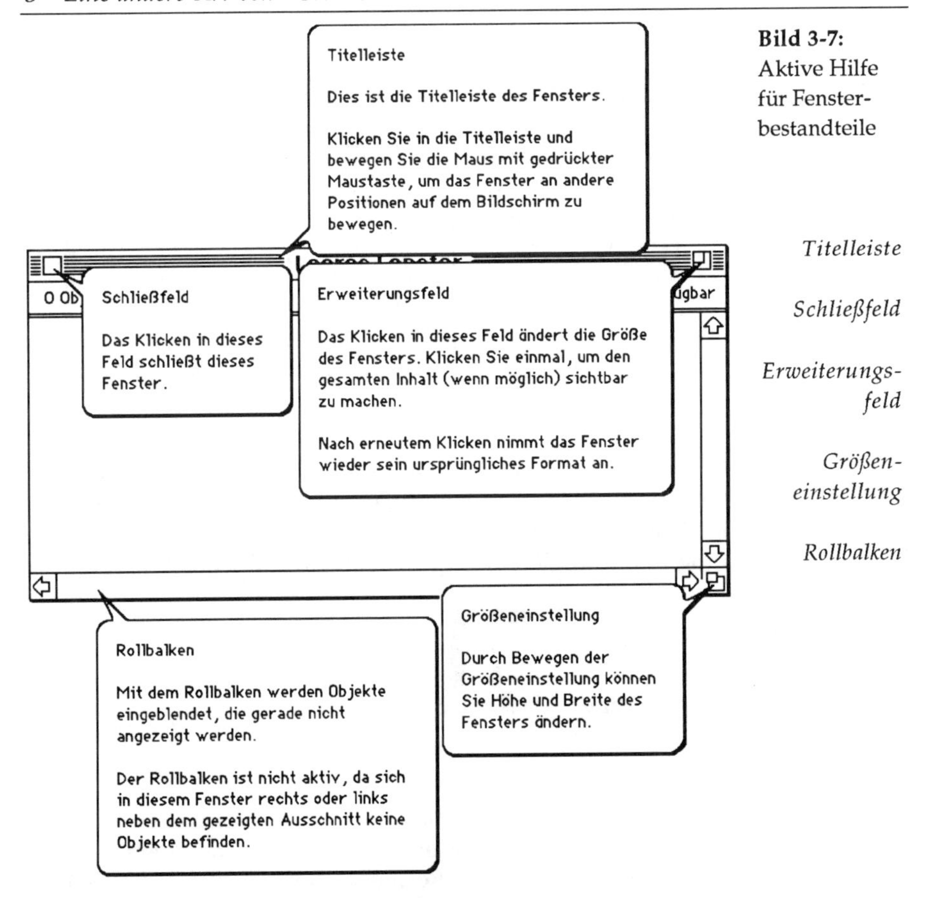

Bild 3-7: Aktive Hilfe für Fensterbestandteile

Titelleiste

Schließfeld

Erweiterungsfeld

Größeneinstellung

Rollbalken

Programme müssen auf diese neue Art der Hilfestellung zuerst vorbereitet werden. Das ist längst noch nicht bei allen geschehen, die sich auf dem Markt befinden. Vorbereiten bedeutet, daß zu den einzelnen Menübefehlen erklärende Texte formuliert werden.

Außerdem müssen Bildschirmregionen definiert werden, die einen Text zeigen, sobald der Mauszeiger sich in ihnen befindet. Das bekannte Schreibtischzubehör "Tastatur" ist bereits dafür vorbereitet.

❄ Schauen Sie sich doch bitte Bild 3-8 an und probieren Sie aus, wo sich die aktiven Bereiche des Programms "Tastatur" befinden.

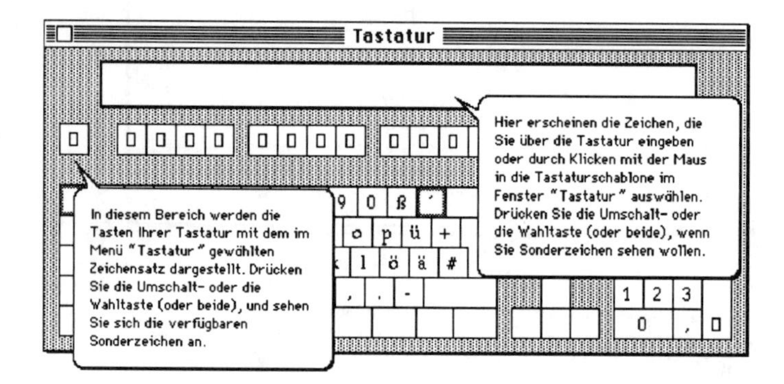

Bild 3-8: Aktive Hilfe für Schreibtisch-zubehör-programme

In ein solch kleines Programm wie "Tastatur" hat man die Hilfe direkt integriert, bei größeren können sich die Hilfstexte auch in einer zusätzlichen Datei befinden. Falls Sie solche Programme kopieren, vergessen Sie die Hilfe nicht!

Bild 3-9: Aktive Hilfe als zusätzliche Datei

Schon die wenigen Beispiele zeigen Gemeinsamkeiten und Unterschiede der Sprechblasen untereinander. Bei allen handelt es sich um abgerundete Rechtecke mit einem Schlagschatten und einem "harmonischen" Seitenverhältnis, das dem goldenen Schnitt entspricht. Unterschiedlich ist die spitze Nase, die auf das zu erklärende Detail zeigt. Es kann an den vier Ecken jeweils an der waagerechten oder senkrechten Seite ansetzen, so daß es acht unterschiedliche Typen von Help-Balloons gibt. Welcher Typ gewählt wird, hängt von der Geometrie der Objekte ab; jedenfalls sollte die Sprechblase sich nicht über den Rand des Bildschirms erstrecken.

Ordner
Programm
Dokument

Im Finder zeigen natürlich auch die unterschiedlichen Dateitypen ihre eigenen Erklärungen. Sie wissen vermutlich, daß man die Dateien in drei Kategorien einteilen kann: in *Ordner*, *Programme* und *Dokumente*.

Auch wenn man schon lange mit bestimmten Programmen arbeitet, findet man doch immer wieder Befehle oder Möglichkeiten, die noch nicht ausprobiert wurden. Auch da ist es wesentlich einfacher und direkter, mit der Maus zu zeigen und die Hilfe zu studieren, als sich durch die Handbücher zu quälen.

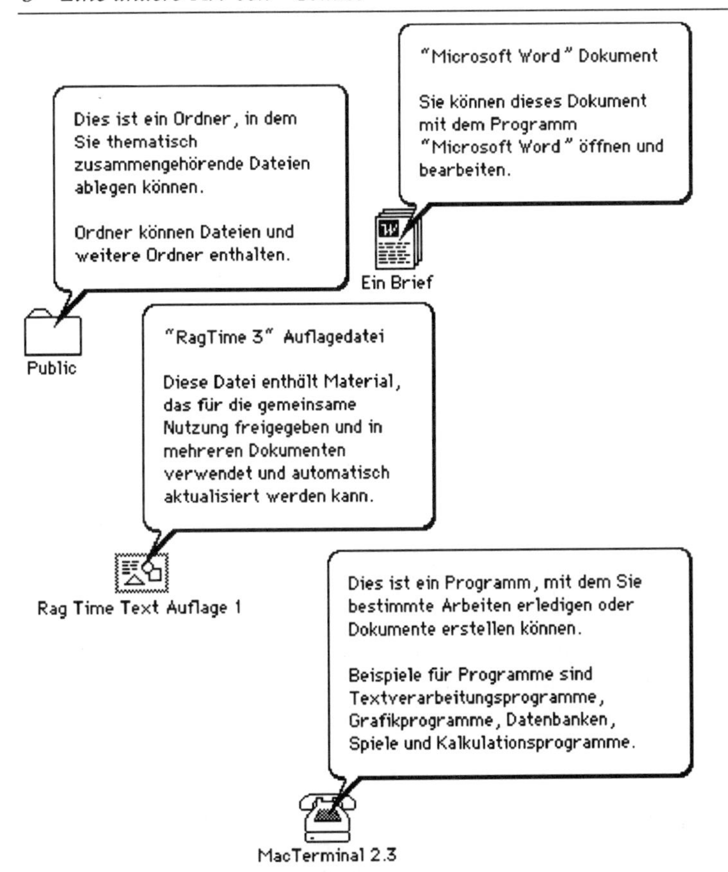

Bild 3-10: Aktive Hilfe für Dateisymbole

Schauen Sie sich auf Ihrem Rechner die Druckdialoge einmal an. Sie heißen **Papierformat...** und **Drucken...** und befinden sich im Menü **Ablage**. Vielleicht ist Ihnen ja auch schon aufgefallen, daß alle Menüpunkte bis auf das Menü **Hilfe** grau gezeichnet ("gedimmt") sind. Das ist ganz typisch für Dialoge: Bevor man sie nicht bearbeitet hat, kann man nichts anderes mehr tun.

Wenn Sie die Maus über dem Dialog bewegen, erscheinen die Hilfen, außer wenn die Bewegung zu schnell ist. Um eine zu große Unruhe auf dem Bildschirm zu vermeiden, wartet der Balloon-Manager jeweils eine gewisse Zeit, bevor er eine Hilfe einblendet.

Manager

❄ Als *Manager* werden von Apple die vorgefertigten Programmpakete, nämlich die einzelnen Teile des Betriebssystems, bezeichnet, mit denen der gewaltige Funktionsumfang des Macintosh zugänglich gemacht wird. Von diesen Paketen gibt es etwa 40 zu unterschiedlichen Aufgabengebieten.

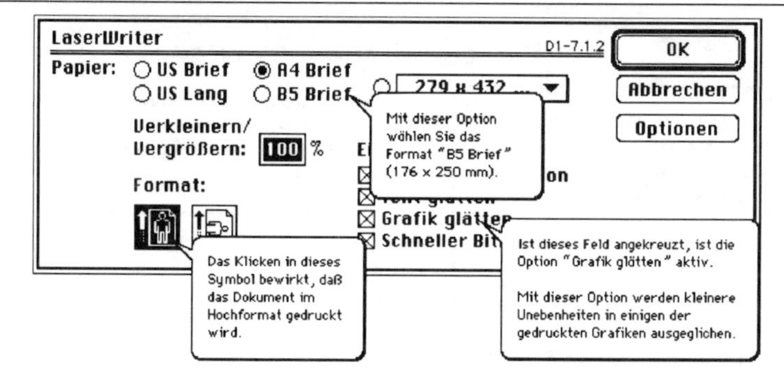

Bild 3-11: Aktive Hilfe für einen Standard-dialog

Gemäß den Apple-Richtlinien soll die Aktive Hilfe vor allen Dingen drei Fragen beantworten:

- Was ist das? Über was für einem Objekt befindet sich der Mauszeiger gerade?
- Was bewirkt es? Welche Effekte kann ich damit erreichen?
- Was passiert, wenn ich hier klicke? Ist dieser Knopf eventuell gefährlich?

Da die Aktive Hilfe ein neues Konzept darstellt, sind noch nicht alle Programme darauf vorbereitet. HyperCard (in der Version 2.1) schaltet sie einfach ab, d.h. der Menüpunkt wird ausgeblendet. Viele andere Programme reagieren gar nicht darauf oder zeigen nur die oben genannten Hilfen für Standard-Menüs, -Dialoge und -Fenster. Manche neueren Programme haben an diesen Menüpunkt ihre eigene Hilfe angeschlossen. Als Faustregel läßt sich feststellen, daß alle Programmversionen, die ab 1992 erschienen sind, diese Hilfestellung anbieten.

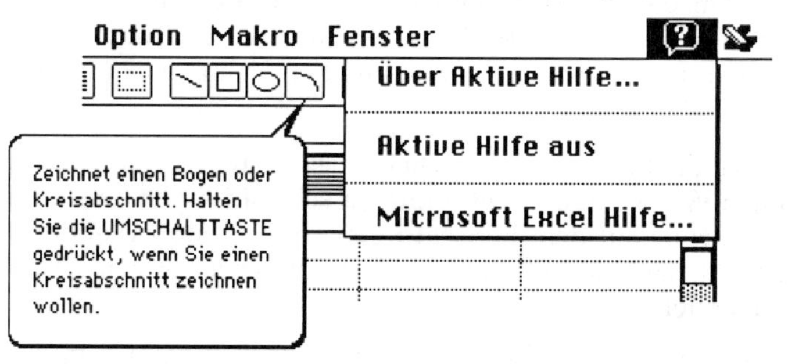

Bild 3-12: Excel unterstützt die Aktive Hilfe und die eigene

Im Moment läßt sich die Aktive Hilfe nur an- oder abschalten. Sie würde eventuell noch wirksamer werden, wenn einige Erweiterungen vorgenommen werden könnten. Beispielsweise könnte man für den jeweiligen Benutzer eine Klassifizierung einführen in Anfänger, normale Benutzer und Experten. Denn zumindestens die letzte Kategorie von Mac-Usern freut sich nicht unbedingt, wenn sie bei jedem Rollbalken erzählt bekommt, was man damit anfangen kann. Diese Benutzer könnten auch mit eher abstrakten Erklärungen bedient werden, um die Geheimnisse der wirklich komplizierten Einzelheiten zu erfahren.

Manche Leute hätten vielleicht mehr Interesse daran, alle angebotene Hilfe insgesamt überblicken (und ggf. ergänzen) zu können - eine Option, die heute noch nicht möglich ist. Vielleicht ist es aber auch nicht sinnvoll, Hilfen ohne ihren Kontext lesen zu können.

Was manchmal auch ein wenig stört, ist die Geschwindigkeit, mit der die Sprechblasen erscheinen. Wie wäre es, wenn man dafür - ähnlich wie fürs Doppelklicken - ein Zeitintervall vorgeben könnte?

Kurzbefehle

In dem Balloon Help-Menü des Finders ist ebenfalls noch ein weiter Menüpunkt mit dem Namen **Kurzbefehle** zu sehen. Er zeigt Ihnen auf fünf Karten eine Übersicht der Kurzbefehle, die Ihnen bei der Arbeit mit dem Finder zur Verfügung stehen.

❄ Schauen Sie sich die Kurzbefehle einmal genau an, aber beginnen Sie bloß nicht, diese nützlichen Tricks jetzt auswendig zu lernen. Diese Zeiten sind vorbei: Mit der Aktiven Hilfe stehen die Hilfetafeln Ihnen jederzeit wieder zur Verfügung.

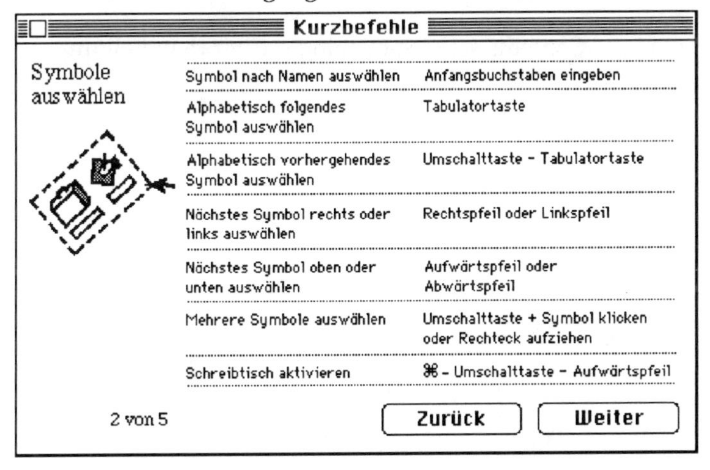

Bild 3-13: Kurzbefehle im Hilfe-Menü

Daß die Apple-Programmierer ihren Humor immer noch nicht verloren heben, zeigt z.B. eine Benutzerfrage in der Entwickler-Zeitschrift "develop" (No. 8, Herbst 1991), wo sich jemand darüber wundert, daß die entstehenden Blasen alle sofort an den oberen Rand des Bildschirms wandern und prompt eine der üblichen technischen Antworten mit einem Programmfragment in PASCAL erhält, das ihn über die "meteorologischen Alpträume der Aktiven Hilfe" aufklärt. Aber lesen Sie selbst:

Question

Help! I've just added Balloon Help to my application, but I'm having some problems. Whenever a balloon appears, it immediately begins floating away off the top of the screen. What can I do to stop this madness?

Answer

It appears you failed to heed our warning when it comes to routines that can move balloons. Consult Appendix D of Inside Macintosh X-Ref, "Routines That May Pop Balloons or Cause Barometric Disturbances" for a complete listing of these help balloon meteorological nightmares. In addition, be sure to call the new trap HMSetBalloonContents:

```
OSErr HMSetBalloonContents (balloonContents: INTEGER);

CONST { types of balloon contents }

        helium = 0;

        air = 1;

        water = 2;

        whippedCream = 3;
```

with balloonContents set to something greater than helium.

4 FileSharing

Dinner for one

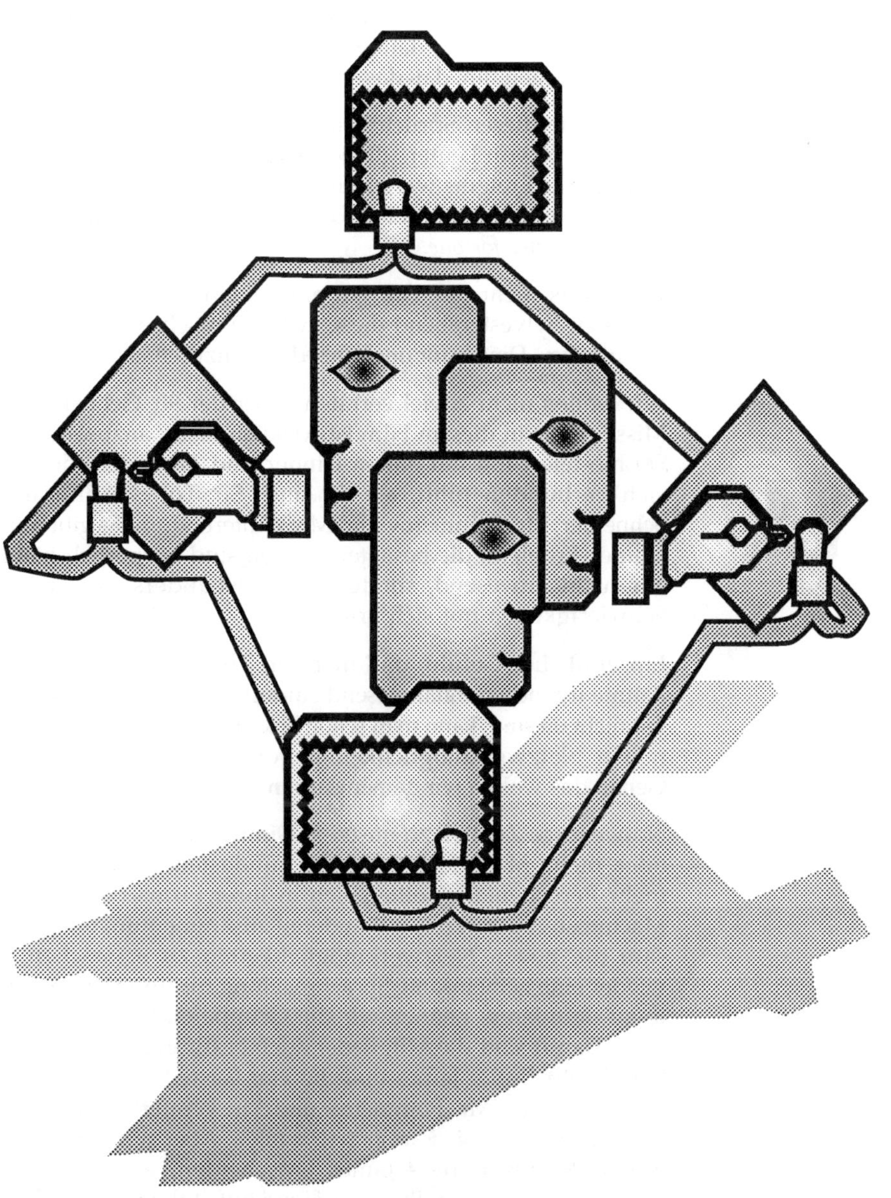

Sylvester ist aus vielen Gründen ein besonderer Tag. Jahreswechsel, Rückbesinnung, Blick nach vorn, Zusammensein mit Freunden, Urlaub: für jeden von uns gibt es besondere Schwerpunkte und "Highlights". Natürlich wissen wir nicht, ob Sie in Urlaub fahren oder zu Hause bleiben, wie Sie Sylvester begehen. Aber es ist doch irgendwie jedes Jahr derselbe Ablauf - "Same procedure as last year". (Falls Sie diesen berühmten Spruch nicht kennen, dann werden wir in mehrfacher Hinsicht etwas dagegen tun, daß das sofort geändert wird.)

Sollten Sie diesen Spruch kennen, gehören Sie vermutlich zu der Gruppe von Leuten, die jedes Jahr am Sylvestertag auf ein besonderes Ereignis warten und sich jedesmal wieder schlapp lachen. Die Rede ist von Freddie Frinton, Miss Sophie und dem Sketch *Dinner for one.*

Dinner for one

Wenn das nicht der Fall ist, empfehlen wir Ihnen, sich am nächsten Sylvesterabend diese kurze Fernsehsendung "Der 90. Geburtstag - Dinner for one" unbedingt anzuschauen.

Wir wollen nicht zuviel verraten. Aber der 90. Geburtstag von Miss Sophie in diesem Film ist wirklich lustig anzusehen. Miss Sophie feiert ihn mit einem Dinner und Freunden, denen sie sich verbunden fühlt, als da sind: Sir Toby, Admiral von Schneider, Mr. Pommeroy und Mr. Winterbottom. Es gibt nur ein kleines Problem: die besagten Herren sind körperlich nämlich gar nicht anwesend, sondern ganz woanders, was gewisse Schwierigkeiten mit sich bringt.

Ein ähnliches Gefühl, daß man am Tisch sitzt und liebe Bekannte irgendwo mitanwesend sind und "mitessen", obwohl sie gar nicht da sind, kann man schon bekommen, wenn man mit den neuen Netzwerkmöglichkeiten von System 7 herumspielt. Genau das wollen wir gemeinsam in systematischer Weise tun.

Notwendige Zutaten zu unserem Dinner sind: mindestens zwei oder mehr Macintosh-Systeme, mindestens zwei oder auch mehr Personen. Sie sollten sich in Ihrer Firma oder in Ihrem Macintosh-Nutzerkreis mit anderen zusammentun, um gemeinsam die neuen Netzwerkmöglichkeiten zu erforschen. Um wieder eine gemeinsame Sprachregelung für unsere Experimente zu definieren, nennen wir die Gruppe einfach: "Dinner for one". Damit sind die Mitglieder auch bestimmt. Das sind: Miss Sophie, ihr Butler James und die vier Gäste Sir Toby, Admiral von Schneider, Mr. Pommeroy und Mr. Winterbottom. Suchen Sie sich aus, wer Sie jeweils sein wollen. Aber wenn Sie sich für die Rolle des Butlers James entscheiden, achten Sie bitte darauf, daß Sie nicht über den Tigerkopf stolpern.

Zuvor wollen wir das gemeinsame "Informationsdinner", das System 7 allen Netzwerkgästen ermöglicht, etwas allgemeiner "aristokratisch-akademisch" (übersetzt: abstrakter) erklären.

FileSharing
Connectivity

System 7 ermöglicht allen Teilnehmern einen Informationsaustausch über das Netzwerk, indem Ordner oder einzelne Dateien anderen Interessenten zugänglich gemacht werden. Das Zauberwort dafür heißt *FileSharing* bzw. *Connectivity*.

Unter "Connectivity" versteht man die Fähigkeit von Arbeitsplatzrechnern, untereinander zu kommunizieren. Der Informationsaustausch geschieht über eine Verkabelung (Telefondraht, Kupferkabel, Glasfaser), die die einzelnen Systeme miteinander verbindet. Beides zusammen ergibt ein Rechnernetzwerk. Ein Netzwerk ist also eine Ansammlung von untereinander verbundenen Rechnern, die einzeln und unabhängig voneinander arbeiten können, und der Hardware und Software, um diese Verbindungen herzustellen. Netzwerke bieten einige Vorteile gegenüber isolierten Arbeitsstationen, weil eine ganze Reihe zusätzlicher Dienste zur Verfügung stehen:

- Zugriff auf gemeinsame Dokumente ("FileSharing")
- gemeinsame Nutzung von Anwendungsprogrammen ("Programm-Sharing")
- gemeinsame Nutzung von Druckern, Festplatten, CD-ROM-Laufwerken ("Resourcen-Sharing")
- Informationsaustausch von individuellen Nutzern und Arbeitsgruppen per elektronischer Post ("Electronic-Mail-Dienste").

File-Server

Alle diese Netzwerkdienste konnten Benutzer in einem Netzwerk von miteinander verbundenen Macintosh-Systemen schon immer in Anspruch nehmen. Dazu war es allerdings notwendig, daß ein einzelner Macintosh oder ein anderes Computersystem als ein nur für diesen Zweck abgestellter Rechner für die Verwaltung des Netzes zuständig war. Auf einem solchen Rechner, dem dezidierten *File-Server*, lief ständig Tag und Nacht, Tag um Tag, Woche um Woche, ein einziges Program, genannt *AppleShare*. Die AppleShare-Software und der dafür zuständige Netzwerkadministrator sorgten für den störungsfreien Betrieb des gesamten Netzwerkes, so daß alle Benutzer auf einfache Weise ihre Informationen austauschen konnten.

Sehr hübsch ist das Symbol für dieses Programm gewählt, die Hand eines Kellners, der auf seinem Tablett die drei Grundtypen von Dateien serviert:

- die Ordner, die freigegebenen Teile der Festplatte,
- die Programme, durch eine Raute symbolisiert, und
- die Dokumente, die man an der abgeknickten Ecke erkennt.

Mit dem System 7 kommt nun eine neue Variante hinzu. FileSharing ist eine Eigenschaft, die in das neue Betriebssystem mit eingebaut ist und vom Benutzer eines jeden Macintosh ein- und ausgeschaltet werden kann. Ist FileSharing aktiv, können bestimmte Ordner, sogar die gesamte Festplatte, mit anderen gemeinsam genutzt werden. Voraussetzung dafür ist natürlich, daß alle Macintosh-Systeme miteinander vernetzt sind (s.a. Bild 4-1).

Bild 4-1: Netzwerk mit Arbeitsplatzrechnern

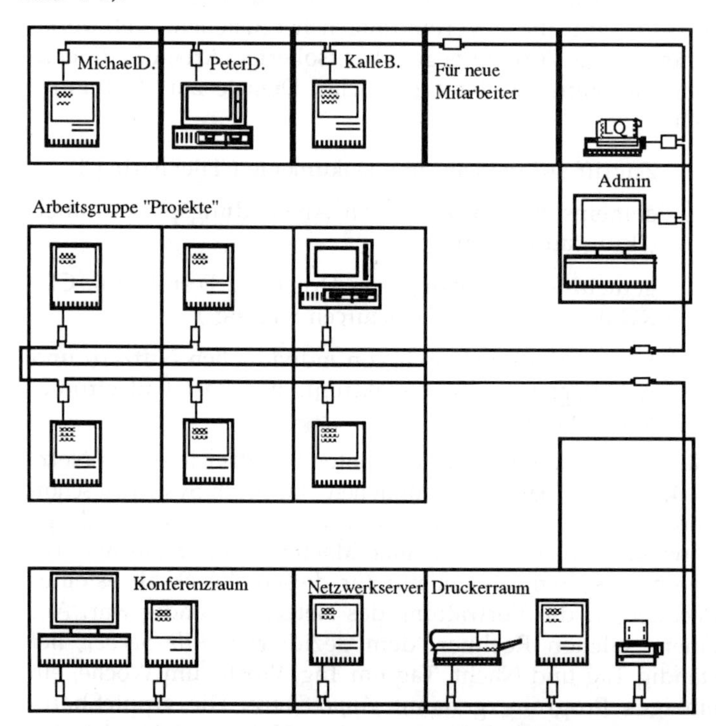

Netzwerkadministrator

Jeder Benutzer wird damit sozusagen sein eigener *Netzwerkadministrator*. Jeder Rechner unter System 7 kann also so etwas sein wie ein "arbeitsplatzbezogener, persönlicher Fileserver".

Das hat folgende Vorteilen für alle Benutzer:

- Die eigene Festplatte kann von anderen Computern im Netz benutzt werden. Umfangreiche Daten, die von mehreren benutzt werden, brauchen also nur einmal vorhanden zu sein.
- Der Besitzer eines Macintosh kann mit Hilfe von File-Sharing von jeder Stelle im Netzwerk aus auf sein Gerät zugreifen. In einem ausgebauten Zustand gilt dies sogar für Datenfernübertragung mit Telefon und Modem und der speziellen Software *AppleTalk Remote Access* (vgl. Kap. 8)

- Dateien in einem Ordner können von anderen über das Netz zugänglich gemacht werden. Dabei hat es jeder in der Hand zu entscheiden, was freigegeben wird und ob die Daten nur gelesen oder auch verändert werden dürfen.
- Bestimmte Ordner können mit jedem Benutzer im Netz gemeinsam benutzt werden. Dort kann jeder die allgemein interessierenden Informationen holen und ablegen.
- Individuelle Ordner können verschiedenen Gruppen von Anwendern zugänglich gemacht werden. Wer nicht zur Gruppe gehört und die Paßwörter nicht kennt, hat keinen Zugriff.
- Andere Festplatten und CD-ROMs können gemeinsam genutzt werden. Dabei steht der gleiche Kennwortschutz wie bei AppleShare-File-Servern zur Verfügung.
- Jeder Benutzer, der File Sharing benutzt, ist selber Administrator.
- Als Gäste im Netz sind auch Computer der Typen Apple IIe, Apple IIGS, MS-DOS-Maschinen (nach Einbau einer Hardwareerweiterung) zugelassen.

Ein paar Einschränkungen müssen allerdings in Kauf genommen werden:

- Disketten sind nicht für FileSharing verfügbar, Wechselfestplatten oder CD-ROMs dürfen nicht gewechselt werden, solange FileSharing aktiv ist.
- FileSharing verbraucht etwa 200 kByte RAM-Speicher im Hauptspeicher, wenn es eingeschaltet ist.

Eines soll zusätzlich noch betont werden: File Sharing ist kein vollständiger Ersatz für einen dezidierten File-Server.

Es können nämlich auf jedem einzelnen Macintosh nur maximal zehn Objekte (Ordner, Programme, Dokumente) gleichzeitig gemeinsam genutzt werden. Außerdem ist auch die Anzahl der Benutzer, die gleichzeitig über File Sharing auf einen bestimmten Macintosh zugreifen können, ebenfalls auf zehn begrenzt. Aber für kleinere Netzwerksysteme reichen die Fähigkeiten gut aus.

File-Sharing ist grundsätzlich ein individueller Netzwerkdienst. Deshalb fehlen auch einige wichtige Merkmale, die für zentrale File-Server unverzichtbar sind:

- Die ständige Verfügbarkeit von Daten ist nicht garantiert, weil der jeweilige individuelle Arbeitsplatz (File-Server) ja gerade ausgeschaltet sein kann.
- Eine zentrale Administration und eine zentrale Datensicherung sind in der gegenwärtigen Version von System 7 nicht verfügbar.

Theorie ist ja ganz nett, aber Praxis ist besser oder Probieren geht über Studieren. Welcher Spruch auch immer passen mag, jedenfalls wollen wir das abstrakt Beschriebene gleich einmal ausprobieren. Natürlich geht das nur, wenn man mindestens zwei Macintosh-Systeme zur Verfügung hat. Es soll ja Mac-Fans geben, die von diesen Maschinchen einige zu Hause herumstehen haben. Als erstes müssen Sie also die schwierige Frage der Eigentumsrechte "klären" und Sohn, Tochter, Mann oder Frau bitten, entweder beim Netzwerk-Spiel mitzumachen oder den Mac einmal für eine kleine Zeit auszuleihen. Am besten, Sie stellen für den Anfang zwei Macs nebeneinander hin. Je nach atmosphärischer Grundstimmung in Ihrem familiären Bereich, was die Eigentumsrechte der Macs angeht, empfehlen wir jedoch, lieber die Rechner in Ihrem beruflichen Umfeld zu benutzen. Aber das kann natürlich auch nicht ganz einfach sein, wenn die lieben KollegInnen gerade termingestresst vor dem Rechner sitzen.

Irgendwie werden Sie das jedenfalls schon schaffen, Zugang zu zwei Macs zu bekommen.

LocalTalk
EtherNet

Die beiden Computer können natürlich nicht ohne direkte physikalische Verbindung in Kontakt treten. Die Rechner müssen mit Hilfe des "*LocalTalk*- oder *EtherNet*-Verkabelungssystems" miteinander verbunden sein. In der Firma dürfte das sowieso der Fall sein, weil kein Mac lange allein herumsteht.

Probieren geht über Studieren

Für den Fall, daß es noch nicht passiert ist und damit Sie das Prinzip verstehen, beschreiben wir kurz, wie eine *LocalTalk*-Verbindung beschaffen ist. Wie bereits in Bild 4-1 zu erkennen ist, benötigt jedes Gerät im Netz einen Anschluß, unabhängig davon, ob es sich um einen Computer oder einen Drucker handelt. Dieser Anschluß besteht aus einem ca. 40 cm langen Kabel, das in einer kleinen Verteilerdose endet, in die zwei längere Kabel gesteckt sind, die zu den nächsten Geräten in der Kette führen. Dies sind die eigentlichen *AppleTalk*-(bzw. LocalTalk-) Kabel, die intern nur aus zwei einfachen Leitungen bestehen. Sie könnten z.B. durch Telefonkabel verlängert werden und dürfen insgesamt bis zu 150 m lang sein. Es gibt jedoch auch von Fremdfirmen kompatible LocalTalk-Produkte, für die die Gesamtleitungslänge bis zu 1500 m betragen darf. An den jeweils letzten Geräten des Netzes darf ein Anschluß frei bleiben. Ein ähnlicher Aufbau liegt bei der *Ethernet*-Verkabelung oder bei *Token Ring* vor. Das sind Systeme, die technisch aufwendiger und schneller arbeiten als LocalTalk und Verbindungen zu Workstations und Großrechnern ermöglichen.

AppleTalk
LocalTalk

Ethernet
Token Ring

Jeder Macintosh ist (an seiner Rückseite) mit zwei Steckern für seriellen Datenaustausch, sog. Seriellen Schnittstellen, versehen. Das sind kleine runde DIN-Buchsen mit jeweils acht Kontakten. Die Buchsen sind mit entsprechenden Symbolen gekennzeichnet. Beide sind technisch fast völlig gleich aufgebaut, werden aber nach ihrer Funktion unterschieden als *Modem-Port* und *Drucker-Port*. Für die AppleTalk-Verbindung wird der Druckeranschluß benutzt. Das ist sinnvoll, da die Apple-Drucker ImageWriter und LaserWriter über das Netz angeschlossen werden. Wo das nicht der Fall ist, wie beim Tintenstrahldrucker StyleWriter, muß dieser an den Modemanschluß gelegt werden, wenn man ihn zusätzlich zu einem Netz betreiben will.

Modem-Port

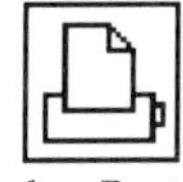
Drucker-Port

Da es außer den seriellen Schnittstellen und AppleTalk noch ein drittes Steckersystem von dieser Größe gibt, nämlich den *Desktop-Bus*, an dem die Maus und die Tastatur hängen, zeigt Bild 4-2 die Unterschiede. Das Bild zeigt eine Aufsicht auf die DIN-Buchsen für die seriellen Schnittstellen (8-polig), AppleTalk (3-polig) und den Desktop-Bus ADB (4-polig).

Desktop-Bus

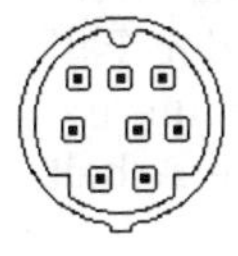
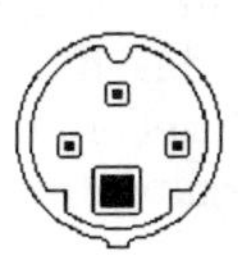

Bild 4-2: DIN-Buchsen für die seriellen Schnittstellen

❄ Achten Sie beim Zusammenstecken darauf, wo oben und unten ist und versuchen Sie bitte niemals, mit Gewalt einen Stecker in eine falsche Buchse zu bekommen! Diese sind so filigran, daß eine teure Reparatur fällig wird. Da Sie aber sicher darauf achten, daß die aufgedruckten Symbole und die Zahl der Kontakte zusammenpassen, wird so etwas nicht passieren.

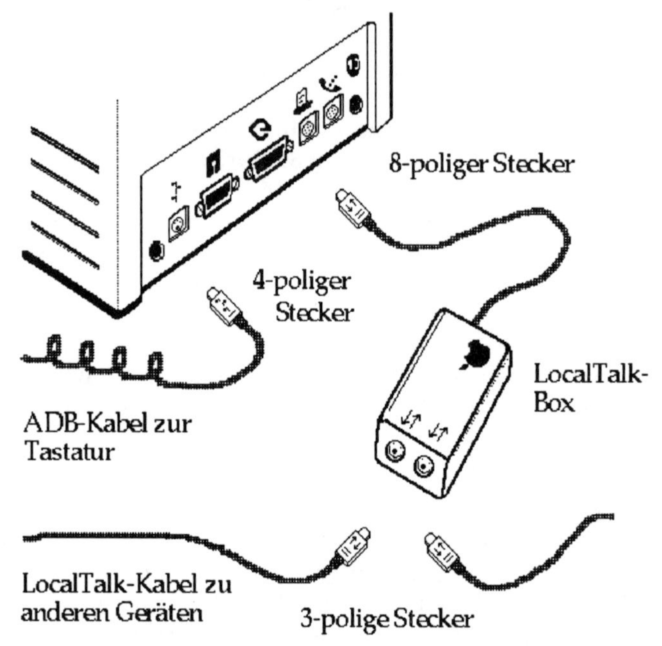

Bild 4-3: Anschluß der verschiedenen Steckersysteme

In der einfachsten Konfiguration für den Datenaustausch zwischen zwei Rechnern benötigen Sie also zwei LocalTalk-Dosen, die Sie in die Rechner stecken und mit einem Kabel, ggf. mit Verlängerung, verbinden.

❄ Bitte vollziehen Sie solche Arbeiten nur bei ausgeschalteten Rechnern!

Nachdem die LocalTalk-Hardware installiert wurde, werden die Geräte wieder angeschaltet. Das Drucken im Netz ist bereits möglich, wenn ein entsprechender Drucker vorhanden ist. Nun geht es noch um den Softwareteil, der nötig ist, damit Sie Daten zwischen den Rechnern austauschen können. Überzeugen Sie sich durch einen Blick in die Liste von Netzwerkdiensten, die das Programm **Auswahl** im Menü zur Verfügung stellt, daß auch "AppleShare" dabei ist. Sollte das nicht der Fall sein, müssen Sie es, wie im Anhang beschrieben, installieren. Dann beginnt der eigentliche Anmeldevorgang für die Arbeit mit dem Netz.

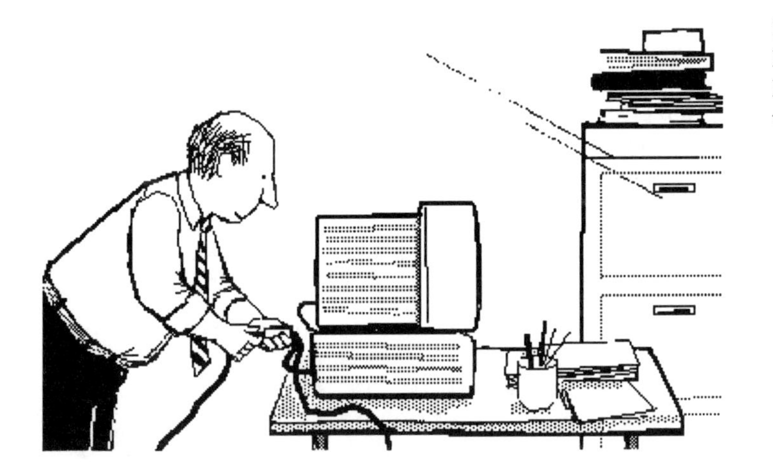

Bild 4-4: Herstellen der Netzwerkverbindungen

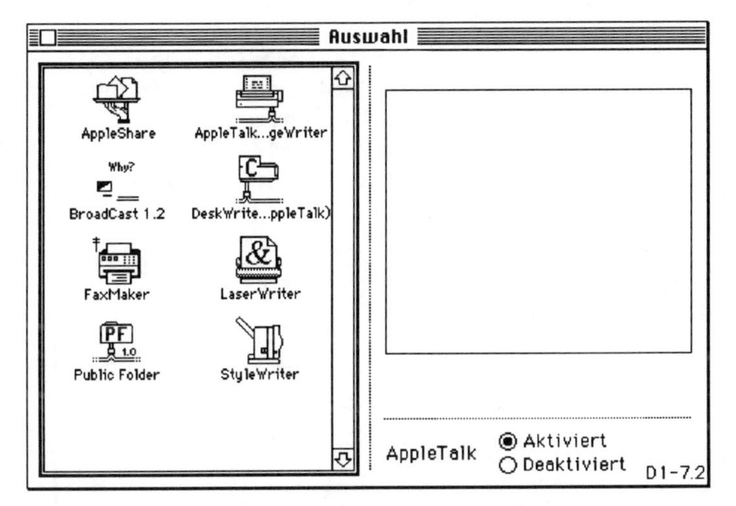

Bild 4-5: AppleShare ist bei den Netzwerkdiensten vorhanden

Mit dem Eigentümernamen und dem Kennwort kann man auch von anderen Rechnern ausgehend auf seinen eigenen zugreifen. Der Gerätename wird von anderen benutzt, um diesen Rechner im Netzwerk zu identifizieren. Was die drei Namen (Eigentümername, Kennwort, Gerätename) angeht, schlagen wir in Erinnerung an "Dinner for one" die Bezeichnungen vor, die Sie in Bild 4-6 sehen.

Einladung zum Dinner

Im ersten Schritt muß mit Hilfe des Kontrollfeldes "Gemeinschaftsfunktionen" der Netzwerkdienst FileSharing gestartet werden. Der folgende Anweisungsbaustein erkärt die Vorgehensweise.

Anweisungsbaustein

Starten von FileSharing

- Wähle den Befehl **Kontrollfelder** im Menü **Apple**, das Fenster öffnet sich.
- Starte das Programm "Gemeinschafts-funktionen" durch Doppelklick.
- Gib in dem sich öffnenden Dialog die drei benötigten Namen "Eigentümername", "Eigentümerkennwort" und "Gerätename" ein. (Das Eigentümerkennwort unbedingt gut merken!)
- Drücke die Starttaste, die sich unter dem Bild des Ordners "FileSharing" befindet. (Der Name der Taste wechselt zu "Abbrechen", dann zu "Stop". Hierbei wird der jeweilige Zustand beschrieben.)

Bild 4-6: Starten von FileSharing

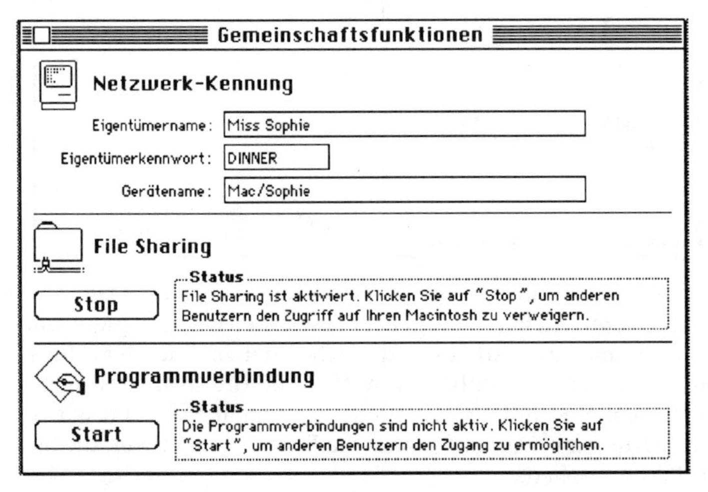

Bild 4-6 zeigt die Situation, wie sie sich darstellt, wenn man das Kontrollfeldprogramm "Gemeinschaftsfunktionen" gestartet hat. Bei diesem Netzwerkspiel "Dinner for one" sind die drei charakteristischen Namen "Miss Sophie", "DINNER" und "Mac/Sophie".

❄ Denken Sie daran, zwischen Kennwörtern (Paßwörtern) mit Groß- und Kleinschreibung zu unterscheiden.

Im nächsten Schritt müssen die Benutzer(namen) eingetragen werden, (unter) denen der Zugriff auf diese Rechner gestattet werden soll. Für jeden einzelnen und für den allgemeinen Gast läßt sich dann festlegen, welche Festplatten und/oder Ordner zugänglich sind und welche Rechte der Zugang einschließt. Beispielsweise können Benutzern nur Leserechte zugebilligt werden. Schreibrechte müssen dann eingeräumt werden, wenn mit anderen Kollegen an gemeinsamen Dokumenten gearbeitet wird. Diese Verwaltungsarbeit sollte so sorgfältig wie möglich geschehen, da man unter Umständen seine sämtlichen privaten Geheimnisse wie beispielsweise die Einkommenssteuererklärung der Öffentlichkeit darbietet. Wenn allerdings klar ist, daß nur Firmenprobleme behandelt werden, kann man auch allen Gästen den vollständigen Zugang ermöglichen.

Anweisungsbaustein

Benutzer für FileSharing anlegen

- Öffne das Kontrollfeld "Benutzer & Gruppen".
  (Das Menü **Ablage** beinhaltet nun eine Reihe von Befehlen, die sich auf dies Fenster beziehen (s.a. Bild 4-7).)
- Wähle im Menü **Ablage** den Befehl **Neuer Benutzer** aus.
  (Es erscheint ein neues, wie ein Kopf geformtes Symbol.)

- Ersetze den vorgeschlagenen Namen "Neuer Benutzer" durch den gewünschten Namen.
  (Der so autorisierte Benutzer muß später diesen Namen genauso eingeben, wie er hier eingetragen wurde, um Zugang zu diesem System zu bekommen.)
- Öffne per Doppelklick das neue Symbol.
- Gib im Feld "Benutzerkennwort" des Fensters ein Kennwort ein. (Dies muß man sich sehr gut merken und nicht vergessen, es dem jeweiligen Benutzer auch zu sagen.)
- Kreuze das Feld "Benutzer Zugriff gewähren" an.
- Schließe das Fenster und sichere die Änderungen.

Bild 4-7: Benutzer & Gruppen aktivieren

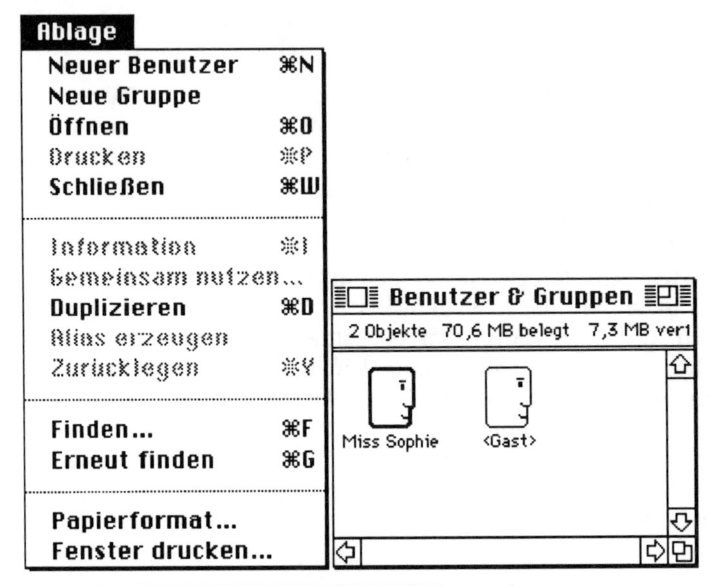

Bild 4-8: Menübefehl Neuer Benutzer

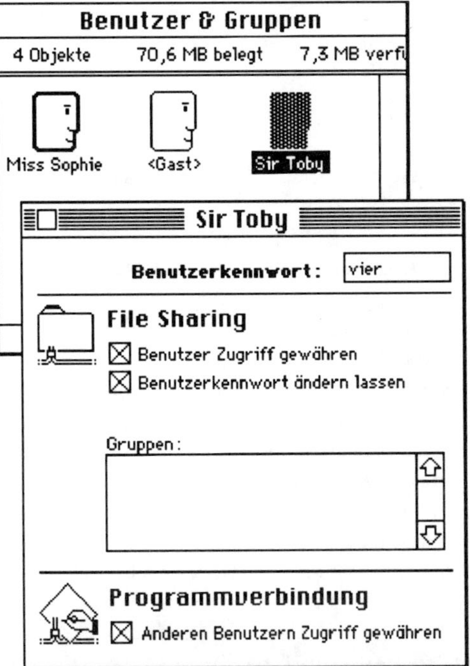

Nach dem Eintragen des neuen Benutzers müssen nun einige Einstellungen vorgenommen werden (s.a. Bild 4-8). Per Doppelklick auf den Benutzer (z.B. Sir Toby) erscheint ein neues Fenster mit sogenannten Check-Boxen.

In diesen Kästchen kreuzt man

- Benutzer Zugriff gewähren
- Benutzerkennwort ändern lassen

an.

Mit dem ersten Kreuz wird überhaupt erst der Zugang erlaubt. Das zweite Kreuzchen gestattet dem Benutzer, sein voreingestelltes Kennwort (z.B. "vier" bei Sir Toby) durch ein selbst ausgedachtes zu ersetzen. Die Eintragung bei der Programmverbindung

- Anderen Benutzern Zugriff gewähren

wird vermutlich selten gewählt. Dies betrifft eine Eigenschaft von System 7, interne Verbindungen zu Anwendungsprogrammen aufnehmen zu können. Wenn diese Option angekreuzt ist, können Programme untereinander über das Netzwerk kommunizieren. Ein Anwendungsprogramm kann z.B. einen Berechnungsauftrag an ein anderes Programm delegieren und nur das Ergebnis einer solchen Berechnung weiterbearbeiten.

Nehmen Sie als Namen für Ihr Experiment die Teilnehmer des Dinners: Admiral von Schneider, Mr. Winterbottom, Mr. Pommeroy und Sir Toby. Als Kennwörter nehmen wir der Einfachheit halber einfach die Wörter "eins", "zwei", "drei" und "vier".

Der Name des Benutzers "Neuer Benutzer" wird einfach auf die übliche Art genauso überschrieben, wie man z.B. Namen von Ordnern ändert. Hier sind noch einmal die Namen und die Kennwörter (in geschweiften Klammern) angegeben: Admiral von Schneider {eins}, Mr. Winterbottom {zwei}, Mr. Pommeroy {drei}, Sir Toby {vier}.

Beim Öffnen des Kontrollfeldes **Benutzer & Gruppen** verändern sich einige Menübefehle im Menü **Ablage**. Bild 4-7 zeigt die Situation, bevor zusätzlich eigene Benutzer eingetragen wurden. Es existieren voreingestellt zwei Benutzer, die Gastgeberin (dick umrandet) und ein allgemeiner <Gast>, das ist jeder, der versucht, sich anzumelden.

In Bild 4-8 ist Sir Toby hinzugekommen und durch Doppelklick wurde der Dialog geöffnet, der es erlaubt, genauere Angaben dazu zu machen.

❄ Probieren Sie dies bitte mit Hilfe des folgenden Anweisungsbausteins gleich einmal aus.

Anweisungsbaustein

Eine Gruppe anlegen

- `Öffne` **`Benutzer & Gruppen.`**
- `Wähle im Menü` **`Ablage`** `den Befehl` **`Neue Gruppe`** `aus. (Es erscheint ein neues, wie ein Doppel-Kopf geformtes Symbol.)`
- `Ersetze den vorgeschlagenen Namen "Neue Gruppe" durch den gewünschten Gruppennamen.`

Nun ist beim besagten Dinner ja augenscheinlich, daß Miss Sophie mit den Herren allein zu speisen gedenkt. Das ist ja schließlich Tradition. Exklusivität können wir allen Beteiligten leicht dadurch verschaffen, daß ihr Zusammengehörigkeitsgefühl durch einen Gruppenstatus untermauert wird. Später wird sich das als sehr vorteilhaft erweisen, weil die Festplatte von Miss Sophie oder einzelne Ordner nur für die Gruppe exklusiv zur Verfügung gestellt werden. Wir schaffen nun einfach eine Gruppe "James", der alle Gäste angehören. Schließlich ist ja der Butler James neben Miss Sophie ein wahrlich verbindendes Element dieses 90. Geburtstages.

Nun wollen wir alle Gäste der Gruppe hinzufügen. Dazu aktivieren wir die vier Symbole und schieben sie einfach auf das Symbol für die Gruppe ("James").

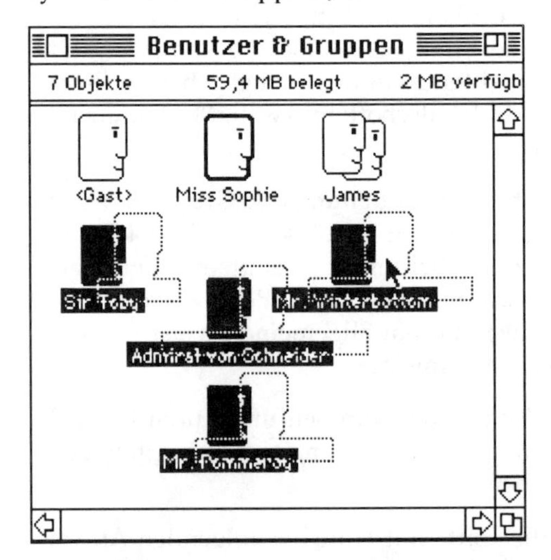

Bild 4-9: Hinzufügen zu einer Gruppe

❄ Überzeugen Sie sich jeweils per Doppelklick auf das Gruppensymbol "James" sowie auf die Einzelsymbole, daß die besagten Herren nun einem exklusiven Club angehören.

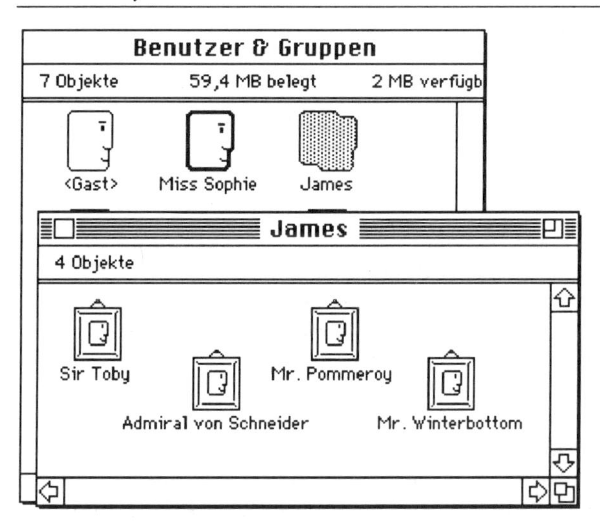

Bild 4-10: Inhalt der Gruppe James

Geschafft! Die Gäste sind angemeldet und in der Gruppe vereint. Nun muß der/die EigentümerIn noch diejenigen Ordner kennzeichnen, die die Gruppe benutzen darf. Das geht natürlich auch sehr einfach. Um dies zu üben, erzeugen Sie bitte auf der Festplatte einen neuen Ordner und nennen ihn "Dinner for one".

Dieser Ordner soll allen Teilnehmern an unserer "Dinner-Party" als gemeinsam nutzbarer Ordner zur Verfügung gestellt werden. Die Einstellung der gemeinsamen Nutzung wird wieder durch einen Anweisungsbaustein erklärt, den Sie Schritt für Schritt nachvollziehen können (s.a. Bild 4-11).

FestPlatte

14 Objekte 59,4 MB belegt 2 MB verfügbar

Dinner for one

Auf: FestPlatte:

Dinner for one

☒ Gemeinsame Nutzung ermöglichen

		Ordner sehen	Dateien sehen	Ändern
Eigentümer:	Miss Sophie	☒	☒	☒
Mitbenutzer:	<Keine>	☒	☒	☒
	Jeder	☒	☒	☒

☒ Zugriffsrechte auf enthaltene Ordner übertragen

☒ Bewegen, Umbenennen und Löschen unmöglich

Bild 4-11: Kennzeichnung des Ordners

Anweisungsbaustein

Ordner gemeinsam nutzen, im Netzwerk zur Verfügung stellen

- Öffne die Festplatte per Doppelklick.
- Wähle den Ordner "Dinner for one" durch Einmalklick aus.
- Wähle im Menü **Ablage** den Befehl **Gemeinsam nutzen...** aus.
- Klicke auf das Kästchen **Gemeinsame Nutzung ermöglichen** und kreuze die beiden Optionen am unteren Rand des Dialogs an (s.a. Bild 4-13). (Jeder Benutzer im Netzwerk kann nun als Gast den Ordner sehen und den Inhalt nutzen)
- Schließe das Fenster durch Klick auf das Schließfeld.
- Klicke in den folgenden Dialogen für die Zugriffsrechte auf die voreingestellten Tasten **Sichern** bzw. **OK**. (Am Ordner erscheint anschließend ein Netzwerkverbindungskabel, um die gemeinsame Nutzung zu symbolisieren.)

Der Zugriff auf einen Netzwerkrechner kann von jedem Rechner im Netz aus erfolgen. Der nächste Anweisungsbaustein beschreibt das Verfahren:

Anweisungsbaustein

Zugriff von außen auf einen Netzwerkrechner

- Begib Dich an einen anderen Rechner im Netz. (Begib Dich direkt dorthin, gehe nicht über Los, ziehe nicht 4000 Mark ein.)
- Wähle im Menü das Programm **Auswahl** an. (Ein Fenster wie in Bild 4-7 erscheint.)
- Wähle die geeignete AppleTalk-Zone, falls das Netzwerk in Zonen eingeteilt ist.
- Drücke auf das Symbol für AppleShare. (s.a. Bild 4-16; die vorhandenen File-Server werden angezeigt. Wenn es nur einer ist, fällt die Auswahl leicht: Anklicken und OK.)
- Weise Dich in dem erscheinenden Dialog als registrierter Benutzer mit Kennwort aus. (s.a. Bild 4-17).

- Wähle die Dir zugänglichen Festplatten / Ordner aus.(s.a. Bild 4-18; anschließend erscheinen entsprechende Symbole auf dem Schreibtisch).
- Klicke das Schließfeld des Auswahlfensters.(Auf dem Schreibtisch kann nun mit dem Symbol des externen Ordners gearbeitet werden.)
- Überzeuge Dich auf dem Gastrechner, daß jemand im Netzwerk auf den freigegebenen Ordner zugreift. (Ein entsprechend verändertes Ordnersymbol zeigt dies an.)

Für Miss Sophie, die ja sehr großzügig an ihrem 90. Geburtstag ist, mag das alles so in Ordnung sein. Aber meistens muß doch der Zugriff viel individueller geregelt werden. Und dies muß genau überlegt werden. Grundsätzlich gilt folgende Regelung:

❄ Benutzer sind Anwender, die von anderen Systemen im Netz, beispielsweise einem bestimmten anderen Macintosh, Zugang haben. Dies schließt selbstverständlich den Besitzer des Macintosh ein. Jeder Benutzer kann einer oder mehreren Gruppen angehören. Beide Typen von Nutzern, Benutzer wie auch Gruppen, können nur vom Eigentümer des Systems angelegt werden. Ein Gast kann übrigens keiner Gruppe angehören.

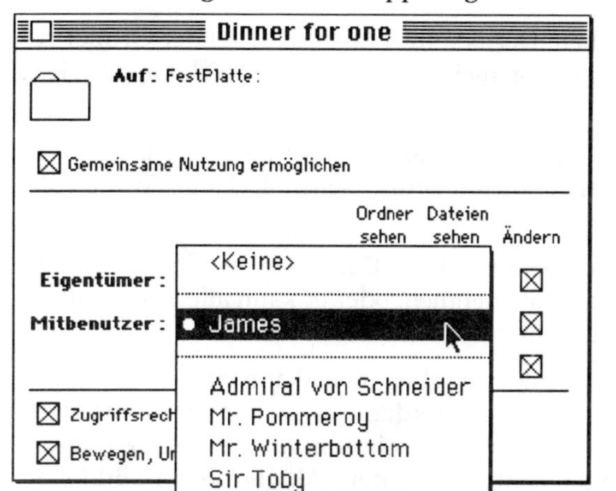

Bild 4-12: Die Gruppe wird Mitbenutzer

In Bild 4-12 und 4-13 wird nun die endgültige Konfiguration der Zugriffsrechte gezeigt: Die Gruppe "James" und damit auch jedes ihrer Mitglieder ist neben der Eigentümerin als Mitbenutzer mit sämtlichen Rechten eingetragen, "Jeder" andere Benutzer ist vom Zugriff ausgeschlossen, weil die entsprechende Option nicht angekreuzt ist.

Bild 4-13: Festlegung der Zugriffsrechte

		Ordner sehen	Dateien sehen	Ändern
Eigentümer :	Miss Sophie ▼	☒	☒	☒
Mitbenutzer :	James ▼	☒	☒	☒
	Jeder	☐	☐	☐

Zugriffsrechte

Für jeden gemeinsam genutzten Ordner können drei Stufen von *Zugriffsrechten* festgelegt werden, die angeben,

- was der Besitzer des Ordners mit dessen Inhalt machen darf,
- was andere Mitglieder der besitzenden Gruppe damit machen dürfen und
- was alle anderen Benutzer (<Jeder>) machen dürfen.

In diesen drei Stufen steckt eine hierarchische Ordenung; wenn bspw. <Jeder> der Eigentümer ist, werden die übrigen Einstellungen ignoriert. Die Vergabe von Zugriffsrechten, das Einrichten von gemeinsamen und privaten Ordnern ist von zentraler Bedeutung für die individuelle oder gemeinsame Arbeit im Netzwerk.

Jeder Eigentümer eines Macintosh kann für jedes gemeinsam genutzte Objekt entscheiden, welche Rechte er verschiedenen einzelnen Benutzern oder Gruppen für dieses Objekt zugestehen will. Es gibt insgesamt drei Zugriffsrechte, die jeweils erlaubt oder verboten werden können:

- Ordner sehen: Der Benutzer kann die Titel der Ordner sehen, die in den gemeinsam genutzten Objekten enthalten sind.
- Dateien sehen: Der Benutzer kann auch die Dateien in gemeinsam genutzten Ordner sehen. Er kann sie auch öffnen.
- Ändern: Der Benutzer kann Dateien in den Ordner hineinlegen oder herausnehmen, oder er kann alle darin enthaltenen Dateien ändern, auch löschen.

Welche Zugriffsrechte vergeben sind, kann man z.B. an den entsprechenden Ikonen der Ordner sehen. Mit drei Einstellungen, die sich an- und abschalten lassen, hat man aus kombinatorischen Gründen acht verschiedene Möglichkeiten. Bild 4-14 zeigt eine Zusammenstellung für die typischerweise auftretenden Situationen.

Beginnen wir mit den beiden Extremen:

- Volles Zugriffsrecht sollte logischerweise der Eigentümer haben. Am schwarzen Balken am oberen Rand des Ordnersymbols kann man erkennen, welche Ordner zum "Eigentum" zählen.
- Keine Rechte hat ein zufällig vorbeischauender Gast. Der Ordner bleibt ihm verschlossen.

	Ordner sehen	Dateien sehen	Ändern
Voll	☒	☒	☒
Kein	☐	☐	☐
Briefkasten	☐	☐	☒
Nur Dateien sehen	☐	☒	☐
Ordner verbergen	☐	☒	☒
Nur Ordner sehen	☒	☐	☐
Dokumente verbergen	☒	☐	☒
Nur Lesen	☒	☒	☐

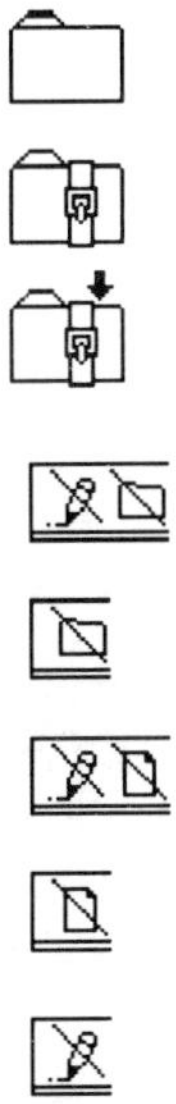

Bild 4-14: Grafische Darstellung von Benutzerrechten

Briefkasten

- Kann es sinnvoll sein, nicht in einen Ordner sehen, aber etwas verändern zu dürfen? Ja, wenn der Ordner als *Briefkasten* fungiert, in den die Benutzer des Netzwerkes beispielsweise ihre Dokumente hineinlegen. Der Pfeil über dem verschlossenen Ordner deutet dies an.
- Die letzten fünf Fälle in Bild 4-14 zeigen Situationen, bei denen man in den Ordner sehen darf, aber nicht alles erlaubt ist. Das Ordnersymbol erscheint von außen ganz normal und diese Ordner lassen sich auch öffnen. Aber im Inneren deuten kleine Symbole in der oberen linken Ecke des Inhaltsverzeichnisfensters die Verbote an. Am häufigsten wird man wohl noch die letzten Einstellung finden: Man darf zwar alles sehen (und kopieren), aber nichts verändern.

Erste Schritte im Netzwerk

Im nächsten Schritt wollen wir das Netz nun auch benutzen, also uns von einem anderen Rechner ausgehend anmelden. Das ist ja immer der erste Schritt, der getan werden muß. In diesem Fall ist es übrigens ein älterer Macintosh, der mit dem Betriebssystem 6.0.7 läuft.

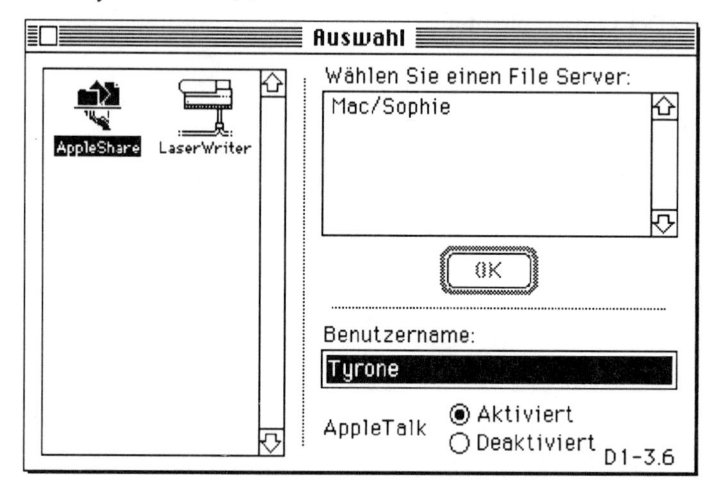

Bild 4-15: AppleShare im Menü **Auswahl**

Im -Menü wählt man den Menüpunkt **Auswahl.** Es erscheint eine Dialogbox wie in Bild 4-15 zu sehen. Nach einem Einfachklick auf das AppleShare-Symbol wird durch dieses Programm eine Netzwerkanfrage gestartet. Alle verfügbaren File-Server melden sich mit ihrem Namen.

In unserem Fall ist dies unser Rechner mit dem Gerätenamen "Mac/Sophie". Man wählt nun diesen Namen aus und klickt auf den Knopf "OK". Nun erscheint eine weitere Dialogbox, in der man Name und Kennwort eingeben muß. Danach erscheinen die Festplatte/der Ordner, der als File-Server-Volume dem identifizierten Benutzer zur Verfügung gestellt wird.

Mit dem so gewonnenen Symbol können wir wie mit anderen Festplatten arbeiten. Etwas mühselig ist nur der Weg, es auf den Schreibtisch zu bekommen. Die Unterstützung der in Kap. 1 beschriebenen Alias-Technik kann uns in Zukunft helfen: Wir legen ein Alias dieses AppleShare-Fileservers in das -Menü. Wird dieser Befehl in Zukunft ausgelöst, läuft der gesamte Anmeldevorgang automatisch ab. Nach einigen Sekunden erscheint die Festplatte auf dem Schreibtisch.

Mit dem neuen Schreibtischsymbol kann man umgehen wie mit jeder anderen Festplatte oder Diskette. Es lassen sich Dateien öffnen, sichern, kopieren, löschen oder was immer Sie möchten und dürfen.

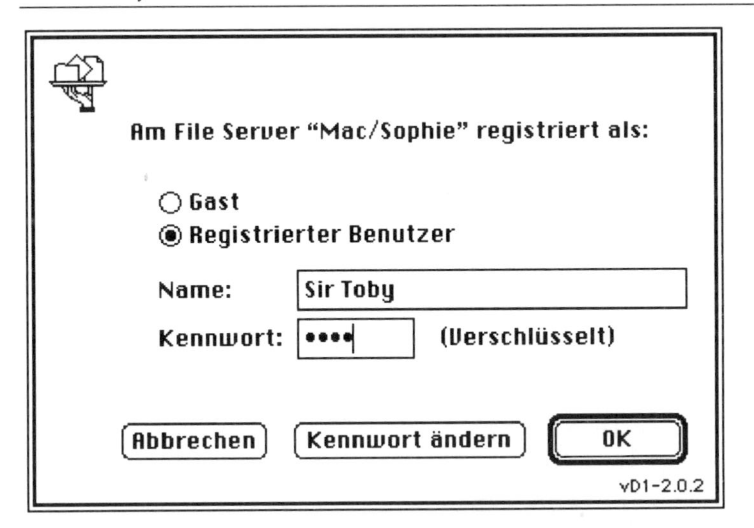

Bild 4-16: Sir Toby meldet sich an, Kennwort: vier

Bild 4-17: Auswahl der Festplatten/Ordner

❄ Vielleicht fällt Ihnen auf, daß alles ein wenig langsamer als gewohnt geht. Aber das ist kein Wunder, da die Daten ja über das LocalTalk-Kabel ausgetauscht werden müssen, und das enthält als serielle Verbindung eben nur zwei Leiter, während z.B. die SCSI-Verbindung zwischen Rechner und Festplatte 25 parallele elektrische Verbindungen besitzt.

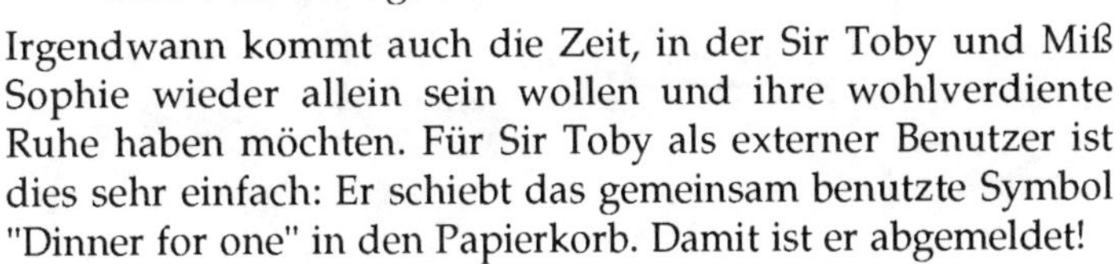

Irgendwann kommt auch die Zeit, in der Sir Toby und Miß Sophie wieder allein sein wollen und ihre wohlverdiente Ruhe haben möchten. Für Sir Toby als externer Benutzer ist dies sehr einfach: Er schiebt das gemeinsam benutzte Symbol "Dinner for one" in den Papierkorb. Damit ist er abgemeldet!

Voraussetzung ist natürlich, daß keine Dateien mehr über das Netz geöffnet sind. Es erübrigt sich an dieser Stelle sicher fast, darauf hinzuweisen, daß ein Abschalten des Rechners ebenfalls die Verbindung abbricht. Etwas schwieriger ist es für den Gastgeber, die Gäste wieder loszuwerden. Man möchte ja auch nicht zu unhöflich sein! Daher läßt man sich zunächst einmal zeigen, wer denn überhaupt angemeldet ist.

Anweisungsbaustein

FileSharing-Aktivitäten anzeigen

- Wähle das Kontrollfeld **FileSharing Monitor** im Menü .
- Starte das Programm durch Doppelklick. (Im Dialogfenster Bild 4-17 sind alle Ordner und Festplatten zu sehen, die gemeinsam genutzt werden. Aufgelistet sind auch alle angeschlossenen Benutzer.)

Bild 4-18: Überblick über die Netzaktivitäten

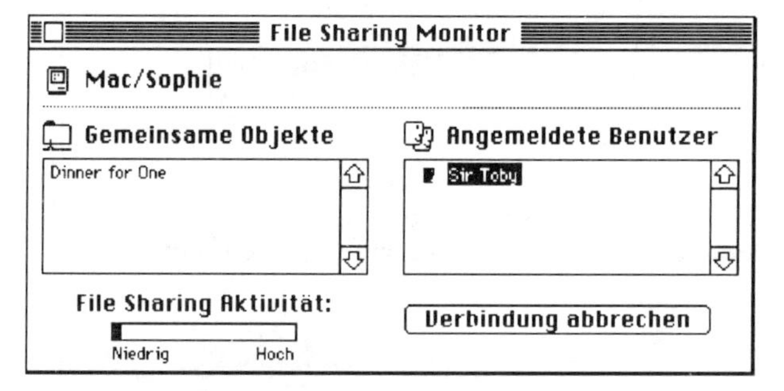

Bild 4-19: Einstellung der Abschaltzeit

Nach wie vielen Minuten soll die Verbindung zu den ausgewählten Benutzern unterbrochen werden?

10

Abbrechen | OK

Die Verbindung zu den ausgewählten Benutzern wird unterbrochen (verbleibende Zeit: 9 Minuten).

Abbrechen

Aus der Gästeliste werden diejenigen herausgesucht, von denen man sich verabschieden möchte und der Knopf "Verbindung abbrechen" wird angeklickt. Um die laufenden Aktivitäten beenden zu können, wird noch eine Galgenfrist von ein paar Minuten eingeräumt (s.a. Bild 4-20). Die Zeit bis zum Abschalten der Verbindung kann eingestellt werden, dann läuft der Count-Down.

Auch Sir Toby erfährt dann, daß der Netzbetrieb beendet werden soll bzw. daß es schon geschehen ist. Manchmal läuft auch etwas schief, weil ein Rechner versehentlich abgeschaltet wird oder eine Steckverbindung entfernt wird; darüber wird man als Benutzer natürlich ebenfalls unterrichtet.

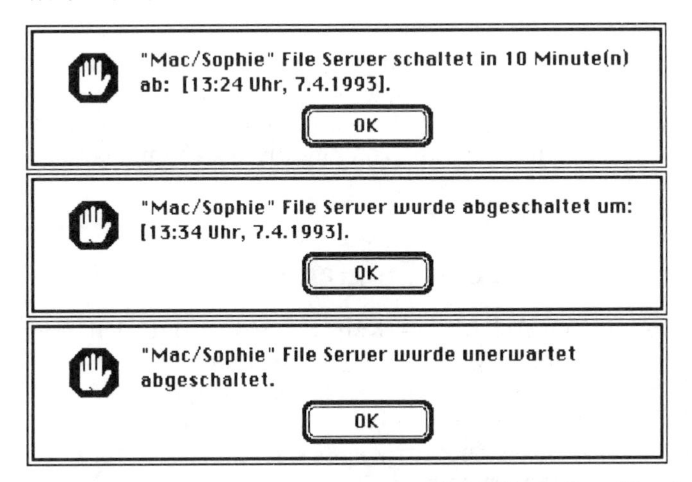

Bild 4-20: Drei mögliche Meldungen an einen Benutzer

Damit haben wir in einem ersten vollständigen Durchlauf die grundlegenden Möglichkeiten des FileSharing kennengelernt. Selbstverständlich fangen nun die individuellen Anpassungen und Experimente erst an. Auch muß man sich an die Möglichkeiten erst einmal gewöhnen, die darin bestehen, nicht alle Dateien auf dem eigenen Rechner zu lagern, sondern sie bei Bedarf über das Netz zu besorgen. Wir empfehlen Ihnen, alle angesprochenen Dateien noch einmal zu öffnen und in Ruhe auch die Optionen anzusehen, von denen wir bisher keinen Gebrauch gemacht haben. Im Zweifel kann Ihnen auch die "Aktive Hilfe" (vgl. Kap. 3) dabei helfen.

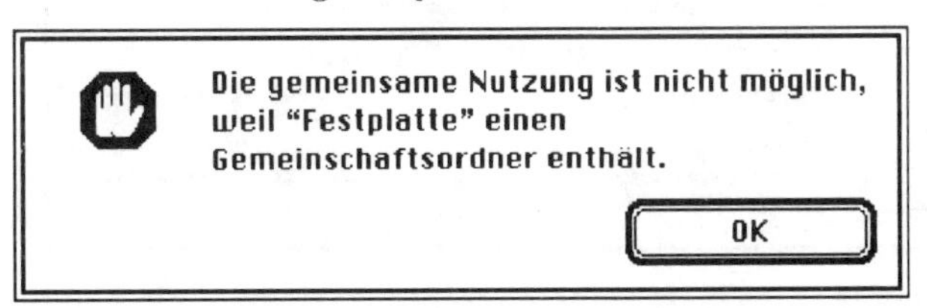

Bild 4-21: Eine merkwürdige Fehlermeldung

Eine merkwürdige Fehlermeldung begegnet uns, wenn wir versuchen, die gesamte "Festplatte" für andere zugänglich zu machen (s.a. Bild 4-21). Da man durch reines Experimentieren nicht an dieser Klippe vorbeikommt, wollen wir kurz die Regeln nennen, nach denen sich Zugriffsrechte "vererben" lassen:

- Ein Objekt läßt sich nicht für die gemeinsame Nutzung freigeben, wenn es andere Objekte enthält, für die dies bereits eingestellt ist. Will man also die Eigenschaften für einen derart übergeordneten Ordner ändern, muß man sie für alle eventuell enthaltenen Ordner abschalten. Da es ohnehin nur zehn solcher Ordner geben darf und diese sich durch ihr Symbol zu erkennen geben, ist dies keine allzugroße Einschränkung.
- Umgekehrt ist es aber möglich, einen Ordner, der sich in einem gemeinsam genutzten Objekt befindet, mit unterschiedlichen Zugriffsrechten auszustatten. In jedem Fall muß also eine Änderung von Zugriffsrechten gut überlegt sein.

Smalltalk zwischen Programmen

Der wesentliche Teil dieses Kapitels beschäftigt sich mit FileSharing, dem Netzwerkdienst, der Ihnen Zugang zu Dateien auf anderen Rechnern erlaubt. In den einschlägigen Dialogen (Bild 4-8, 4-22) wird ein weiterer Dienst genannt, die Programmverbindungen, eine Art von lockerer Unterhaltung zwischen Anwendungsprogrammen.

Bild 4-22: Auch die Programmverbindung ist aktiv

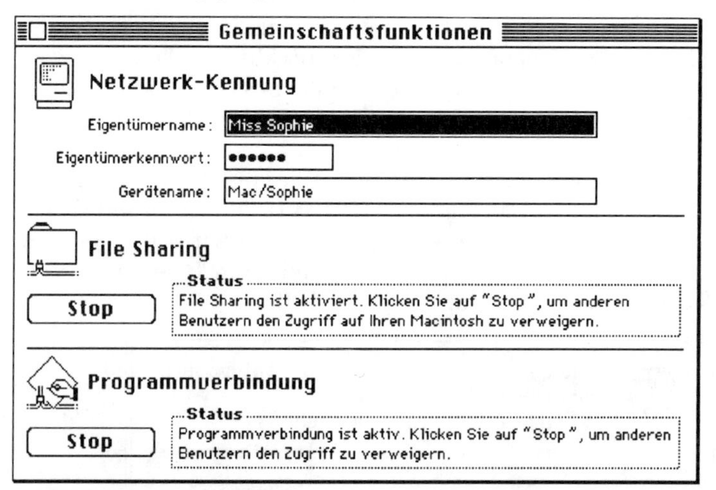

Dabei handelt es sich um eine Kommunikationsmöglichkeit, von der entsprechend vorbereitete Programme Gebrauch machen können.

Bild 4-23: Programmverbindungen für Excel werden zugelassen

Wie Sie vielleicht wissen, können Programme, die gleichzeitig auf dem Macintosh laufen, über unterschiedliche Mechanismen Daten austauschen oder gemeinsam an einer Datei arbeiten. Excel, das Tabellenkalkulationsprogramm, ist z.B. für einen solchen "SmallTalk" zwischen Programmen bereits vorbereitet (s.a. Bild 4-23).

Einzelheiten von **Verlegen** und **Abonnieren** sowie von Apple-Events werden in Kap. 7 beschrieben.

Damit diese Funktionen auch im Netzwerk aktiv sein können, müssen drei Voraussetzungen erfüllt sein:

- Im Kontrollfeld **Gemeinschaftsfunktionen** muß die Eigenschaft "Programmverbindung" eingeschaltet sein, was man z.B. am geänderten Symbol erkennt (vgl. Bild 4-6 mit Bild 4-22).
- Ein Programm muß mit Hilfe des Befehls **Gemeinsam nutzen** im Menü **Ablage** darauf vorbereitet werden. Außerdem muß es sich bei beiden beteiligten Programmen um solche handeln, die diese Technik überhaupt unterstützen.
- Einem Benutzer (dem <Gast> oder einem anderen, z.B. Admiral von Schneider) muß das Recht zur Programmverbindung eingeräumt werden. Dies hat übrigens nichts damit zu tun, ob man auch an Programmverbindungen auf dem Rechner eines anderen Benutzers (z.B. Admiral von Schneider) teilhaben kann. Das muß dieser auf seinem Rechner einstellen.

❄ Wenn alle (abgek.: <Jeder>) im Netz Programmverbindung mit dem eigenen Mac aufnehmen dürfen, kann man dem Benutzer <Gast> Programmverbindungen gestatten. Dies geschieht genauso wie für alle anderen Benutzer. Aus Sicherheitsgründen wird jedoch davon abgeraten, dem <Gast> ohne Kennwort Programmverbindungen zu gestatten.

Bild 4-24: Programmverbindungen für einen Benutzer

Insgesamt sind aber die Programmverbindungen eine neue Macintosh-Eigenschaft, die enorme Möglichkeiten erschließt. Dies entspricht ein Trend, den immer mächtigeren und unübersichtlicheren Programmpaketen entgegenzuwirken. Statt dessen wird eine Reihe von Spezialprogrammen mit jeweils der Aufgabe zu betraut, die sie am besten beherrschen. Mit Hilfe der Programmverbindungen lassen sich die zu bearbeitenden Daten von einem Spezialisten auch über das Netzwerk zu einem anderen schaffen, der bspw. für Rechtschreibprüfung, Bearbeitung von Formeln, Berechnung von Tabellen, Umsetzung von Zahlen in Grafiken, Komprimierung und Verschlüsselung von Daten oder ähnliche Aufgaben optimal gerüstet ist. Solche Module ließen sich auch bei Bedarf austauschen, ohne das gesamte System zu erneuern. Eine Möglichkeit besteht darin, daß ein Partner an der Verbindung ein On-Line-Programm ist, das über eine Schnittstelle Meßdaten sammelt, oder über eine Datenfernübertragungsleitung an Datenbanken oder Nachrichtendienste angeschlossen ist.

Der andere Partner wäre dann in der Lage, die jeweils aktuellen oder gesammelten Daten abzurufen und zu verarbeiten. Da diese Methoden, Arbeit an andere zu übertragen, die angeschlossenen Rechner noch wesentlich stärker belasten können, als das bei FileSharing der Fall ist, kann man davon ausgehen, daß der Anmeldevorgang im Netz noch komplizierter sein dürfte als der oben beschriebene. Man wird sehen, ob und wie diese neue Fähigkeit in der Zukunft in Anwenderprogrammen benutzt werden wird.

Multitasking

5

Einer wird gewinnen

Wie faszinierend ist es oft, Kindern bei der Arbeit zuzusehen! Die Nase auf dem Papier wird mit dicken Buntstiften gemalt und der Lärm und das Chaos, das der Rest des Kindergartens verursacht, stört kein bißchen. Wieviel weniger konzentriert sind da doch Erwachsene, wieviel mehr Tätigkeiten können sie aber auch gleichzeitig ausführen. Ein Auto lenken, mit dem Beifahrer reden, eine Zigarette rauchen und meistens geht das auch gut.

Einfache Rechner mit begrenztem Speicherplatz und einem einfachen Betriebssystem sind im allgemeinen in der Lage, mit genau einem Programm zu arbeiten. Auch die sehr mächtige Betriebssystemoberfläche auf dem Macintosh ist ja ein eigenständiges Programm. Von der Benutzeroberfläche aus, dem Programm "Finder", kann ein anderes Programm gestartet werden und nach dessen Ende finden wir uns dort wieder. In den frühen Tagen des Mac, als Rechner noch ohne Festplatte benutzt wurden, war selbst der Finder für manche Benutzer schon zu groß und wurde durch abgespeckte Versionen wie den Minifinder ersetzt. Dieser sparte tatsächlich Platz auf der Diskette und war akzeptabel, wenn sowieso sofort nach dem Einschalten des Rechners ein Anwenderprogramm gestartet wurde. Aber für die übrigen Manipulationen wie das Kopieren und Verwalten von Disketten blieb der Finder unersetzlich. Manche Programme bauten auch die Möglichkeit ein, direkt unter Umgehung des Finders ein anderes zu starten. Das findet man heute noch manchmal bei älteren Programmen als Befehl **Transfer** im Menü **Ablage**.

Die nächste Entwicklung ging in die umgekehrte Richtung: Mit Wachsen der Speicherkapazität und der Ansprüche kam das Bedürfnis auf, nie mehr auf die Fähigkeiten des Finders verzichten zu wollen. Also ließ man ihn (als Multifinder im Betriebssystem 6) neben dem eigentlichen Anwenderprogramm mitlaufen. Die beiden Programme (und ggf. weitere, denn warum sollte bei zwei schon Schluß sein?) teilten sich den vorhandenen Speicherplatz. Und auch die Rechenleistung der CPU wurde auf die verschiedenen Teilaufgaben aufgeteilt.

Multitasking

multitasking-fähig

Task

Multitasking ist wieder einer jener Begriffe aus dem Fachchinesisch der Computerfreaks. Dabei heißt das eigentlich nur, daß ein Betriebssystem - so es *multitaskingfähig* ist - mehrere Aufgaben (*tasks*) gleichzeitig erledigen kann. Diese Fähigkeit ist seit vielen Jahren unverzichtbarer Bestandteil von Rechnern der mittleren Datentechnik.

Keine Firma könnte es sich leisten, einen Computer zu kaufen, der zu einem Zeitpunkt nur mit einer z.B. rechenintensiven Aufgabe beschäftigt sein kann. Ein modernes Computersystem kann heutzutage rechnen, gleichzeitig drucken, elektronische

Post empfangen und noch vieles mehr. Genau diese Fähigkeiten besitzen nun auch leistungsfähigere PC-Systeme. Der Macintosh gehört dazu.

Diese Fähigkeit, mehrere Anwendungsprogramme gleichzeitig zu benutzen, ist in den neuen Finder 7 integriert worden. Es gibt allerdings einen Unterschied zu früher. Multitasking ist immer angesagt und nicht abschaltbar. Aber das ist kein Nachteil, sondern eher ein Vorteil. Multitasking ermöglicht nämlich:

- Gleichzeitiges Benutzen von mehreren Anwendungsprogrammen in jeweils eigenen Fenstern,
- leichtes und schnelles Wechseln zwischen ihnen,
- leichtes und schnelles Kopieren und Einsetzen von Texten und Bildern zwischen unterschiedlichen Programmen mit Hilfe der Zwischenablage,
- daß zeitraubende Vorgänge im Hintergrund ablaufen, wie z.B. Drucken, Sortieren einer Datenbank, Datenübertragungen, Kopieren großer Datenmengen,
- das aktuelle Programm kurz für andere Aufgaben zu unterbrechen, ohne daß es beendet und gespeichert werden muß und schließlich
- ständigen Zugriff auf den Finder und seine Fähigkeiten.

Betriebsmittel
Ressourcen

Anders als bei den Rechnern der mittleren Datentechnik oder bei Großrechnern hat der Benutzer die Kontrolle über die *Betriebssmittel*. Die Prioritätenfrage, welches der gerade laufenden Anwendungsprogramme die meiste Rechnerzeit bekommt, entscheidet er ganz allein durch Auswahl des gewünschten Anwendungsprogramms. Ein Prozeß liegt jeweils im Vordergrund, alle anderen im Hintergrund. Die wesentlichen *Ressourcen* sind dem aktiven Prozeß zugeteilt, die übrigen werden aber auch nach einem bestimmten Schema von Zeit zu Zeit aufgerufen. Diese Art der Verteilung passiert also nach dem Motto "Einer wird gewinnen" immer zugunsten des Anwenders. Diese Art von Multitasking-Verfahren bezeichnet man als *kooperatives Multitasking*.

kooperatives Multitasking

preemptives Multitasking

Ein alternatives Verfahren ist im Betriebssystem UNIX verwirklicht (*preemptive multitasking*). Dort werden die vorhandenen Fähigkeiten explizit den einzelnen "tasks" zugeteilt.

In System 7 unterscheidet sich das aktive Programm von allen anderen, die gleichzeitig laufen können, dadurch, daß es auf Aktionen des Benutzers reagiert. Es ist auch das einzige, dessen Fenster aktiv sind, also in seinem Fenster eine gestreifte Titelleiste und aktive Rollbalken zeigt.

Alle laufenden Programme, Aufgaben, Prozesse werden in einer Liste verwaltet, die ganz rechts in der Menüleiste zugänglich ist. Dazu zählen auch die Programme, die in älteren Betriebssystemversionen als Schreibtischzubehör verfügbar waren. Der gerade aktive Prozeß oder das aktuelle Anwendungsprogramm (beide Beschreibungen bezeichnen denselben Sachverhalt) ist als Symbol in der rechten oberen Ecke der Menüleiste zu sehen. In Bild 5-1 sehen Sie es für vier Programme: den Finder, Word, HyperCard sowie für ein Schreibtischzubehörprogramm ohne eigenes Symbol. Auch der Finder ist ja ein eigenständiges Programm.

Bild 5-1: Die obere rechte Ecke für verschiedene Programme

Welches von den laufenden Programmen das aktive ist, kann man an der Programmliste ablesen: Das ausgewählte hat ein Häkchen vor seinem Namen.

Zum Umschalten zwischen den Programmen bietet sich die Programmliste im Menü **Programme** (s.a. Bild 5-2) an.

❄ Wählen Sie einfach das gewünschte aus. Nach einer kurzen Pause, in der die Fenster neu gezeichnet werden, können Sie die Arbeit in einem anderen Programm fortsetzen.

Diese Methode ist sicher und führt Sie direkt zum neuen Programm. Es geht allerdings auch noch etwas schneller. Dazu bedarf es einiger Übung mit der Mac-Oberfläche.

Sie können nämlich auf andere Art zwischen Anwendungsprogrammen umschalten, indem Sie in ein Fenster des gewünschten Programms klicken. Voraussetzung ist dabei ein möglichst großer Bildschirm sowie Überblick darüber, wozu die teilweise verdeckten Fenster eigentlich gehören, die auf dem Schreibtischhintergrund zu sehen sind. Mit dem Finder ist es dann allerdings wieder einfacher: Durch Klick auf die graue Schreibtischoberfläche wechseln Sie dorthin.

❄ Wenn Sie bei diesem Klick noch die Wahltaste (⌥) festhalten, werden alle Fenster des gerade aktiven Programms ausgeblendet. Sie sind nicht zu sehen und erscheinen erst wieder, wenn das Programm erneut gewählt wird.

Das muß nun allerdings nicht heißen, daß Sie schon sofort die Finderoberfläche ohne fremde Fenster sehen. Das Anklicken des Hintergrunds mit der Wahltaste muß für jedes laufende Programm gemacht werden. Kürzer ist da natürlich der Befehl **Andere ausblenden** im Menü **Programme**, nachdem der Finder angewählt wurde.

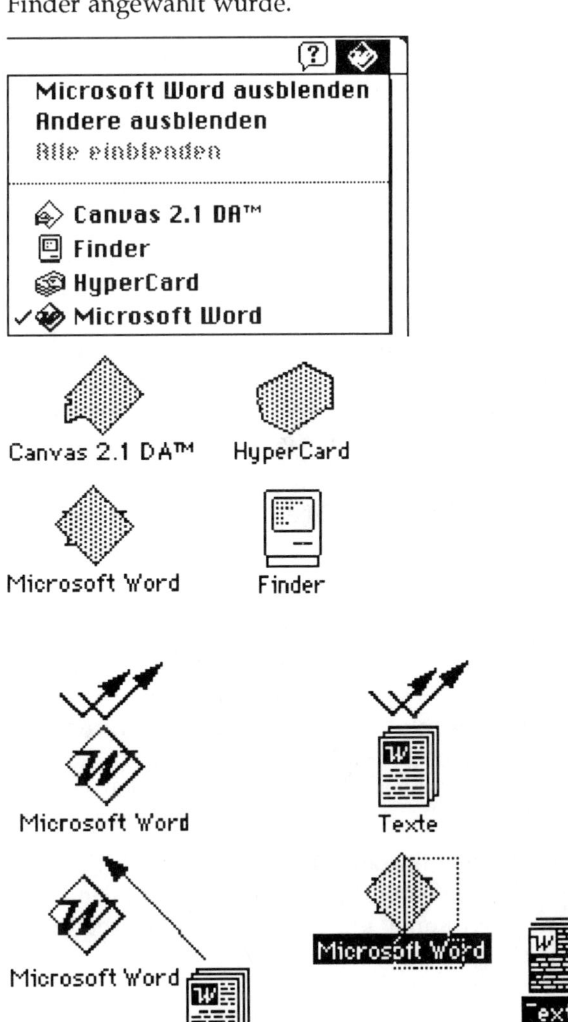

Bild 5-2: Programmliste und drei aktive Programme

Bild 5-3: Möglichkeiten zum Starten von Programmen

Die aktiven Programme (bis auf den Finder) verändern auf der Schreibtischoberfläche ihr Aussehen. Die Symbole werden nämlich grau (s.a. Bild 5-2). Ohne großen Umstand sind auch zusätzlich zu den aktiven Programmen weitere zu starten.

Sie haben sicher bereits ausprobiert, daß dies auf mehrere Arten von der Finderoberfläche aus möglich ist:

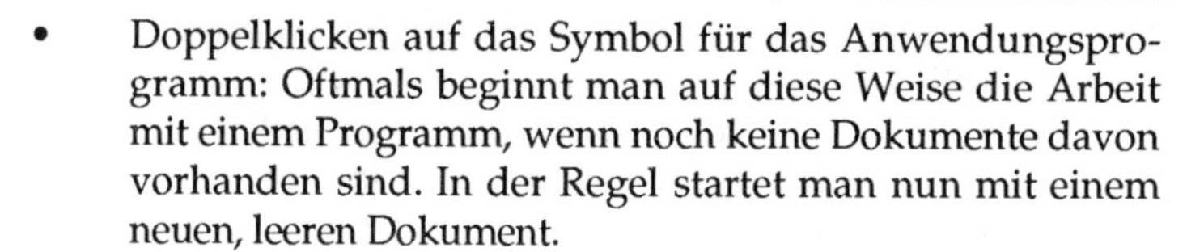

- Doppelklicken auf das Symbol für das Anwendungsprogramm: Oftmals beginnt man auf diese Weise die Arbeit mit einem Programm, wenn noch keine Dokumente davon vorhanden sind. In der Regel startet man nun mit einem neuen, leeren Dokument.

Type
Creator

- Doppelklicken auf ein Dokument des Anwendungsprogramms: Das ist vermutlich die am häufigsten verwendete Methode, um die Mac-Benutzer von allen anderen Computerbenutzern beneidet werden. Sie funktioniert, weil jedes Mac-Dokument mit zwei Kennungen versehen ist: Dateityp (*Type*) und erzeugendes Programm (*Creator*). Die Kennungen sind vierbuchstabige Wörter, die sich natürlich für verschiedene Programme unterscheiden müssen. Beim Systemstart und beim Einlegen von Disketten wird eine Liste mit allen Programmen (Type: APPL) angelegt. Wird nun ein Dokument doppeltgeklickt, sucht das System in der Liste ein Programm mit gleichem Creator. Anhand des Dokument-Typs kann das Programm nach dem Start entscheiden, was damit geschehen soll. Manchmal wird kein Programm gefunden, dann erscheint eine Fehlermeldung.

Word
Texte

- Bewegen eines Dokumentes auf das Symbol des zugehörigen Anwendungsprogramms: Diese im System 7 neue Methode ist vor allem dann anzuwenden, wenn es Programme mehrfach gibt, z.B. in einer deutschen und einer englischen Version. Nun läßt sich genau die gewünschte auswählen. Dies ist auch als Nothilfe zu verstehen, wenn es Programme geben sollte, die den gleichen Creator haben. Apple hat zwar Richtlinien veröffentlicht, die genau diese Kollisionen verhindern sollen. Aber was aus Richtlinien wird, sehen wir ja jeden Tag im Straßenverkehr ...

- Starten des Programms aus dem Menü (vgl. Kap. 1): Wir empfehlen Ihnen wirklich, dort Alias-Dateien aller wichtigen Programme und der aktuell bearbeiteten Dateien abzulegen.

❄ Bitte probieren Sie all diese Möglichkeiten gleich einmal aus, indem Sie vier verschiedene Anwendungsprogramme, die Ihnen zur Verfügung stehen, auf vier verschiedene Arten starten.

Natürlich kann es dadurch eine verwirrende Vielzahl überlappender Fenster geben. Aber auch hier hilft Ihnen System 7 durch neue Menübefehle im Menü **Programme**:

- **Finder** (oder was auch immer) **ausblenden** (blendet die Fenster des aktuellen Programms aus und schaltet auf das nächste, bis nur noch eines auf dem Schreibtisch ist),
- **Andere ausblenden** (blendet alle fremden Fenster aus),
- **Alle einblenden** (zeigt wieder alle Fenster).

Je nach der Situation sind einige Befehle grau, also unzugänglich. Die Symbole von Festplatten, Disketten und anderen Symbolen auf dem Schreibtisch lassen sich übrigens nicht ausblenden.

Mit dem Wechsel des aktiven Programms sind eine Reihe von Tätigkeiten verbunden, die der Benutzer in der Regel gar nicht bemerkt. Das alte Programm A erhält die Nachricht, daß es nun für einige Zeit außer Kraft gesetzt werden soll (engl.: *suspend*). Darauf muß es reagieren.

suspend

Ist dieses Programm dazu nicht in der Lage, weil die Programmierer das nicht vorgesehen haben, kann ein Wechsel nicht erfolgen.

Meiden Sie solche Programme, von denen es zum Glück nur wenige gibt, da die meisten Mac-Programmierer die Apple-Richtlinien beherzigen. Normalerweise reagiert Programm A, indem es die Fenster deaktiviert und andere notwendige Operationen wie Speichern des aktuellen Zustands unternimmt.

Das neu aktivierte Programm B erhält dann die Nachricht, daß es starten oder die Bearbeitung wieder aufnehmen soll (engl.: *resume*). Die eben genannten Tätigkeiten bei der Suspendierung müssen also wieder rückgängig gemacht werden.

resume

Das Arbeiten mit mehreren Programmen im "Multitasking-Betrieb" ist dann natürlich für den Benutzer sehr bequem, wenn er z.B. "Rechnen" und "Schreiben" oder "Zeichnen" und "Schreiben" muß, um eine Vorlage oder einen Bericht zu erstellen. Der Arbeitsprozeß sieht dann so aus, daß man dauernd aus dem einen (Programm-) Fenster mit Hilfe des Menüs "Ablage" etwas kopiert oder ausschneidet, um es in das zweite (Programm-) Fenster - oft ist es die Textverarbeitung - einzusetzen.

Nur in Fällen, wo Sie es wirklich sehr eilig haben, sollten Sie Gebrauch von der Option **Andere ausblenden** im Menü **Programme** machen. Die Beschleunigung erfolgt allein dadurch, daß die übrigen Fenster mit ihren z.T. sehr komplizierten Inhalten nicht immer wieder aktualisiert werden müssen.

In der Programmliste (Bild 5-5; vgl. a. Bild 5-2 oben) sind die Symbole der ausgeblendeten Programme grau dargestellt. Da die Fenster dieser Programme nicht zu sehen sind, ist diese Liste auch der einzige Weg, eines von ihnen wieder zu aktivieren. Eine Ausnahme bildet der Finder-Hintergrund, der natürlich immer da ist und beim Anklicken den Finder aktiviert.

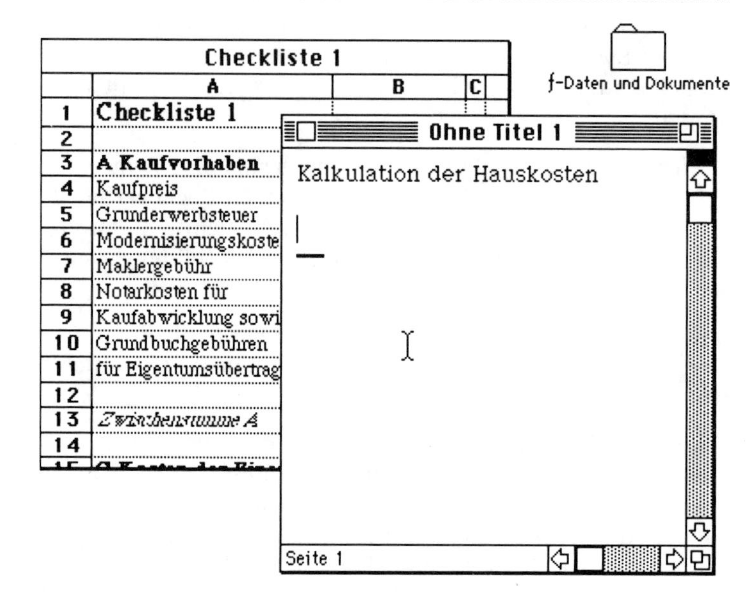

Bild 5-4: Textverarbeitung und Tabellenkalkulation auf dem Schreibtisch

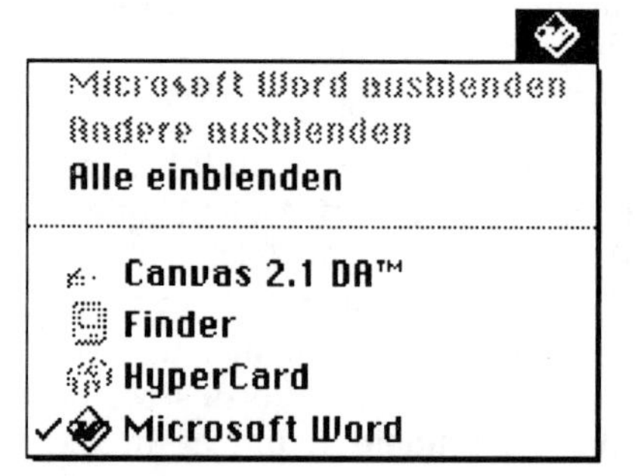

Bild 5-5: Die Programmliste

❄ Probieren Sie das unbedingt mit den Ihnen zur Verfügung stehenden Programmen einmal aus.

Virtual Memory

Speicher ohne Grenzen

6

Wer träumt nicht manchmal vom Schlaraffenland? Immer gutes Wetter, nette Leute und Seen voll Milch und Honig bzw. Mumm Sekt und Flensburger Pils. Auch Computerbesitzer haben so ihre Träume von Rechnern, die alles können, alles speichern, höllisch schnell sind und nichts kosten.

Zurück in der Realität wollen wir erstmal Bestandsaufnahme machen und dann sehen, was an den Träumen dran ist. Daher kommen wir leider nicht darum herum, ein paar Grundbegriffe über den Aufbau eines Computers zu definieren und für den Mac zu konkretisieren. Insbesondere soll es um die Begriffe "Speicher" und "Zentraleinheit" gehen, denn diese sind es, die neben der Software die *Rechnerperformance* (neudeutsch für Leistungsfähigkeit) festlegen.

Rechnerperformance

Dem Benutzer tritt der Computer nur selten als einheitliches Ganzes gegenüber. Je nachdem, welche Leistungen er erwartet und an welcher Stelle er eingreifen will, beschreibt man den Kontakt durch ein weiteres Schichtenmodell, das zudem in eine Hardwarekomponente und eine Softwarekomponente geteilt ist. Auf der einen Seite steht der Benutzer, durch verschiedene Ebenen davon getrennt die zentrale Recheneinheit (Central Processing Unit, *CPU*).

CPU

Bild 6-1: Schichtenmodell eines Computers

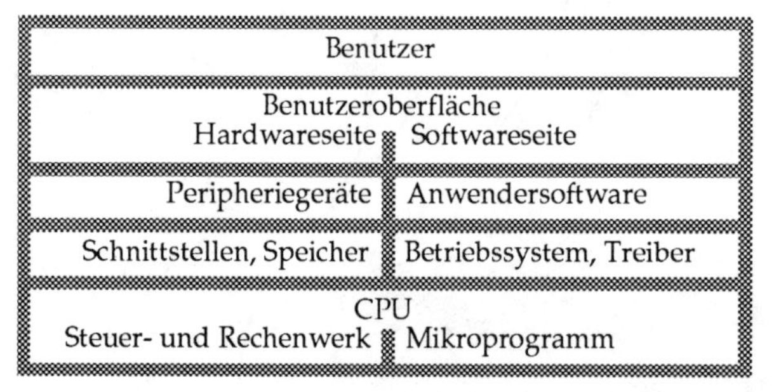

Diese zentrale Recheneinheit hat es nun in sich! Sie stellt das Nadelöhr dar, durch das sämtliche Operationen des gesamten Rechnerbetriebes hindurch müssen. Es handelt sich dabei um hochintegrierte elektronische Bausteine, die mehrere Hunderttausend Transistoren und andere Bauteile in sich vereinen, die Grundfunktionen wie Schalter oder Speicher darstellen. Von Speicher spricht man immer dann, wenn ein Bauteil in der Lage ist, Informationen auch über längere Zeit aufzubewahren. Schalten und Speichern sind hier aktive Prozesse, die nur solange aufrecht erhalten werden können, wie die elektrische Versorgung gewährleistet ist, also solange das Gerät angeschaltet oder die Batterie geladen ist. Fällt einmal der Strom aus, "vergißt" der Rechner all die gespeicherten Informationen und muß sie erst beim Neustart wieder "lernen".

Damit Sie Ihren Rechner nicht aufschrauben müssen, um sich eine Vorstellung davon zu machen, zeigen wir in Bild 6-2 zwei typische Bauformen. Die kleineren und älteren Chips haben die Anschlüsse an den beiden Seiten, *dual in-line* (*DIL*), bei den neueren mit mehr als 100 Kontakten befinden sich die Stecker an der Unterseite in einem Raster, *pin grid array* (*PGA*).

DIL
dual in-line

PGA
pin grid array

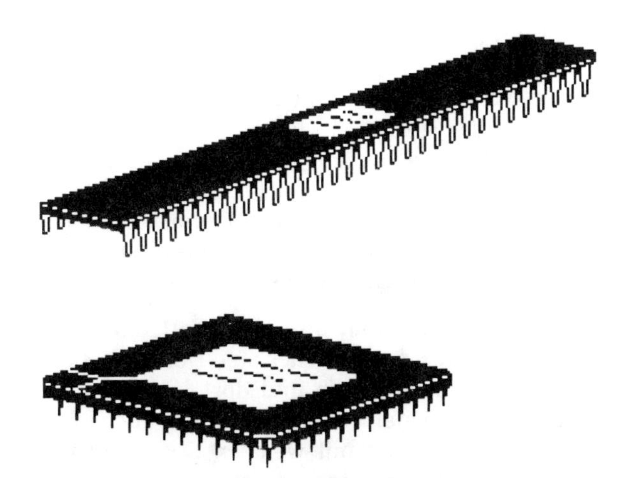

Bild 6-2: Typische Bauformen: DIL und PGA

Die in den Macintoshs verwendeten CPUs sind von der Firma *Motorola* entwickelt worden und haben so aussagekräftige Namen wie 68000, 68020, 68030 oder 68040. Dabei gibt es eine ganz einfache Regel: Je höher die Nummer, desto mächtiger der Chip.

Motorola

❄ Es soll nicht unerwähnt bleiben, daß es neben Motorola noch viele andere konkurrierende CPU-Hersteller gibt. Eine weitverbreitete Entwicklungslinie besteht aus den Typen 8088, 80286, 80386 und 80486 der Firma *Intel*. Damit sind die sog. MS/DOS-Rechner bestückt.

Intel

Die ersten Macintoshs wurden 1984 mit der 68000er CPU ausgeliefert. Sie bildete 1992 noch das Herz des Mac Classic und des PowerBook 100. Alle anderen aktuell angebotenen Macs arbeiten mit den größeren Prozessoren.

Die CPUs ab 68020 sind von vornherein mit mehr parallelen Anschlüssen ausgerüstet worden. Den Speichervorgang, für den ein kleiner Prozessor mit 16 parallelen Datenleitungen zwei Schritte braucht, schafft ein größerer mit 32 Leitungen auf einmal.

Entsprechend der Zahl der parallelen Leitungen, auf denen die Daten transportiert werden, bezeichnet man die 68000 als 16-Bit-Prozessor und die größeren Schwestern als 32-Bitter. Die 68020, die seit 1984 auf dem Markt ist, kann sich zusätzlich von weiteren Coprozessoren assistieren lassen, die für Spezialaufgaben vorbereitet sind und nach ihrer Funktion *FPU* (*floating point unit*, arithmetische Recheneinheit, kann bestimmte Rechnungen 100 mal so schnell ausführen wie die CPU) oder *PMMU* (*paged memory managment unit*, Speicherverwaltungseinheit) heißen. Damit all diese und die vielen anderen Chips in einem Rechner kontrolliert zusammenarbeiten können, werden sie von einem vorgegebenen Taktsignal synchronisiert. Dieser Takt schaltet in der Sekunde zwischen 8 und 40 Millionen mal hin und her. Man spricht dann von einer Taktfrequenz von 8 - 40 MHz. In den 68030-Prozessor (1988) ist die PMMU bereits integriert, in der 1991 erschienenen 68040 zusätzlich noch die FPU. In der Tabelle 6-3 am Ende dieses Kapitels können Sie erkennen, welche Daten für Ihr Gerät gelten.

FPU floating point unit

PMMU paged memory unit

All die Aktionen, die die CPU (mit ihren Verbündeten) ausführt, wirken sich direkt auf den Speicher aus. Dort holt sich das *Rechenwerk* die Informationen ab und dort lagert es die Ergebnisse anschließend wieder ein. Dort erfährt auch das *Steuerwerk*, welche Manipulation mit welchen Daten ausgeführt werden soll. Diese Folge von Anweisungen nennt man das *Programm*. All die Informationen, die der Rechner verarbeitet und die er produziert, liegen also zusammen mit den Steuerinformationen in einem einheitlichen elektronischen Speicher vor. Die weitaus meisten der heute verwendeten Rechner arbeiten nach dieser Methode, die nach einem der Erfinder das *von-Neumann-Prinzip* genannt wird.

Rechenwerk

Steuerwerk

Programm

von Neumann-Prinzip

❄ Die 68020-CPU kennt in ihrem Steuerwerk bspw. 113 Befehle, die sich auf 9 Datentypen auswirken und mit 18 Adressierungsarten angewendet werden können. Zum Glück brauchen Sie als normaler Benutzer nichts über diese Interna zu wissen. Leute, die sich auf dieser Ebene damit beschäftigen, heißen "Assembler-Programmierer". Ihre Arbeit besteht darin, sehr komplexe Vorgänge auf dem Rechner in eine Folge von winzig kleinen elementaren Schritten zu zerlegen. Solche Befehle umfassen dann beispielsweise Vergleiche von Werten, Addieren oder Multiplizieren von Zahlen oder das Kopieren von Speicherinhalten. Der Vorteil des Rechners liegt darin, daß jeder einzelne Schritt extrem schnell abläuft und die Vielzahl der Speicherstellen auch sehr komplexe Operationen erlaubt.

Stellen Sie sich den elektronischen Speicher am einfachsten als eine große Menge von kleinen Schachteln vor, die alle unter einer Nummer zu erreichen sind. Sie haben jeweils einen bestimmten Inhalt, z.B. eine Zahl, die gelesen und verändert werden kann. Um den Inhalt einigermaßen übersichtlich zu halten und aus einsichtigen technischen Gründen hat man eine solche Zahl auf den Bereich von 0 bis 255 beschränkt und nennt sie ein *Byte*. Mit Zusammenfassungen solcher Bytes läßt sich nun alles darstellen, was gewünscht und nötig ist, z.B. Zahlen, Buchstaben, Töne, Bilder - es kommt nur auf die Interpretation an. Beispielsweise bedeuten alle drei Zeilen in Tabelle 6-1 dasselbe.

Byte

Text	h	a	l	l	o
ASCII	104	97	108	108	111
binär	01101000	01100001	01101100	01101100	01101111

Tabelle 6-1: Unterschiedliche Darstellungen von Zeichen im Rechner

Tabelle 6-2 zeigt typische Werte für Speicher, die im Mac verwendet werden. Die Geschwindigkeit der Medien wird durch die Zugriffszeit angegeben, gemessen in ms (Millisekunde = 1/1000 Sekunde) oder in ns (Nanosekunde = 1 Milliardstel einer Sekunde). Dies ist ein experimentell bestimmbarer Mittelwert, der nur als Cirka-Angabe zu verstehen ist. Zum Vergleich: Ein vollständiger Takt bei einem Mac IIci dauert 40 ns.

Speichertyp	**Zugriffszeit**	**Kapazität**
Register, auf der CPU integriert	5 ns	bis 32 Byte
Caché, ggf. auf der CPU	25 ns	256 Byte (68020)
Hauptspeicher RAM im Gerät	80 ns	2 MByte - 16 MByte
Massensp. Festplatte	9 ms	20 MByte - 300 MByte
Archivsp. CD-ROM	> 50 ms	600 MByte

Tabelle 6-2: Charakteristika verschiedener Speichermedien

Die Anzahl der in einem Macintosh zu speichernden Byte ist sehr groß, ihre Größenordnung beträgt Millionen.

Daher ist man zu größeren Verpackungseinheiten übergegangen: zu KiloByte und MegaByte. Vermutlich wird sich in absehbarer Zeit die Einheit GigaByte (1 GByte, ca. 1 Milliarde Byte) für bestimmte Anwendungen als nötig erweisen.

❄ Aus ähnlichen technischen Gründen, wie man auf die 255 gekommen ist, ist ein kByte nicht genau 1000, sondern 1024 Byte und ein MByte = 1 048 576 Byte.

Die zwei Bereiche, die für die Arbeit mit dem Rechner am direktesten von Bedeutung sind, sind der Hauptspeicher und der Massenspeicher. Das sind auch die beiden, über die wir noch etwas mehr wissen müssen, um die Arbeit des Mac zu verstehen.

Aus den verschiedenen Richtungen, von den Benutzern, den Hardware-Designern, den Softwareentwicklern, gibt es unterschiedliche Ansprüche an Speicher: Speicher sollten schnell, zuverlässig, groß, preiswert sein und außerdem nicht viel Platz wegnehmen. Allen wohl und niemand wehe zu tun ist eine Kunst, die niemand kann! Und auch hier ist es so, daß das eine oft das andere ausschließt. Daher gibt es in einem Computersystem nicht nur eine Art von Speicher, sondern eine ganze Hierarchie. Das reicht von extrem schnell arbeitenden Registern, die direkt in die CPU integriert sind und von denen es nur einige gibt, bis zu behäbigen Speichersystemen, auf denen z.B. die gesamte Bibel Platz finden kann.

Eine 68000-CPU kann aufgrund der aus ihr herausgeführten Adreßleitungen auf dem Mac bis ca. 4 Millionen Speicherplätze (4 MByte) adressieren. Hinzu kommen Speicherplätze, die mit der Ausgabe auf dem Bildschirm zu tun haben. Alles was dort gespeichert wird, beeinflußt direkt das Bild. Auch die angeschlossenen externen Erweiterungen werden auf die gleiche Weise für die Bearbeitung durch die CPU bereitgehalten, ihnen wird ebenfalls ein Teil des Speichers zugeordnet. Solche Schnittstellen sind z.B.

- die beiden seriellen Verbindungen (vgl. Kap. 4),
- der Festplattenanschluß nach dem SCSI-Standard,

- der Apple Desktop Bus (ADB), der die Tastatur und die Maus verwaltet,
- die eingebaute Uhr,
- der Sound-Chip für den Anschluß eines Verstärkers,
- die Steuerung für das interne Laufwerk.

Zusätzlich ist im Adreßraum noch Platz für den unveränderlichen Festwertspeicher ROM reserviert.

Dieser ROM wird bereits vom Hersteller eingebaut. Der veränderbare Speicher wird demgegenüber RAM genannt.

❄ Diese merkwürdigen Wortspiele RAM und ROM leiten sich von den Begriffen "Random Access Memory" (Speicher für den wahlfreien Zugriff) und "Read Only Memory" (Nur-Lese-Speicher) ab.

Die Inhalte des ROM-Speichers können vom Benutzer nicht verändert werden. Sie sind nichtflüchtig und stehen auch sofort nach dem Einschalten des Rechners zur Verfügung.

Dort hat man z.B. all die Programme angesiedelt, die die ersten Schritte des Starts (vgl. Kap. 1) durchführen. In den RAM-Speicher muß man die Informationen zuerst laden, dann kann man sie nachträglich noch verändern. Schaltet man aber den Rechner aus oder führt man einen Neustart durch, geht alles, was darin gespeichert wurde, verloren.

Weder der Inhalt noch der Umfang des ROM läßt sich vom Benutzer verändern. Er beträgt je nach Rechnertyp zwischen 128 kByte und 1024 kByte. Darin enthalten sind wesentliche Teile des Betriebssystems sowie eine Unmenge von vorgefertigten Programmteilen, die von Apple als *Toolbox* bezeichnet werden. Sie können von den einzelnen Programmen benutzt werden und sorgen u.a. dafür, daß fast alle Macintosh-Anwendungen die gleiche, vertraute äußere Erscheinung zeigen. Für einzelne Aufgabenbereiche (auf dem Bildschirm zeichnen, Disketten verwalten, Drucken, ...) sind die Befehle zu Gruppen zusammengefaßt, die man "Manager" nennt. Wundern Sie sich also bitte nicht, wenn im Zusammenhang mit einer externen Festplatte vom *SCSI-Manager* die Rede ist. Es handelt sich in diesem Fall nicht um einen netten jungen Mann im blauen Anzug oder eine Dame im Kostüm (solche Manager gibt es bei Apple natürlich auch), sondern um einen Teil des umfangreichen Programmpaketes, das in Form der ROMs in jeden Mac integriert ist.

Toolbox

SCSI-Manager

Im Gegensatz zum Umfang des ROMs läßt sich der des RAM-Speichers vom Benutzer noch verändern. Benötigt wird RAM, um darin die laufenden Programme und ihre Daten unterzubringen. Um sich einen kleinen Überblick über die Situation in Ihrem Mac zu verschaffen, erinnern wir uns kurz an das erste Kapitel, wo wir zeigten, wie Sie durch das Menü etwas **Über diesen Macintosh** in Erfahrung bringen konnten.

Normalerweise ist dort die Systemsoftware aufgelistet mit ihrem Speicherplatzbedarf sowie ggf. alle weiteren laufenden Programme.

OmniPage

Wichtig ist für uns die Information über den freien Platz. Beträgt er bspw. 2136 kByte, dann könnte ein wirklich großes Programm, das wie *OmniPage* 3072 kByte benötigt, gar nicht mehr starten. Um solch eine Situation mit einfachen Mitteln zu demonstrieren, sollten Sie entweder alle vorhandenen Programme gleichzeitig starten oder wie im folgenden Baustein verfahren.

❄ OmniPage ist ein Programm, das mit Scannern eingesetzt wird. Ein Text, der mit Hilfe eines Textverarbeitungsprogramms bearbeitet werden soll, wird auf einen Scanner gelegt. OmniPage scannt den Text ein und analysiert das Bild im Hinblick auf Textzeichen. Als Endprodukt liegt dann der eingescannte Text in bearbeitbarer Form z.B. als ASCII-Text vor.

Die folgenden Bilder und Anweisungsbausteine zeigen, wie man die Kapazität des RAM-Speichers überprüfen kann.

Bild 6-3: Zuerst ist nur der Finder aktiv

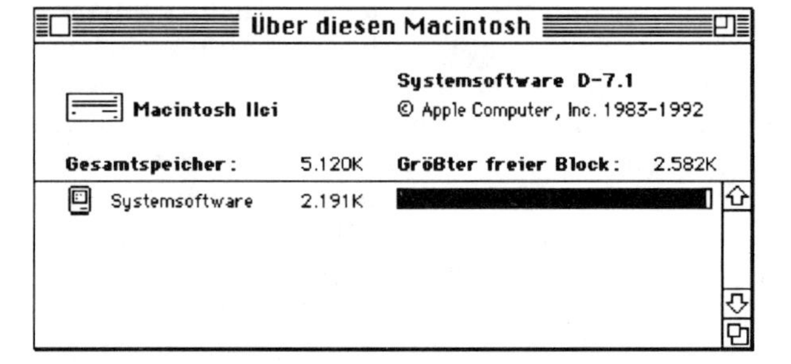

Bild 6-4: Vier Versionen von MacWrite II sind vorbereitet

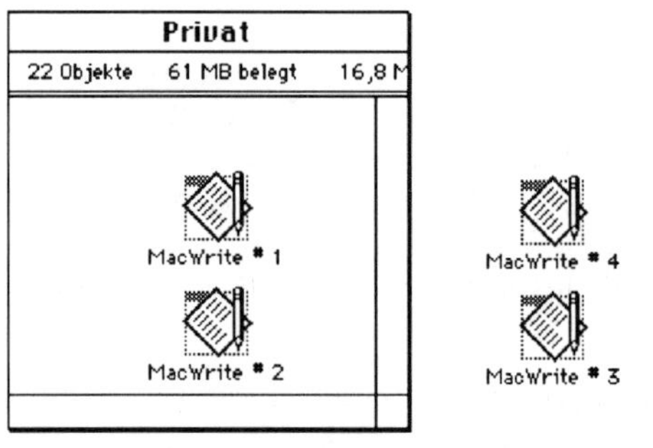

Anweisungsbaustein

Etwas über den Mac erfahren

- Aktiviere den Finder durch Anklicken des Schreibtischhintergrundes oder durch **Auswahl** im Menü **Programm** (oben rechts).
- Löse im Menü den Befehl **Über diesen Macintosh** aus.

Anweisungsbaustein

Den RAM-Speicher mit Programmen füllen

- Wenn Du Dich in einem Programm befindest, aktiviere den Finder durch Anklicken des Schreibtischhintergrundes oder durch **Auswahl** im Menü **Programme** (o.rechts).
- Erzeuge viele Kopien Deiner Anwendungsprogramme wie MacWrite, Word oder Excel mit Hilfe des Menübefehls **Duplizieren**.
- Numeriere die Kopien (z.B. "MacWrite # 1", "MacWrite # 2", etc.). Je 2 von der gleichen Sorte dürfen sich in einem Ordner oder auf dem Schreibtisch befinden.
- Starte alle Programme nacheinander per Doppelklick und beobachte im Dialogfenster **Über diesen Macintosh** das Speicherverhalten Deines Rechners. (Aktiviere jeweils zwischendurch den Finder.)

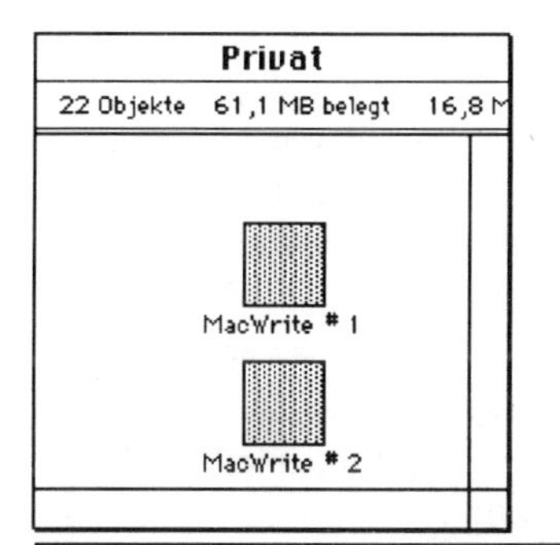

Über diesen Macintosh

Macintosh IIci — Systemsoftware D-7.1, © Apple Computer, Inc. 1983-1992

Gesamtspeicher:	5.120K	Größter freier Block: 86K
MacWrite # 1	800K	
MacWrite # 2	800K	
MacWrite # 3	800K	
Systemsoftware	2.286K	

Bild 6-5: Dreimal MacWrite ist gestartet worden

Nachdem MacWrite dreimal gestartet wurde, hat sich die Situation im Speicher schon erheblich geändert (s.a. Bild 6-5). Die schwarz-weißen Balken zeigen übrigens, daß MacWrite von seinen Entwicklern reichlich Platz zugeteilt wurde, der im Moment noch gar nicht benötigt wird.

Spätestens jetzt wird den guten KopfrechnerInnen etwas aufgefallen sein, was auch im Bild 6-3 schon stutzig macht: Die Summe der ausgewiesenen Speicherbereiche läßt etwas vermissen. Schon kurz nach dem Start des Rechners fehlen 347 kByte, die in der Rechnung nicht auftauchen, ebenso in Bild 6-5. Dieser Speicherplatz wird von der integrierten Farb-Video-Karte des Mac IIci benötigt. Auf anderen Rechnermodellen taucht dieses Phänomen vermutlich nicht auf.

Bild 6-6: Die Situation im Menü Programme

Allerdings merkt man auch, daß zusätzlich zum eigentlichen Programmspeicher (hier 800 kByte) die Systemsoftware beim Start einer neuen Anwendung jedesmal weitere 30-35 kByte benötigt.

Für einen weiteren Start des Programms ist vermutlich kein Platz mehr vorhanden. Aber das kann man ja einmal ausprobieren! Keine Angst, System 7 wird ganz freundlich zu uns sein und sich irgendwann einfach weigern, noch mehr Anwendungen zu öffnen.

Bild 6-7: Der Mac kann kein weiteres Programm mehr öffnen

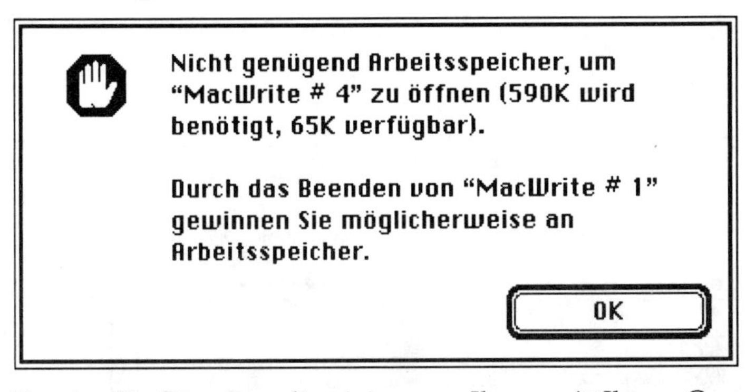

Das ist die Situation, die einige von Ihnen mit Ihrem Computersystem vielleicht schon einmal erlebt haben, nämlich daß der verfügbare Speicher des Rechners nicht ausreicht. Dies konnte immer dann passieren, wenn speicherhungrige Programme gestartet wurden oder zu viele Anwendungsprogramme gleichzeitig laufen sollen. Wie Sie sehen, ist irgendwann Schluß mit dem RAM-Speicher.

In den meisten Situationen folgen wir dem Vorschlag des Computers und schließen ein anderes Programm. Aber wenn es sehr oft passiert, ist das nicht immer befriedigend und manchmal sogar unmöglich, wenn große Programm schon mit dem System nicht koexistieren können. Gründlichere Abhilfe schaffen wir uns dann auf zwei Arten: mit Geld oder mit einem Trick des Betriebssystems 7.

❄ Eine Notlösung besteht darin, den Rechner ohne die Systemerweiterungen zu starten (vgl. Kap. 1), indem man die Umschalttaste (⇧) beim Neustart festhält. Bei uns ist das System dann ca. 1 MByte kleiner. Irgendwann ist allerdings auch diese Möglichkeit erschöpft.

SIMM

Die Lösung "Geld" heißt in diesem Fall, daß wir in die Hardware investieren und neue RAM-Speicherchips einbauen. Dazu muß das Gerät geöffnet werden und in die vorhandenen Kontaktschlitze werden kleine Platinen gedrückt (*SIMMs*, single in-line memory module), auf denen die Speicherchips aufgelötet sind. Das ist nicht so kompliziert, wie es sich zunächst anhört, aber doch eine Arbeit, die gewisses Fachverständnis im Umgang mit den sensiblen elektronischen Bauteilen voraussetzt. Bei manchen älteren Macs müssen auch noch ein paar Kontakte geöffnet oder geschlossen werden.

❄ Im Zweifel berät Sie der Händler oder ein Kollege Ihres Vertrauens, der eine Speichererweiterung auf dem eigenen Rechner schon mit Erfolg praktiziert hat. Überzeugen Sie sich davon, daß der Kollege wirklich Erfahrung hat!

In Tabelle 6-2 erfahren Sie, ob Sie Ihren Rechner bis 4, 10, 17 oder 32 MByte "aufrüsten" können. Das ist die direkteste Lösung für Speicherplatzprobleme - aber auch die teurere.

Virtueller Speicher

Die andere Lösung ist wesentlich eleganter. In diesem Fall hat die Firma Apple eindeutig von der ihr oft vorgeworfenen Maxime Abstand genommen, daß auch viel kosten muß, was viel leistet. Es wurde nämlich eine Speichererweiterung fast zum Nulltarif eingebaut, ein sogenannter *Virtueller Speicher.*

Der liegt nicht in der Form von Silizium-Chips vor, sondern als Platz auf der Festplatte. Es wird dem Mac einfach vorgegaukelt, daß er mehr Hauptspeicher besitzt, als wirklich vorhanden ist, indem der benötigte Arbeitsspeicher auf der Festplatte angelegt wird. Nur der gerade bearbeitete Teil ist tatsächlich im RAM-Hauptspeicher. Das kostet überhaupt nichts zusätzlich.

So können mehr Programme gleichzeitig benutzt werden, oder der immense Speicherhunger großer Programme kann befriedigt werden. Wird dann zu einem anderen offenen Programm gewechselt, wird der Inhalt des RAM auf die Festplatte geschoben und ein anderer Teil geladen. Die für die Arbeit mit dem Anwendungsprogramm benötigten Daten sind im RAM-Speicher, der restliche Teil existiert nur auf der Festplatte, von der CPU aus gesehen also "virtuell". Eine einfache Idee und ein wirkungsvolles Konzept, das den Rechner zwar ein bißchen verlangsamt, aber den Geldbeutel schont. Denn eine gewisse Zeit dauert das Umschichten schon.

Das war die gute Nachricht.

Leider sind nicht alle Macintosh-Computer in der Lage, Ihnen diesen Service zu bieten. Die kleineren 68000-CPU können bei dem vielen Hin- und Herschaufeln nicht den Überblick behalten. Notwendig ist ein 68030-Prozessor oder eine 68020-CPU mit zusätzlicher PMMU-Einheit. Es handelt sich bei dieser Speicherverwaltungseinheit um einen Baustein der Chip-Herstellungsfirma Motorola mit der Nummer 68851, der auf kontrollierte Weise einzelne Seiten (pages) des Arbeitsspeichers auf die Festplatte auslagert. Der ist nämlich wie bei einem ordentlichen Buch seitenweise durchnumeriert. Da die Fassungskapazität des RAM, die verfügbare Seitenzahl, begrenzt ist, werden Seiten einfach mit der Festplatte ausgetauscht. Für die ordentliche Verwaltung ist dieser Baustein zuständig, sonst würde es ein vollständiges Chaos geben, wenn die Anwendungsprogramme sich gegenseitig die Seiten im Hauptspeicher vollschrieben.

PMMU

Die 68030-CPU und die darauf aufbauenden Bausteine mit den Nummern 68040, 68050 etc. haben bereits die PMMU in sich integriert. Nur die 68020, ein schon etwas älteres Modell, hatte noch nicht die erforderliche Architektur mit eingebaut. Deshalb benötigen also alle 68020er Modelle diesen separaten Baustein 68851. Bei der CPU 68000 geht allerdings gar nichts mehr, sie ist nicht auf diese neue Speicherverwaltungstechnik vorbereitet.

Nur folgende Modelle können also virtuellen Speicher nutzen: Macintosh SE/30, Classic II, LC II, Macintosh II (mit zusätzlicher PMMU), Macintosh IIx, IIfx, IIcx, IIci, IIsi, die PowerBooks 140 und 170 sowie die Quadra-Modelle und alle zukünftigen Entwicklungen.

Alle übrigen Macintosh-Systeme (Macintosh Plus, SE, Classic, Portable, Powerbook 100 und LC), auf denen System 7 lauffähig ist, können nicht mit virtuellem Speicher arbeiten; auch dann nicht, wenn sie mit einer Beschleunigerkarte ausgerüstet werden, die eine CPU 68030 oder 68040 enthält. Diese Geräte besitzen nicht den notwendigen Programmcode im ROM-Speicher, den die PMMU-Einheit benötigt, um ihre Arbeit zu erledigen.

Aber vermutlich besitzen Sie ja einen neueren Macintosh mit einer hoffentlich großen Festplatte, von der Sie nun allerdings einen Teil opfern müssen. Der virtuelle Speicherbereich wird als unsichtbare Datei auf der Festplatte angelegt. Als Faustregel gilt: Die Menge an Gesamtspeicher, die gewünscht wird, muß als Platz auf der Festplatte vorhanden sein. Bei 10 MByte gewünschter Hauptspeicherkapazität benötigen Sie etwa 10 MByte auf der Festplatte, selbst dann, wenn 5 MB echter RAM-Speicher vorhanden ist. Dies wäre die Voreinstellung, die das System Ihnen vorschlägt. Natürlich können Sie den Wert beliebig ändern. Wenn das Verhältnis von echtem zu virtuellem Speicher allerdings zu ungleichgewichtig ist, geht dies deutlich zu Lasten der Geschwindigkeit. Der Rechner ist dann nämlich dauernd damit beschäftigt, die Daten von der Festplatte in den Speicher zu bewegen und umgekehrt.

❄ Probieren Sie die richtige Mischung einfach einmal aus; wir schlagen vor, den gesamten Speicher 1,5 bis 2,5 mal so groß zu machen wie den RAM-Speicher. Bei eingebauten 5 MByte ergibt das insgesamt etwa 8-12 MByte.

All denen, die trotz dieser Möglichkeiten, virtuellen Speicher zu benutzen, oder als Ergänzung dazu, wirklichen RAM-Speicher einbauen möchten, wollen wir noch ein paar Hinweise dazu geben.

Die Halbleiterfirmen in aller Welt liefern die Speicherbausteine in Form sogenannter Chips. Äußerlich sind sie ähnlich aufgebaut wie die Prozessoren, nur in der Regel etwas kleiner. Im Laufe der Jahre ist die Kapazität, die auf einem Chip gespeichert werden kann, stark angestiegen. Ein Standardbaustein ist heute der 1-Mega-Chip, der weniger als 10 DM kostet und 1 Million Bit speichern kann. Um einen Speicher für 1 MegaByte zu bekommen, werden acht davon parallel geschaltet, da ja ein Byte = 8 Bit sind. Im Mac finden wir diese acht Chips auf einer kleinen Platine, die eingebaut oder ergänzt werden kann. Die Platine wird SIMM (single inline memory module) genannt. Ein SIMM alleine kann im Mac allerdings noch nicht arbeiten, da die Adressenleitungen, die von der CPU ausgehen, immer eine Busbreite von 16 (CPU 68000) oder 32 (CPU 68020-40) haben. Dort muß man dann immer zwei oder vier SIMMs gleichzeitig einsetzen.

Neben dem 1-MegaByte-SIMM existieren noch andere Bauformen. Wir nennen hier auch die Abkürzungen, die wir in der Tabelle auf der nächsten Seite benutzen werden:

- 256-kByte-SIMM, inzwischen sehr preisgünstig (z),
- 1-MByte-SIMM, z.Zt. der Standard (e),
- 4-MByte-SIMM, noch etwas teuer, aber notwendig, wenn man mehr als 8 MByte einbauen möchte (v),
- 16-MByte-SIMM, der reine Luxus, nur für Grafikprofis und Lottogewinner (s).

❄ In dieser Zahlenfolge (256K, 1M, 4M, 16M) erkennen Sie, daß die Hersteller, nachdem sie einen Chip marktreif entwickelt haben, sich gar nicht damit aufhalten, einen doppelt so großen zu entwerfen, nein, es muß gleich ein viermal so großer sein!

Als der MacPlus entwickelt wurde, war der 256-k-SIMM Standard und alles andere Zukunftsmusik. Entsprechend den technischen Möglichkeiten sind die einzelnen Rechner auch unterschiedlich vorbereitet. Auf die eine oder andere Weise haben sie aber Plätze, in die die SIMMs eingesteckt werden können.

In der Tabelle 6-3 sehen Sie, welche Speicherbelegungen auf den jeweiligen Geräten überhaupt möglich sind. In den einzelnen Spalten erkennen Sie

- den Gerätenamen,
- die Bezeichnung des Prozessors,
- das Vorhandensein von FPU und PMMU,
- die Anzahl der Steckplätze für SIMMs,
- die interne Speicherkapazität (in MByte), die auf der Grundplatine von vorne herein eingelötet ist.
- Anschließend erkennen Sie die möglichen Werte für den RAM-Speicher (2-20 MByte). In der Spalte darunter wird jeweils gezeigt, welche Zusammenstellung von SIMMs dafür nötig ist. Bei den Portable- und PowerBook-Rechnern sind nicht die gewöhnlichen SIMMs gemeint, sondern Platinen mit CMOS-Chips, die besonders wenig Energie verbrauchen.
- Die letzte Spalte zeigt noch, welcher Speicherplatz auf den Geräten maximal möglich ist, u.U. durch Einsatz von 16-MByte-SIMMs.

Benutzen können Sie die abgebildete Tabelle auf zwei Arten. Wenn Sie Ihren Rechnertyp und die Speicherkapazität kennen, können Sie feststellen, welche Belegung vorliegt. Haben Sie z.B. einen Mac IIci mit 5 MByte, ergeben sich diese durch vier 256-k-SIMMs sowie vier 1-M-SIMMs (4z4e).

Tabelle 6-3: Übersicht über Prozessoren und Speicherplatz

Legende: + = vorhanden, - = nicht vorhanden, (+) = nachrüstbar
z = 256-kByte-SIMM, e = 1-MByte-SIMM, v = 4-MByte-SIMM, s = 16-MByte-SIMM
* = Platine mit n MByte

Gerät	CPU	Takt MHz	FPU	PMMU	Steckplätze	intern MByte	2 MByte	2,5 MByte	4 MByte	5 MByte	8 MByte	10 MByte	16 MByte	17 MByte	20 MByte	Maximum MByte
Mac +	68000	8	-	-	4	0	-	2z2e	4e	-	-	-	-	-	-	4
Mac SE	68000	8	-	-	4	0	4z	2z2e	4e	-	-	-	-	-	-	4
Classic	68000	8	-	-	2	1+1	-	2z	2e	-	-	-	-	-	-	4
Classic II	68030	16	-	+	2	2	-	-	2e	-	-	2v	-	-	-	10
Mac LC	68020	16	-	-	2	2	-	-	2e	-	-	2v	-	-	-	10
Mac LC II	68030	16	-	+	2	4	-	-	-	-	-	2v	-	-	-	10
SE/30	68030	16	+	+	8	0	8z	-	4e	4z4e	8e	-	4v	4z4v	4e4v	128: 8s
Mac II	68020	16	+	(+)	8	0	8z	-	4e	4z4e	8e	-	-	-	-	8
Mac IIsi	68030	20	(+)	+	4	1	4z	-	-	4e	-	-	-	4v	-	65: 4s
Mac IIx	68030	16	+	+	8	0	8z	-	4e	4z4e	8e	-	4v	4z4v	4e4v	128: 8s
Mac IIcx	68030	16	+	+	8	0	8z	-	4e	4z4e	8e	-	4v	4z4v	4e4v	128: 8s
Mac IIci	68030	25	+	+	8	0	-	-	-	4z4e	8e	-	4v	4z4v	4e4v	128: 8s
Mac IIfx	68030	40	+	+	8	0	-	-	4e	4z4e	8e	-	4v	4z4v	4e4v	128: 8s
Portable	68000	16	-	-	1	1	-	-	-	-	* 8M	-	-	-	-	8
PB 100	68000	16	-	-	1	2	-	-	* 2M	-	* 6M	-	-	-	-	8
PB 140	68030	16	+	-	1	2	-	-	* 2M	-	* 6M	-	-	-	-	8
PB 145	68030	25	+	-	1	2	-	-	* 2M	-	* 6M	-	-	-	-	8
PB 170	68030	25	+	+	1	2	-	-	* 2M	-	* 6M	-	-	-	-	8
Quadra 700	68040	25	+	+	4	4	-	-	-	-	4e	-	-	-	4v	68: 4s
Quadra 900	68040	25	+	+	16	0	-	-	4e	-	8e	-	16e	-	4e4v	256: 16s
Quadra 950	68040	33	+	+	16	0	-	-	4e	-	8e	-	16e	-	4e4v	256: 16s

Ebenso können Sie damit aber auch planen, welche "Aufrüstung" noch möglich ist. Wenn Sie die 256-K-SIMMs durch 1-M-SIMMs ersetzen lassen, erhalten Sie also 8 MByte insgesamt (8e). Sogar 20 MByte bekommen Sie, wenn Sie stattdessen 4-M-SIMMs wählen (4e4v).

Die modularen Mac II-Geräte lassen sich zwar einfach öffnen, um die Speicher einsetzen zu können (bei den kompakten Geräten sind ohnehin Spezialwerkzeuge nötig). Auf alle Fälle ist ein Speichereinbau oder -austausch aber keine Arbeit für Laien, da schon durch unbemerkte statische Entladungen die Chips zerstört werden können. Im Zweifelsfall baut also Ihr Händler neuen Speicher ein.

32-Bit clean

Leider gibt es noch einen kleinen "Wermutstropfen" beim Einsatz von großen Speichern. Einige Macs sind nicht *32-Bit clean*. Sie sind schlicht und einfach unsauber programmiert worden. Die Adressierung der Daten im Hauptspeicher erfolgte früher, als Speicher noch wesentlich teurer und knapper waren, nicht im 32-Bit-Modus, sondern nur mit einer Adreßbreite von 24 Bit. Stellen Sie sich das vielleicht so ähnlich vor wie mit den Postleitzahlen, die von vier auf fünf Stellen geändert werden. Wenn bisher eine Firma diese fünfte Stelle für irgendwelche internen Markierungen verwendet hatte, gibt es bei der Umstellung natürlich Ärger. Und genau das haben in der Vergangenheit einige trickreiche Mac-Programmierer, die die ROM-Programme entwickelt haben, gemacht: die unbenutzten Adreßinformationen für schmutzige, kleine Tricks verwendet.

❄ Unter Programmierern sind "dirty tricks" leider weit verbreitet.

Das rächt sich nun dergestalt, daß die davon betroffenen Rechner nur insgesamt 8-14 MByte (je nach Belegung der MacII mit NuBus-Karten) adressieren können, statt der theoretischen 1024 MByte (1 GByte). Das soll als Erklärung des Begriffs dienen, weil längere Erläuterungen zu tief in technische Einzelheiten eindringen würden. Aber allzuschlimm ist der Schaden nicht, denn hier gibt es eine Lösung in Form einer kleiner Init-Datei, die in den Systemordner gelegt wird und wahre Wunder vollbringt. Diese Datei mit dem Namen "mode32" von der Firma Connectic repariert den Schaden beim Starten des Rechners, so daß dieser dann "32-Bit clean" ist. Hier kann das Problem des falschen Code im ROM-Speicher gelöst werden, was bei dem PMMU-Problem ja leider nicht möglich war. Falls Sie also einen der Rechner wie Macintosh SE/30, II, IIx oder IIcx besitzen, müssen Sie diese Init-Datei installieren. Apple hat dieses geniale Software-Produkt sofort in Lizenz erworben und über die Händler und User-Gruppen kostenlos ver-

verteilt. Alle anderen Modelle (Macintosh IIfx, IIci, IIsi, PowerBook ≥ 140, Quadra) sind "32-Bit clean" und können von sich aus bis zu 1 GByte virtuellen Speicher verwalten.

Noch ein paar Worte zu den Speicheranforderungen. Vier MByte Speicher sind als Minimum erforderlich, um System 7 zu fahren. Dann können gleichzeitig einige Programme mit geringem Speicherbedarf genutzt werden. Jede Systemerweiterung schränkt den verfügbaren Speicher ein. Besser ist es, mit noch mehr Speicher "zu fahren". Virtueller Speicher kostet zwar nichts, aber die Speicherbausteine werden ja immer billiger.

❄ Falls Sie weitere vier MB Speicher finanzieren können, rüsten Sie Ihren Rechner gleich auf.

Schauen wir uns einmal an, wie man sich über die Fähigkeiten des eigenen Rechners bezüglich des virtuellen Speichers informiert und diesen konfiguriert. Dazu öffnet man den Ordner "Kontrollfelder" und startet die Datei "Speicher" durch Doppelklick.

Man sieht einen Dialog, der aus drei Bereichen bestehen kann (s.a. Bild 6-8). Der Rechner paßt den Dialog an die Fähigkeiten des Geräts an und zeigt Felder für die Einstellung von:

Ram-Cache

- Volume-Cache (RAM-Cache)
- Virtuellem Speicher
- 32-Bit-Adressierung.

Felder, die der jeweilige Macintosh nicht bearbeiten kann, werden auch nicht angezeigt. Das erspart Frust.

Eines dürfen wir nicht vergessen zu erklären, nämlich die Bedeutung des Volumencaches oder auch *Ram-Cache* genannt. Der Cache-Speicher ist ein Zwischenspeicher für Daten, die häufig benutzt werden sollen, und Teil des RAM-Speichers. Er wird vom Betriebssystem einzig und allein zu dem Zweck reserviert, den Zugriff auf Festplatten und andere Massenspeicher zu beschleunigen. Das Betriebssystem kann nämlich mit einem Taktzyklus mehr Daten von der Platte lesen, als sofort verarbeitet werden können. Die Daten, die nicht sofort benötigt werden, werden im Cache-Speicher zwischengelagert. Da dieser Speicher bereits Teil des RAM-Speichers ist, ist der Zugriff auf diese Daten sehr schnell. Jedenfalls schneller, als wenn sie erst von der Festplatte geholt werden müßten. Programmteile zum Beispiel zur Bildschirmausgabe, auf die oft zugegriffen wird, werden vom Betriebssystem erst in den Cache-Speicher ausgelagert, bevor sie auf die Platte zurückgeschrieben werden.

Anweisungsbaustein

Hauptspeicher (RAM) durch virtuellen Speicher vergrößern

- Öffne den Ordner **Kontrollfelder.**
- Öffne das Kontrollfeld **Speicher.**
  (Falls der Mac 32-Bit-Adressierung unterstützt, ist eine entsprechend Option sichtbar, sonst nicht!)
- Klicke im dritten Einstellbereich mit dem Namen "32-Bit-Adressierung" auf den Knopf "Ein"
- Klicke im zweiten Einstellbereich mit dem Namen "Virtueller Speicher" auf den Knopf "Ein".
- Wähle aus dem Einblendmenü dieses Einstellbereiches diejenige Festplatte aus, auf der der Platz für den virtuellen Speicher reserviert werden soll.
- Drücke auf den Knopf "Standardwerte benutzen", falls der zusätzliche virtuelle Speicher etwa genauso groß sein soll, wie der RAM-Speicher.
- Klicke danach auf den oberen Pfeil. (Es erscheint ein Kasten mit einem Vorschlagswert, der durch eine Eingabe geändert werden kann.)
- Verändere den Vorschlagswert, falls dies gewünscht ist.
- Stelle den Wert für "Volume Cache" auf mindestens 256 kByte ein.
- Wähle den Menübefehl **Neustart** aus dem Menü **Spezial.**
- Überprüfe anschließend die neue Speichernutzung im -Menü mit dem Befehl **Über diesen Macintosh...**

---

128 kByte sollten als Minimum eingestellt werden, soviel braucht ein Massenspeicher wie ein CD-ROM-Laufwerk mindestens als Grundeinstellung. Ein CD-ROM-Laufwerk ist nämlich verglichen mit einer Festplatte ein äußerst langsamer Massenspeicher, der nur in Zusammenarbeit mit dem Cache-Pufferspeicher gut läuft.

Speicher

Volumecache: Immer eingeschaltet
Cache-Größe 256K

Wählen Sie eine Festplatte:
Virtueller Speicher:
Festplatte
Ein
Aus
18 MB verfügbar
Gesamtspeicher: 7MB
10MB

32-Bit-Adressierung:
Ein
Aus
32-Bit-Adressierung ist aus (Ein nach Neustart)

RAM-Diskette:
Anteil des verfügbaren Speichers zur Verwendung als RAM-Diskette:
Ein
Aus
0% 50% 100%
Größe 1024K

D1-7.1
Standardeinstellung

Speicher

Volumecache: Immer eingeschaltet
Cache-Größe 256K

D1-7.1
Standardeinstellung

Bild 6-8: Zwei Varianten des Speicherdialogs

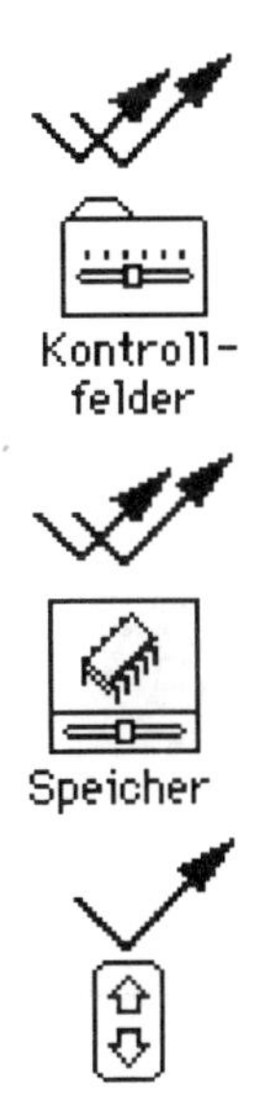

In Bild 6-8 erkennen Sie oben die ausführliche Version des Speicher-Dialogs. Je nach Art des Gerätes kann er bis zu vier Bereiche enthalten, von denen aber nur die erscheinen, mit denen der Rechner arbeiten kann:

- Jeder Mac erlaubt mindestens die Einstellung des RAM-Cache (wie im unteren Teil von Bild 6-8).
- Bei Virtual Memory-fähigen Macs läßt sich die Größe des gewünschten Speichers einstellen. Ggf. kann von mehreren angeschlossenen Festplatten eine ausgewählt werden. Der virtuelle Speicher kann nicht auf Wechselfestplatten oder auf File-Server-Volumes eingerichtet werden.
- 32-Bit-Adressierung läßt sich auf "sauberen" Macs wählen.
- Die RAM-Disk stellt eine batteriesparende Festplattenalternative für die PowerBooks dar.

Falls Sie nach dem Einschalten von 32-Bit-Adressierung Ärger mit Ihrem System bekommen, d.h. unerwartete Abstürze oder Einfrieren der Maus, liegt dies vermutlich an von Ihnen installierten Inits oder Startdateien. Starten Sie in diesem Fall den Rechner mit gedrückter Umschalttaste (⇧), also ohne Systemerweiterungen. Ist der Fehler dann behoben, beginnt die eigentliche Arbeit. Sie müssen alle diese Dateien aus dem Kontrollfeldordner und dem Systemerweiterungsordner an eine Stelle außerhalb des Systemordners kopieren. Mit jeweiligen Neustarts dazwischen werden die Dateien dann nach und nach wieder installiert, bis der Übeltäter gefunden ist. An dieser Stelle müssen Sie sich entscheiden, worauf Sie in Zukunft verzichten wollen, auf die unter Umständen sehr nützliche Start-Datei oder auf die 32-Bit-Adressierung. Auch beim Start von älteren Programmen kann so etwas passieren. Das ist aber dann viel leichter zu lokalisieren.

❄ Bei Apples System 7-Disketten befindet sich eine HyperCard-Datei "Kompatibilitätsprüfer", die all die Programme auflistet, die ohne Probleme mit allen Features von System 7 arbeiten. Aber keine Angst, viele dort nicht genannte Programme tun es auch.

Nun, mit unserem neuen Wissen können wir auch mehr aus den Bildern 6-5 und 6-7 verstehen. Aber was sind das genau für Zahlen, die dort genannt werden, woher weiß der Rechner überhaupt, welchen Speicherplatz (egal ob reell oder virtuell) ein bestimmtes Programm benötigt? Diese Information stammt natürlich von den Programmierern, die beim Entwickeln des Programms solche Fragen testen. Zwei Werte werden dann dem Programm mitgegeben: die minimale und die (oft größere) optimale Speicherzuteilung. Die minimale Größe wird bspw. im Dialog in Bild 6-7 angezeigt. Damit auch Benutzer diese Werte kennen (und ihre Speichereinteilung planen können), sind die optimale und die aktuelle Größe im "Informations"-Dialog genannt, der zu jeder Datei existiert. Diese Korrektur nach unten bei knappem Speicherplatz ist aber nicht die einzige Situation, in der die Speicherzuteilung geändert werden muß. Im entgegengesetzten Fall, mit viel Hauptspeicher und einem großem Farbbildschirm, kommen Sie vielleicht auf die Idee, ein Dokument mit mehreren ganzseitigen Farbgrafiken zu bearbeiten. Dann startet das Textverarbeitungsprogramm mit diesem Dokument gar nicht, bevor Sie ihm ein paar MByte zubilligen. Die Methode, sich virtuellen Speicher zu beschaffen, ist ja nun bekannt.

❄ Aber überschreiten Sie nicht den größten freien Block, den Sie in dem **Über diesen Macintosh**-Fenster genannt bekommen.

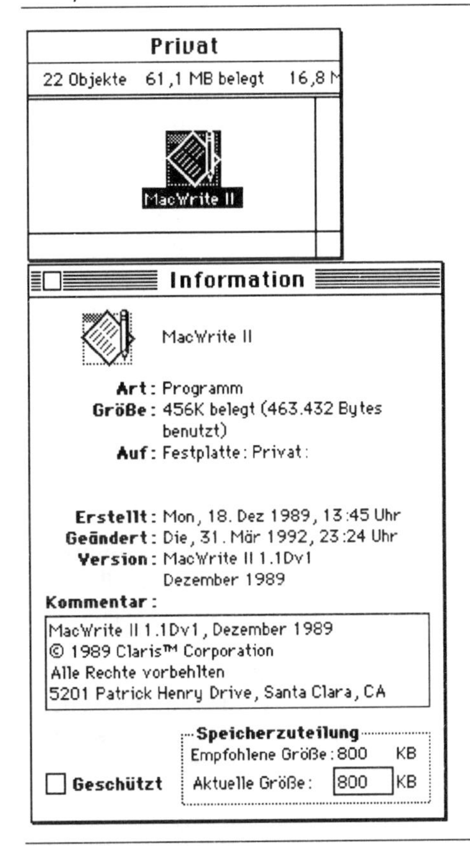

Bild 6-9: Informationen über ein Programm

Anweisungsbaustein

Informationen über Speicherzuteilung erhalten und ändern

- Aktiviere im Finder das Symbol des Programms.
- Löse den Befehl **Information** im Menü **Ablage** aus. Interessant sind die Angaben am unteren Rand (s.a. Bild 6-9).
- Gib in das umrandete Feld unten rechts eine Zahl ein. Dies ist nur bei nicht geschützten Dateien möglich. Der Wert sollte sich an den Notwendigkeiten der jeweiligen Rechnerkonfiguration orientieren.
- Schließe den Dialog.
- War dieser zugeteilte Speicherbereich kleiner als der minimale, bricht in dem dann erscheinenden Dialog diese fehlerträchtige Aktion ab; wiederhole sie mit anderen Zahlen.

Nachdem wir in diesem Kapitel so viel über die verschiedenen Speicher im Mac erfahren haben und wie das Betriebssystem damit arbeitet, wollen wir wenigstens kurz noch auf die eher konventionellen Medien eingehen, auf Festplatten und Disketten. Beides sind magnetische Speichermedien, in denen eine dünne Schicht magnetisierbares Material an einem Schreib-/Lesekopf vorbeigeführt wird. Beim Schreiben der Information werden diese in eine zeitliche Folge von magnetischen Änderungen umgesetzt. Aus den entsprechenden elektrischen Signalen erzeugt der Magnetkopf ein sich änderndes Magnetfeld, das das Speichermaterial beeinflußt.

Seine zeitlichen Zustandsänderungen werden als räumliche Muster abgelegt. Beim Lesen beeinflussen diese Muster wiederum den Magnetkopf und erzeugen dort Spannungen. Aus diesen läßt sich die ursprünglich abgelegte Information wieder rekonstruieren.

Diskette

Um ohne große Verzögerung an viele Daten heranzukommen, ist man von dem eindimensionalen Prinzip des Magnetbandes zur flächenhaften Speicherung auf einer Scheibe übergegangen. Wenn sich die Scheibe unter dem Magnetkopf hinwegbewegt, hinterläßt sie eine kreisförmige Spur, auf der die Daten seriell abgelegt werden. Die momentan übliche Größe von Disketten hat einen äußeren Durchmesser von ca. 3,5". In diesem Bereich von 4,5 cm Innendurchmesser bis 8,5 cm Außendurchmesser werden 80 Spuren untergebracht, die jeweils wieder in Sektoren unterteilt werden. Bild 6-10 zeigt Ihnen die bekannte Form einer *Diskette*. Diese wird mit der metallenen Schutzlasche zuerst in den Computer geschoben. Im Innern des Laufwerks öffnet sich diese und gibt die flexible Plastikscheibe frei, die die magnetisierbare Schicht trägt. Im rechten Teil des Bildes ist diese zusammen mit einer kreisförmigen Spur und zwei Sektoren von jeweils 30° skizziert worden.

Bild 6-10: Spuren/ Sektoren auf Diskette oder Festplatte

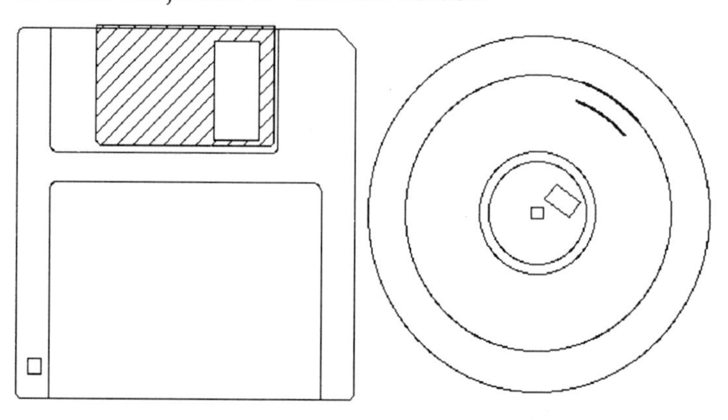

Festplatten und Disketten unterscheiden sich nicht so sehr im Prinzip als vielmehr in der Ausführung. In den staubdicht verpackten, sich 3600 mal pro Minute drehenden *Festplatten* können die mechanischen Toleranzen noch wesentlich geringer sein als bei den weichen Materialien in einer Diskette (300 - 600 Umdrehungen in der Minute), die man aus dem Laufwerk entfernen kann. Diese mechanische Trennung von Medium und Laufwerk ist für Transportzwecke natürlich sehr erwünscht, kann aber auch zu Fehlern führen, wenn man nicht besonders sorgfältig mit den Disketten umgeht.

Festplatte

Im Lauf der Mac-Entwicklung seit 1984 hat es drei Typen von Diskettenlaufwerken gegeben, die nach der jeweiligen Speicherkapazität (400 kByte, 800 kByte und 1,4 MByte pro Diskette) unterschieden werden.

Die zuerst benutzten 400 kByte-Laufwerke sind fast völlig verschwunden, da Apple den Benutzern mehrfach Gelegenheit gab, ihre Geräte umzurüsten. Die neueren Geräte (ab 1990) enthalten den sogenannten *Superdrive*.

Superdrive

Das ist ein Laufwerk, das alle Formate lesen und schreiben kann und sogar noch ein paar fremde Formate wie Apple IIGS oder MS-DOS. Haben Sie eines der älteren Laufwerke, achten Sie bitte darauf, daß die 1,4 MByte-Disketten auch vom Aufbau her von einem anderen Typ sind (HD = high density im Gegensatz zu DD = double density) und nicht bearbeitet werden können. Sie erkennen HD-Disketten an der Aufschrift HD, an einem zusätzlichen Markierungsloch und an dem höheren Preis.

High Density
Double Density

Vermutlich ist Ihnen am Laufwerksgeräusch schon aufgefallen, daß die 800 kByte-Disketten mit unterschiedlich hohen Umdrehungszahlen (400 - 600 Umdrehungen pro Minute) betrieben werden. Nur die äußeren Spuren, über denen der Kopf einen weiteren Weg zurücklegen kann, haben 12 Sektoren pro Spur, die inneren nur noch 8. Dieses technisch sehr aufwendige Verfahren ist eine Apple-Sony-Eigenentwicklung und wurde bei den 1,4 MByte-Disketten zugunsten eines verbreiteten Standards (*HD-Disketten*) aufgegeben.

HD-Diskette

Die Daten auf den Disketten sind nun nicht in einer einheitlichen Folge über die Disketten verteilt, sondern in kleinen Portionen, sog. Sektoren. Auf den 800 kByte-Disks gibt es davon 1600 Stück, auf den HD-Disketten finden wir Sektoren mit den Nummern von 0 bis 2879. Die Gesamtkapazität ergibt sich daraus, daß jeder Sektor 512 Byte, also 1/2 kByte speichern kann.

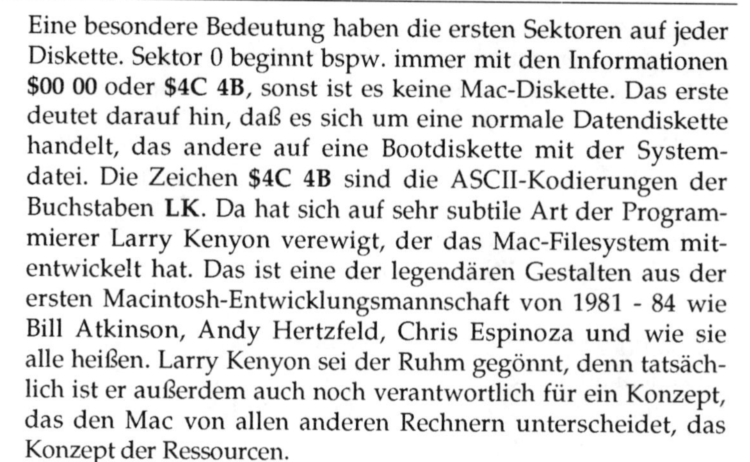

Eine besondere Bedeutung haben die ersten Sektoren auf jeder Diskette. Sektor 0 beginnt bspw. immer mit den Informationen **$00 00** oder **$4C 4B**, sonst ist es keine Mac-Diskette. Das erste deutet darauf hin, daß es sich um eine normale Datendiskette handelt, das andere auf eine Bootdiskette mit der Systemdatei. Die Zeichen **$4C 4B** sind die ASCII-Kodierungen der Buchstaben **LK**. Da hat sich auf sehr subtile Art der Programmierer Larry Kenyon verewigt, der das Mac-Filesystem mitentwickelt hat. Das ist eine der legendären Gestalten aus der ersten Macintosh-Entwicklungsmannschaft von 1981 - 84 wie Bill Atkinson, Andy Hertzfeld, Chris Espinoza und wie sie alle heißen. Larry Kenyon sei der Ruhm gegönnt, denn tatsächlich ist er außerdem auch noch verantwortlich für ein Konzept, das den Mac von allen anderen Rechnern unterscheidet, das Konzept der Ressourcen.

❄ Sektor 1 hat keine besondere Bedeutung und in Sektor 2 steht zu Beginn, ob es sich um eine einseitige Diskette (400 kByte, beginnt mit **RW** = Randy Wigginton) oder um eine große Diskette (**BD** = Big Disk) handelt. Mit Block 2 beginnen die Informationen für das Inhaltsverzeichnis, in Form einer sehr komplexen dynamischen Verzeichnisstruktur. Dort finden sich dann auch die Informationen darüber, welche Sektoren zum Inhaltsverzeichnis gehören und welche die eigentlichen Daten tragen.

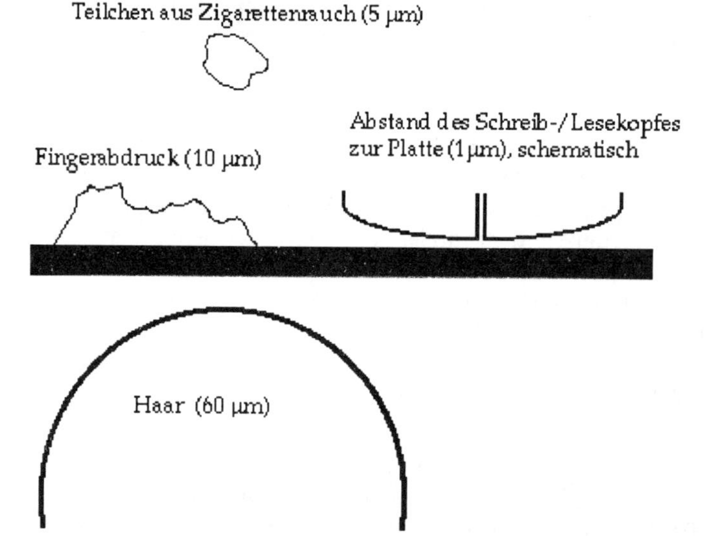

Bild 6-11: Abstand zwischen Kopf und Platte

Im Lauf der Jahre sind die Speichermedien immer kompakter geworden. Das liegt an den verbesserten Materialien und den dadurch möglichen kleineren geometrischen Dimensionen der Geräte.

Um eine Vorstellung von der Genauigkeit zu haben, mit der gearbeitet werden muß, zeigen wir im Bild 6-11, was es bedeutet, wenn in einer Festplatte der Abstand zwischen der Platte und dem Magnetkopf nur 1 µm beträgt. Man kann sich denken, welchen Einfluß Schmutzpartikel haben könnten.

Falls ein Diskettenlaufwerk eine Diskette angeboten bekommt, mit der es nichts anfangen kann, erscheint ein Dialog mit dem Vorschlag, sie zu initialisieren. Stimmen Sie dem nur zu, wenn Sie es vorher so geplant haben! Manchmal ist die Diskette innerhalb des Plastikgehäuses nur etwas verklemmt. Lassen Sie sie auswerfen, schütteln Sie sie etwas (murmeln Sie Ihre Lieblingsbeschwörungsformel) und versuchen Sie es noch einmal. In zwei von drei Fällen hilft das.

❄ Allerdings gleich noch ein zweiter guter Rat: Trauen Sie nie einer Diskette, die schon einmal Ärger gemacht hat. Kopieren Sie die Daten baldmöglichst auf eine neue Diskette und benutzen Sie die alte, um darauf Computerspiele für Ihre Kinder zu speichern. Oder brechen Sie sie auseinander und überprüfen Sie den Aufbau, den wir auf der vorigen Seite beschrieben haben.

Schnittstellen für die weite Welt

Nach soviel technischen Informationen über die in den Macintosh eingebaute Hardware wollen wir Ihnen noch kurz den Weg "in die weite Welt" weisen. Wir zeigen Ihnen in einer Zusammenstellung die Anschlüsse an der Rückseite der Geräte, an die Sie verschiedene Peripheriegeräte anschließen können.

Bei allen dargestellten Anschlüssen handelt es sich um Steckbuchsen, die im Inneren des Geräts direkt auf der Hauptplatine montiert sind. Die Anordnung kann sich von einem Rechnertyp zum anderen ändern, die Funktion ist selbstverständlich einheitlich. Um den Ansprüchen eines internationalen Marktes nachzukommen, sind sie mit kleinen Symbolen gekennzeichnet. Nicht alle Geräte sind mit allen Schnittstellen ausgerüstet. Ggf. werden die Ausnahmen beschrieben.

- Jeder Mac ist mit zwei seriellen Schnittstellen, 8-poligen Mini-DIN-Buchsen, ausgerüstet, mit dem Druckerport () und dem Modemport ().
  Ausnahmen: Geräte vor Mac Plus: 9-polige DB-9-Buchsen. Das PowerBook 100 hat nur den Modemport. Die Quadra haben zusätzlich einen EtherNet-Anschluß (‹•••›).
- Zum Anschluß von Kopfhörern oder Verstärkeranlagen gibt es eine Buchse für Klinkenstecker (), je nach Gerät in Mono oder Stereo. Ein Tip: mit einem Leerstecker ohne Kabel können Sie - unabhängig von den Kontrollfeldeinstellungen - den eingebauten Lautsprecher Ihres Mac stillegen.
- Zur Spracheingabe läßt sich ein Mikrophon an einen mit AD-Wandler versehenen Eingang () anschließen.
  Ausnahmen: nicht bei älteren Geräten. Direkte Stereo-Line-Eingänge ( ) findet man nur bei den Quadra-Rechnern.
- Die Tastatur, die Maus und eventuelle weitere Geräte (Grafiktablett, Trackball, Modem) werden über den Apple Desktop-Bus (ADB) angeschlossen. Sie finden ein oder zwei 4-polige DIN-Buchsen dafür an Ihrem Mac.
  Ausnahme: MacPlus und ältere Geräte haben einen Tastatur-Anschluß an der Vorderseite und einen Maus-Anschluß () an der Rückseite.

- Um ein zusätzliches externes Diskettenlaufwerk anzuschließen, existiert eine 19-polige DB-Buchse (🖫). Ausnahmen: nicht bei Classic und Geräten mit zwei internen Laufwerken. Das PowerBook 100 hat einen kompakten 20-poligen Stecker.
- Externe Festplatten, Scanner, CD-ROM und andere Peripherie wird über den 25-poligen SCSI-Bus (⇦) angeschlossen. Dort können sich bis zu sieben Geräte in einer Reihe befinden.
  Ausnahmen: Nicht bei Geräten vor Mac Plus. Die PowerBooks haben einen kompakten 30-poligen Stecker.
- Rechner mit einem externen Monitor benötigen einen entsprechenden 15-poligen DB-Anschluß (I☐I). Ist er senkrecht gezeichnet, befindet er sich auf einer Videokarte im Rechner, sonst auf der Hauptplatine.
  Ausnahmen: Macs mit eingebautem Bildschirm.

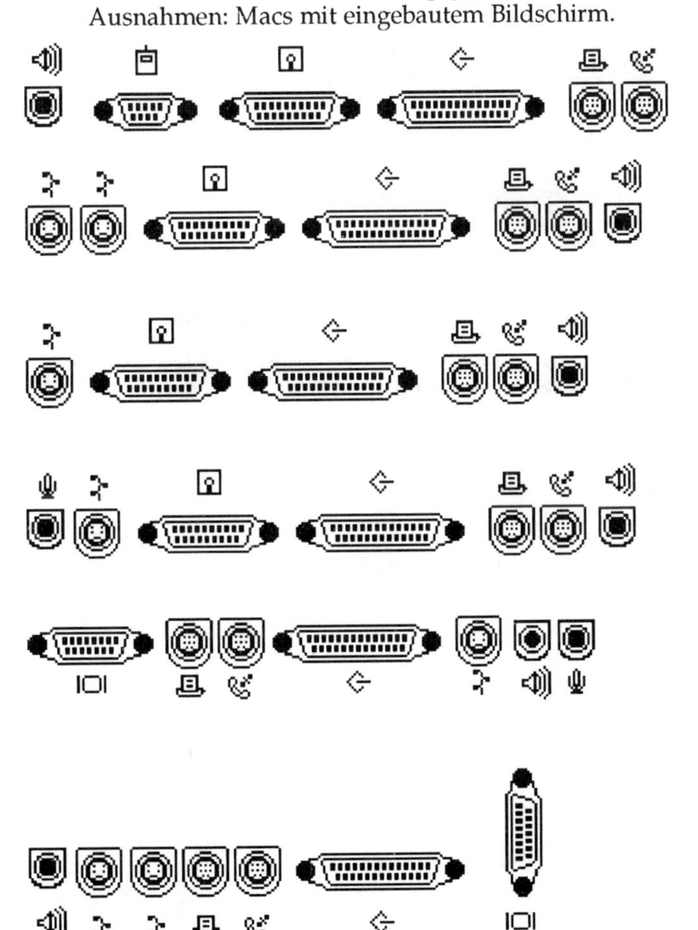

Bild 6-12: Anschlüsse Macintosh +

Bild 6-13: Anschlüsse Macintosh SE und SE/30

Bild 6-14: Anschlüsse Macintosh Classic

Bild 6-15: Anschlüsse Macintosh Classic II

Bild 6-16: Anschlüsse Macintosh LC und LC II

Bild 6-17: Anschlüsse Macintosh II, IIx und IIfx

Bild 6-18: Anschlüsse Macintosh IIcx

Bild 6-19: Anschlüsse Macintosh IIsi

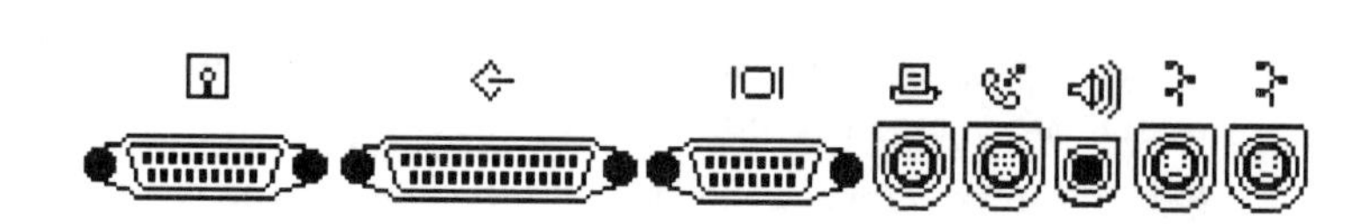

Bild 6-20: Anschlüsse Macintosh IIci

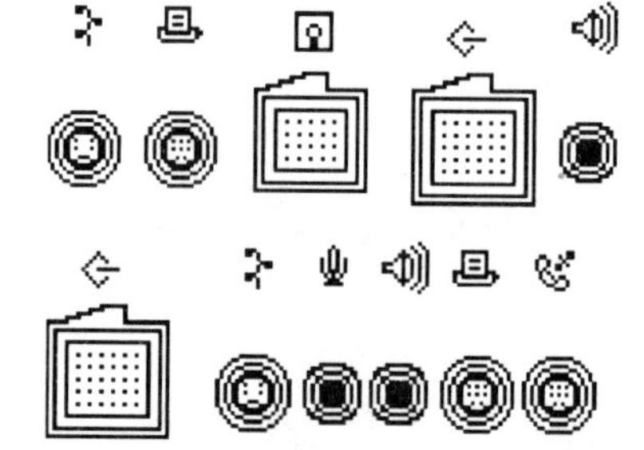

Bild 6-21: Anschlüsse PowerBook 100

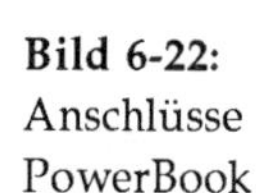

Bild 6-22: Anschlüsse PowerBook 140 bis 170

Bild 6-23: Anschlüsse Macintosh Quadra 700, 900 und 950

Publish and Subscribe 7

Publizistisches Spiel

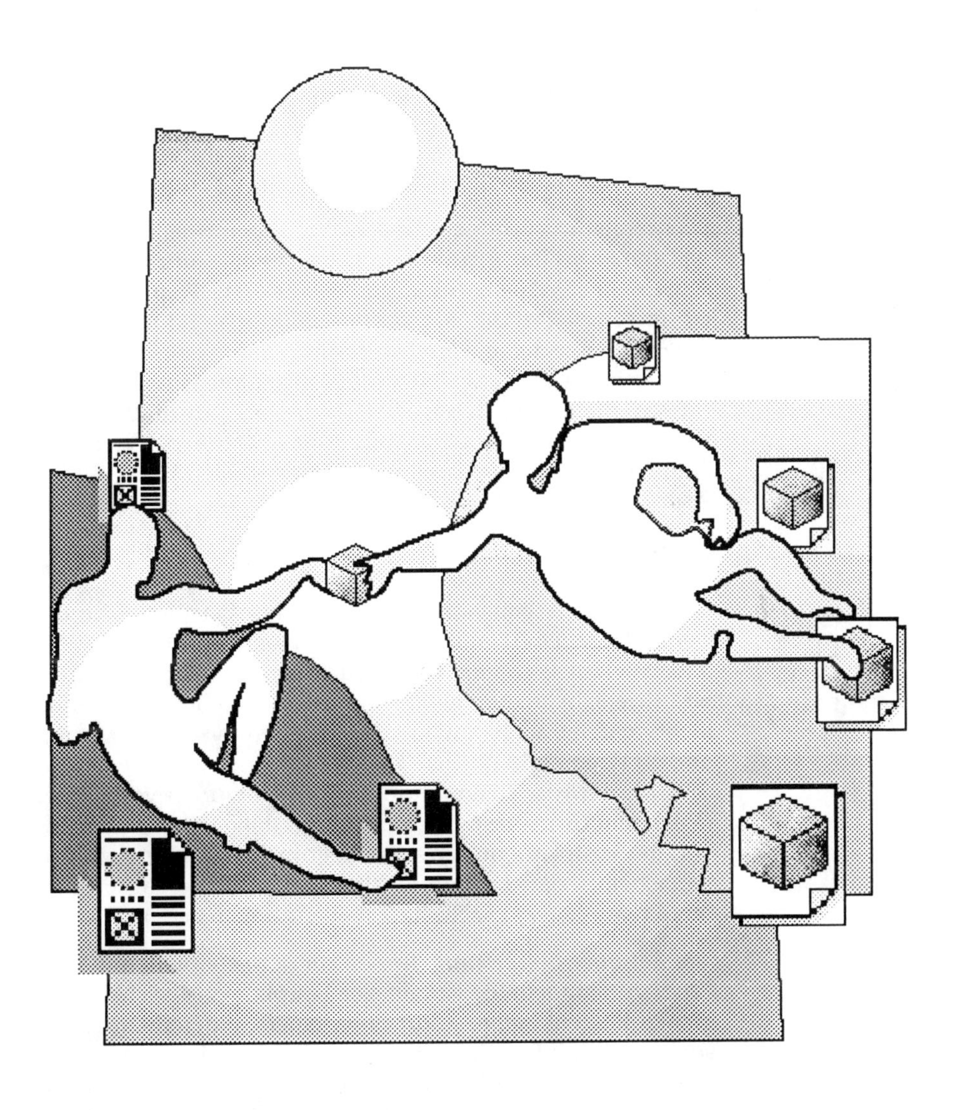

Neben den jährlich wiederkehrenden Ritualen, wie Ostern, Weihnachten, den Jahreszeiten oder dem "Dinner for one", gibt es auch solche, die sich täglich wiederholen: Telefone, die den ganzen Tag besetzt oder auf Anrufbeantworter geschaltet sind, sind plötzlich frei. Und trotzdem geht keiner ran, weil Anrufe zwischen 20.00 Uhr und 20.15 Uhr als grobe Unhöflichkeit gedeutet werden. Es läuft eben die Tagesschau. Während manche sich ganz eifrig darüber informieren, wer mit welchem Gesichtsausdruck welche Nachrichten vermeldet, sind wir immer ganz begeistert von der Arbeit der Leute im Hintergrund. Oder gibt es jemand unter den Lesern, der im Umbruch der letzten Jahre noch einen Überblick über die Landkarten Europas behalten hat? Wieviele neue Grenzen gibt es da, und wieviele ändern sich im Lauf eines Tages? Welche davon sind offiziell und welche nur in der Phantasie von Provinzpolitikern vorhanden?

Dies ist natürlich nur ein Aspekt des allgemeinen Phänomens, das immer bei der Arbeit in großen Gruppen auftritt: Alle müssen auf einer gemeinsamen, verläßlichen Basis aufbauen. Jeder ist für seinen Teil der Arbeit verantwortlich und muß sich auf die Ergebnisse der anderen verlassen können. Keiner darf in der Lage sein, beabsichtigt oder unbeabsichtigt Dinge zu beeinflussen, die ihm nicht zustehen. Und trotzdem muß ohne viel Rückfragen im entscheidenden Moment die Arbeit der Vielen zum fertigen Produkt zusammengefaßt werden können. Einige Aspekte solcher Gruppenprozesse werden vom Betriebssystem 7 in entscheidender Weise unterstützt und sollen hier näher beschrieben werden.

Die tägliche Arbeit hat bei den meisten Personen, die dazu Computersysteme benutzen, mit Dokumenten zu tun. Und diese haben letztlich immer wieder dasselbe Format. Dokumente wie Briefe, Abrechnungen, Memos etc. stellen ja eigentlich nichts anderes als Formulare dar. Und wo es keine Formblätter und Vorlagen gibt, stellen viele Benutzer sich ihre Formulare selber her. Unter einem Formular wollen wir ein vorbereitetes Dokument (Briefbogen, Tabelle, ...) verstehen, das in der Regel von der Festplatte nur geladen, aber nicht verändert wird. Die danach auf der Festplatte abgespeicherten Bearbeitungen (konkrete Briefe, ausgefüllte Tabellen) tragen eigene Namen.

Formular-bearbeitung

Die *Formularbearbeitung* funktioniert prinzipiell mit jedem Programm, indem Sie ein auf der Festplatte gespeichertes Originaldokument laden, sofort unter einem anderem Namen abspeichern und dann in diese Kopie die aktuellen Eintragungen hineinschreiben - allerdings ein etwas umständliches Verfahren, bei dem man sich sehr konzentrieren muß, um das Original nicht zu zerstören.

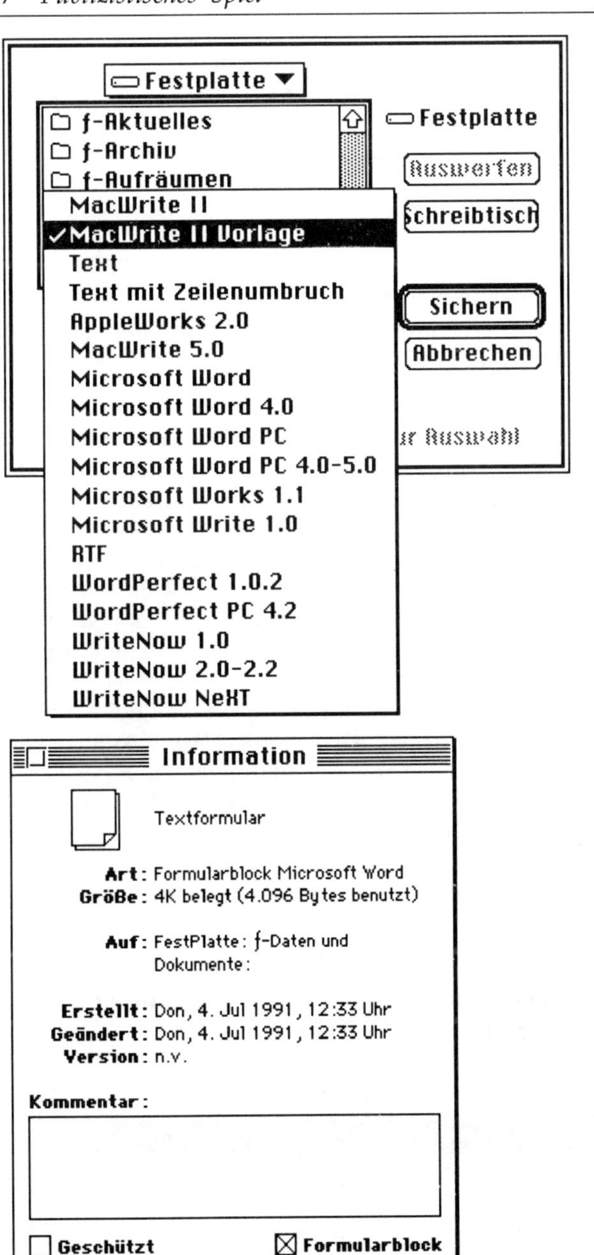

Bild 7-1: Erzeugen einer Vorlage in MacWrite

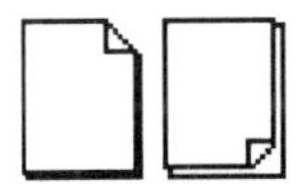

Bild 7-2: Dokument in Formularblock umwandeln

Einige Programme wie RagTime und MacWrite II sind für bequeme Formularbearbeitung besonders vorbereitet. Sie verfügen über die Option, beim Sichern eines Dokumentes Formate und eventuell Textteile anzulegen und diese dann als Vorlage für weiteres Arbeiten zu sichern. Bei RagTime können anschließend einzelne Formularseiten aus einer solchen Vorlage in ein bestehendes Dokument integriert werde.

Bild 7-1 zeigt den "Sichern"-Dialog von MacWrite, wo sich die Vorlage als ein spezielles Textverarbeitungsformat erweist. Öffnet man in Zukunft ein solches Dokument, trägt es immer den Namen "Dokument 1" und muß beim Speichern in den endgültigen Namen umbenannt werden.

Formular-block

Diese bisher von einigen Programmen bekannten Ansätze sind nun aufgegriffen und vereinheitlicht worden. Die nützliche Eigenschaft eines Dokumentes, ein geschütztes Formular zu sein, ist eine grundlegende neue Fähigkeit, die das System 7 allen Dokumenten unabhängig vom erzeugenden Programm verleihen kann. Dokumente, die Formulare sind, heißen in System 7 *Formularblöcke* und zeigen ein eigenes Symbol.

Dokumente können auf sehr einfache Weise zu Formularen verändert werden. Dies geschieht durch Ankreuzen der entsprechenden Option im Informationsfenster des Dokuments im Finder. Damit ändert das Dokument sofort sein Aussehen. Aus dem jeweiligen charakteristischem Symbol wird ein Formularsymbol, erkenntlich an der rechts unten abgeknickten Ecke. Einige Programme wie zum Beispiel TeachText können sogar direkt durch Auswahl einer Option im Dialog **Sichern unter** ein Formular erzeugen. Auch im Finder werden natürlich diese spezielle Art von Dokumenten im Menü **Ablage** bei der Sortierung nach der Option "Art" als *Formularblock* gekennzeichnet. Formulare werden wie andere Dokumente auch per Doppelklick geöffnet. Programme, die Formularblöcke unterstützen, erzeugen ein neues Dokument mit dem Namen "Ohne Titel", das den Inhalt des gesamten Formularblocks enthält. Eine solche Kopie muß dann nach Bearbeitung unter einem neuen Namen abgespeichert werden.

Bild 7-3: Dokument aus Formularblock erzeugen

Sie haben einen Formularblock geöffnet, von dem Sie ein neues Dokument abreißen können.

Benennen Sie dieses Dokument:

Textformular Kopie

Sichern als... **Abbrechen** **OK**

Es gibt auch noch ältere Programme, die nicht direkt die Benutzung von Formularblöcken unterstützen. Dann müssen Sie dem Dokument, das schon den Inhalt des Formularblocks enthält, gleich nach dem Öffnen einen neuen Namen geben. Falls Sie das vergessen, ist das auch nicht weiter schlimm. Der Originalname z.B. "Textformular" wird einfach ergänzt. Das vom Formularblock "Textformular" abgeleitete Dokument erhält dann als Vorschlag z.B. den Namen "Textformular Kopie".

Wenn ein Formularblock einmal geändert werden soll, wird kurzzeitig die Einstellung "Formularblock" für das entsprechende Dokument im Finder abgeschaltet. Man nimmt nun die Änderungen vor und kreuzt die Option wieder an.

Richtig eingesetzt ist die Möglichkeit, mit Formularen arbeiten zu können, ein wirklich nützliches "Feature". Das ist aber bei weitem nicht alles, was System 7 in diesem Bereich an neuen Dingen zu bieten hat. Bis zum Betriebssystem 6 waren Dokumente im Grunde genommen voneinander isolierte, einzelne Objekte. Zwar konnten manche Programme mit Hilfe von Dateifiltern auch an fremde Daten aus anderen Programmen heran, aber im allgemeinen war die Zwischenablage der einzige Weg, Texte, Bilder und Tabellen auszutauschen.

❄ Probieren Sie das alles bitte mit dem Programm TeachText gleich einmal aus.

Anweisungsbaustein

Einen Formularblock innerhalb eines Programms anlegen

- Öffne das jeweilige Programm (hier: TeachText) und tippe ein paar Zeilen.
- Wähle im Menü **Ablage** den Befehl **Sichern unter....**
- Klicke im "Sichern"-Dialog das Sinnbild für das Formular an.
- Gib einen Namen ein und klicke auf "Sichern".

Anweisungsbaustein

Formularblock öffnen

- Öffne das jeweilige Programm (hier z.B.: TeachText).
- Lade eine Formularblockdatei (beachte, welchen Namen das neue Dokument hat).
- Gib Daten in das Dokument ein.
- Löse im Menü **Ablage** den Befehl **Sichern unter...** aus.
- Gib einen Namen für das Dokument ein und klicke auf "Sichern".

Herausgeben und Abonnieren

IAC

System 7 ermöglicht die Kommunikation von isolierten Dokumenten untereinander. Die neue Kerntechnologie, die dies ermöglicht, heißt IAC - Inter Application Communication. Änderungen im Ursprungsdokument wirken sich automatisch im damit verbundenen Dokument aus. Es ist eine ganz neue Art von "publizistischem Spiel", das da auf den Benutzer zukommt.

Natürlich gibt es zu solch einer fortschrittlichen Technologie auch eine neue Terminologie mit Begriffen, die in diesem Fall dem Verlagsgeschäft entlehnt sind:

- Verleger,
- Abonnent,
- Auflage.

Die Begriffe für dieses neue "publizistische Spiel", das mit dem System 7 Einzelpersonen und Arbeitsgruppen zur Verfügung steht, sind eigentlich ganz gut gewählt. Verdeutlichen wir uns dies einmal an einem Beispiel, das für Ihre Arbeitssituation passend sein könnte. Es soll ein Dokument erstellt werden, das Text, Grafik sowie eine Kalkulation enthält. Wir können diese Arbeit in drei Schritte zerlegen oder an drei Einzelpersonen delegieren. Bleiben wir bei der bekannten Arbeitsgruppe "Dinner for one" und verteilen die Zuständigkeiten an Miss Sophie (Text), Mr. Pommeroy (Grafik) und Mr. Winterbottom (Kalkulation). Miss Sophie möchte die fertigen Erzeugnisse von Pommeroy und Winterbottom in ihr Textdokument integrieren.

herausgeben publish

abonnieren subscribe

Die beiden publizieren ihre Arbeit, indem sie Teile ihrer Dokumente in einer speziellen Auflage *herausgeben*. Ein Interessent, wie z.B. Miss Sophie, kann eine solche Auflage *abonnieren*. Wer verlegt, wer herausgibt, wem die Auflage gehört, ist eine Frage der Sichtweise und - wie beim richtigen Verlagsgeschäft - eine Frage der Urheberrechte. Das Schöne an dieser ganzen Sache ist, daß diese automatische Aktualisierung aller abonnierten Teile in einem Dokument nicht nur auf einem isolierten Macintosh, sondern über das ganze Netzwerk hinweg erfolgen kann. Damit ergeben sich völlig neue Arbeitsmöglichkeiten für Arbeitsgruppen auch über weite Entfernungen, denn heutzutage können AppleTalk-Netzwerke in sogenannten

wide area networks

wide area networks (WAN) über Kontinente hinweg gespannt werden.

Diese neue Arbeitstechnik des Herausgebens und Abonnierens ("publish and subscribe") wollen wir an Beispielen einmal Schritt für Schritt verdeutlichen.

Wir benutzen dazu ein Textverarbeitungsprogramm wie z.B. MacWrite Pro, Nisus oder Word 5, ein Zeichenprogramm wie z.B. Canvas 3 und ein Tabellenkalkulationsprogramm wie z.B. Excel 3 oder Claris Resolve. Eigentlich ist es völlig egal, mit welchen Programmen wir arbeiten. Sie müssen nur über diese neuen IAC-Fähigkeiten des Herausgebens und Abonnierens verfügen. In der Regel sind dies Programme, die auch über die Fähigkeit der Kommunikation mit *AppleEvents* verfügen. IAC ist die Abkürzung für ein Regelwerk, das die Kommunikation zwischen Anwendungsprogrammen definiert. Diese Kommunikation geschieht mit Hilfe von Nachrichten, die sich die Programme untereinander schicken und austauschen. Eine solche Nachricht, die diesen IAC-Regeln gehorcht, heißt "AppleEvent". Wenn ein Anwendungsprogramm ein "AppleEvent" an ein anderes Programm schickt, wird das Programm im allgemeinen gestartet und dazu aufgefordert, eine bestimmte Aufgabe zu erledigen. Das Ergebnis beispielsweise einer Rechenoperation wird dann an das Programm zurückgemeldet, das die Eingangsnachricht abgesandt hat.

AppleEvents

❄ Wenn Sie sich nicht sicher sind, ob Ihr Programm dazu in der Lage ist, starten Sie es und schauen in das Menü **Bearbeiten** (bzw. **Edit** in englischsprachigen Programmen), ob dort eine entsprechende Befehlsgruppe existiert. Seien Sie nicht erstaunt, wenn die Befehle etwas anders als im Bild 7-5 lauten oder wenn andere hinzugekommen sein sollten. Apple schlägt den Programmentwicklern vor, nach der "Ausschneiden-Kopieren-Einsetzen"-Gruppe vier weitere Befehle in das Menü **Bearbeiten** zu integrieren. Manche Programme haben aber noch mehr davon oder machen nur von den beiden grundlegenden Gebrauch (**Herausgeben...** = **Create Publisher...** und **Abonnieren...** = **Subscribe to...**). Lassen Sie sich auch nicht durch die Begriffe verwirren: In englischen und frühen deutschen Versionen wurde statt "Auflage" der Begriff "Edition" verwendet.

Beginnen wir nun mit Mr. Pommeroy, der mit Hilfe eines Grafik-Programms ein Muster für einen Möbelstoff erstellt hat. Wie er so etwas zeichnet, kopiert, dreht, spiegelt und vervielfältigt, soll hier nicht beschrieben werden. Die Datei hat den Namen "Mosaik", das Muster ist selbstverständlich farbig, wird hier aber schwarz-weiß dargestellt.

Mr. Pommeroy aktiviert den Teil der Grafik, genannt der *Verleger*, den er gerne publizieren möchte.

Verleger

Bild 7-4: Eine vorbereitete und aktivierte Grafik

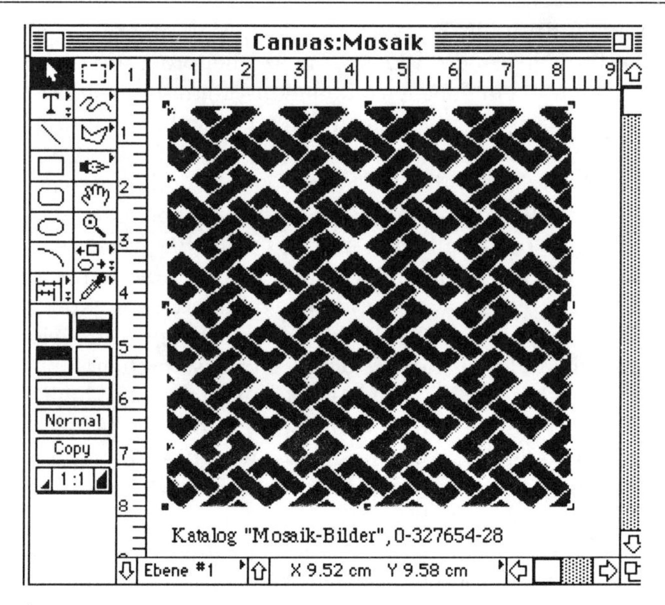

❄ Der Teil des Originaldokumentes, der anderen Dokumenten zur Abonnierung zur Verfügung gestellt wird, heißt "Verleger". Dieser Bereich wird im Original mit einem grauen Rahmen gekennzeichnet (3 Pixel breit, 50 % grau für Verleger, 75 % grau für Abonnenten).

Der Verleger wird in einer Auflage-Datei auf der Festplatte gesichert. Jede Änderung am Verleger wird von nun an in die Auflage-Datei übertragen, sobald sie erneut gesichert wird. Zu jeder Auflage gehört genau ein Verleger. Man kann also nicht die Ausgaben mehrerer Programme oder Dokumente in einer Edition zusammenfassen. Aus einem Dokument heraus lassen sich allerdings mehrere unterschiedliche Teile in verschiedenen Auflagen veröffentlichen. Es ist allerdings nicht erlaubt, daß sie sich überschneiden. Als Namen werden die Originalnamen der Datei mit dem Anhängsel "Auflage #n" mit einer kleinen Zahl n vorgeschlagen. Man kann aber auch jeden beliebigen anderen Namen vergeben.

Mr. Pommeroy löst also im Menü **Bearbeiten** den ersten Befehl aus der "publish & subscribe"-Gruppe aus. Er kann "Herausgeben..." heißen oder auch "Neuer Verleger...". Darauf erscheint eine Dialogbox, in der der Inhalt dargestellt wird, um den es geht. Außerdem werden genauere Angaben zum Ort und Namen der Datei abgefragt (s.a. Bild 7-6). Wie bei den Sichern-Dialogen unter System 7 mittlerweile üblich, wird auch die Möglichkeit angeboten, zuerst einen neuen Ordner zu schaffen. Suchen Sie auf alle Fälle einen Ort für die veröffentlichten Auflagen aus, auf den Sie aus allen Programmen gut zugreifen können.

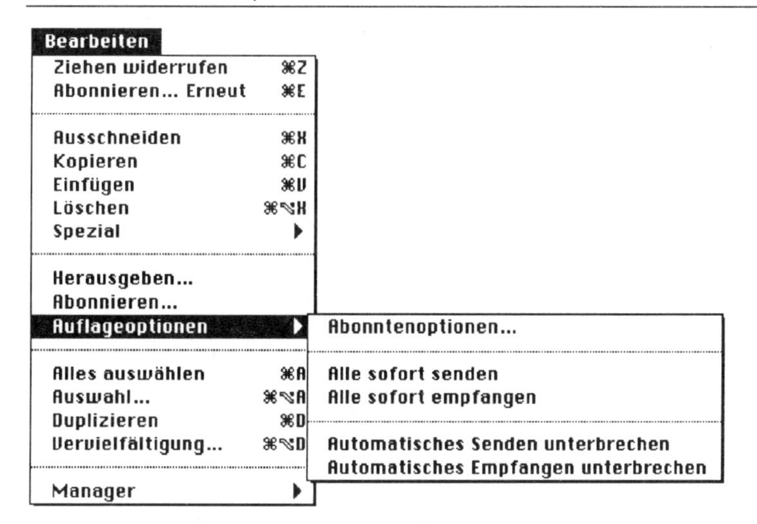

Bild 7-5: Das Menü Bearbeiten im Zeichenprogramm

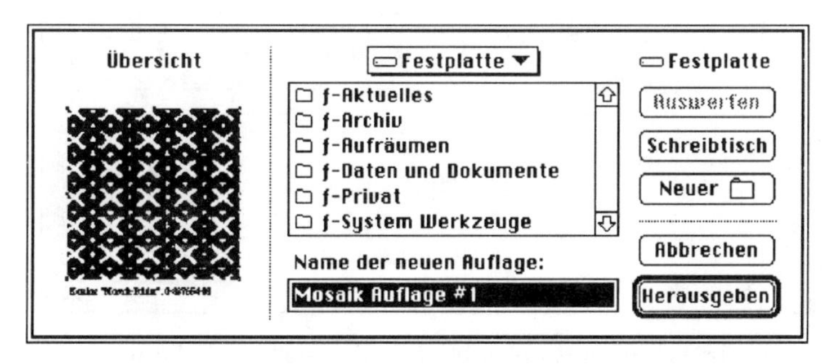

Bild 7-6: Veröffentlichen einer Auflage

Nach dem Herausgeben werden die veröffentlichten Teile der Dokumente auf dem Bildschirm mit einem grauen Rand umgeben. In manchen Programmen kann man den auf Wunsch auch unterdrücken, wenn er stört.

Während Mr. Pommeroy seine Arbeit erledigt hat, ist Mr. Winterbottom gerade dabei, seine Kalkulation durchzuführen. Wie solch eine Tabelle aufgebaut und benutzt wird, kann hier nicht erläutert werden. Er benutzt dazu das Tabellenkalkulationsprogramm Microsoft Excel 3. Nachdem die Kalkulation entworfen, geprüft und gesichert wurde, geht er genauso vor wie Mr. Pommeroy:

Anweisungsbaustein

Veröffentlichen eines Verlegers

- `Öffne das jeweilige Original-Dokument.`
- `Aktiviere den Teil des Dokumentes (Verleger), der herausgegeben werden soll.`
- `Wähle im Menü` **`Bearbeiten`** `den Befehl` **`Herausgeben...`** `(bzw.` **`Neuer Verleger...`**`).`
- `Gib im "Verleger"-Dialog einen Namen und einen Ort für die Auflage-Datei (Edition) ein.`
- `Klicke im Dialogfenster auf` **`Herausgeben`**`.`

Bild 7-7: Kalkulation in Excel

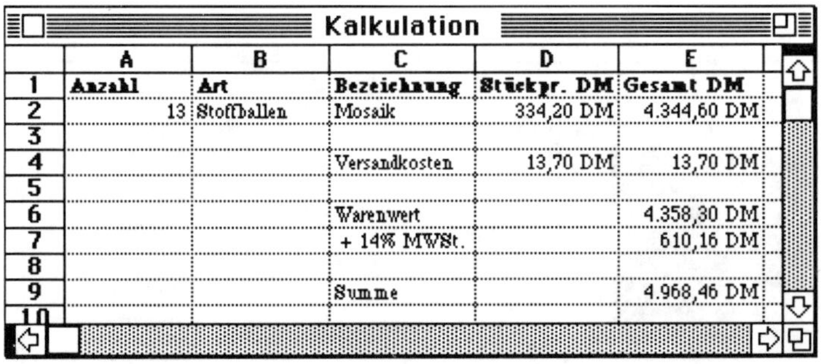

Kalkulation

	A	B	C	D	E
1	**Anzahl**	**Art**	**Bezeichnung**	**Stückpr. DM**	**Gesamt DM**
2	13	Stoffballen	Mosaik	334,20 DM	4.344,60 DM
3					
4			Versandkosten	13,70 DM	13,70 DM
5					
6			Warenwert		4.358,30 DM
7			+ 14% MWSt.		610,16 DM
8					
9			Summe		4.968,46 DM
10					

Auch Mr. Winterbottom publiziert also seine Tabelle nach der eben beschriebenen Methode. Die beiden Originale mit den Namen "Mosaik" und "Kalkulation" und die publizierten Teile "Mosaik Auflage #1" sowie "Kalkulation Auflage #1" wollen wir uns kurz im Finder betrachten.

Sie unterscheiden sich auch schon äußerlich voneinander. Typisch für die veröffentlichten Dateien ist der graue Rahmen, der jeweils im Symbol auftaucht. In den Dokumenten selber sind die veröffentlichten Teile ja ebenfalls durch graue Rahmen hervorgehoben.

Miss Sophie wird nun die beiden Editionen in ihren Text, das sogenannte Zieldokument mit dem Namen "Memo", abonnieren. Dazu benutzt sie ein Textverarbeitungssystem mit IAC-Fähigkeiten wie z.B. Word 5, RagTime 3.1 | 7, Nisus oder MacWrite Pro.

❄ Der Teil des Zieldokumentes, der von anderen Dokumenten her stammt, heißt "Abonnent". Dieser Bereich bleibt dynamisch mit dem Dokument verbunden. Er repräsentiert den Verleger und auch dessen aktuelle Änderungen. Jede Veränderung am Originaldokument wird beim Sichern an die Auflage (Edition) übertragen. Automatisch werden diese Änderungen auch dem Zieldokument mitgeteilt. Beliebig viele Abonnenten können eine Edition beziehen.

Festplatte

11 Objekte 76 MB belegt 1,9 MB verfügbar

Name	Größe	Art
Kalkulation	6K	Microsoft Excel Do
Kalkulation Auflage #1	10K	Microsoft Excel A
Mosaik	20K	Canvas™ 3.0 Doku
Mosaik Auflage #1	10K	Canvas™ 3.0 Ausg
System Ordner	–	Ordner
ƒ-Aktuelles	–	Ordner
ƒ-Archiv	–	Ordner
ƒ-Aufräumen	–	Ordner
ƒ-Daten und Dokumente	–	Ordner
ƒ-Privat	–	Ordner
ƒ-System Werkzeuge	–	Ordner

Mosaik

Mosaik Auflage #1

Kalkulation

Kalkulation Auflage #1

Bild 7-8: Originale und Editionen

Natürlich hat Miss Sophie ein entsprechendes Dokument bereits vorbereitet. Der erste Entwurf für das Memo könnte etwa so aussehen:

Bild 7-9: Entwurf von Miss Sophies Memo

Memo

Von: Miss Sophie

An: Admiral von Schneider

Betr.: Angebotsvorbereitung

Hiermit übersende ich Ihnen die gewünschten Unterlagen zur Vorbereitung eines Angebotes an den Kunden Smith.

hier Einfügen: Mosaik Auflage #1

hier Einfügen: Kalkulation Auflage #1

Mit freundlichen Grüßen

gez. S.

Nachdem sie sich davon überzeugt hat, daß Mr. Winterbottom und Mr. Pommeroy die gewünschten Informationen (Grafik und Kalkulation) vorbereitet haben, ersetzt Miss Sophie die Platzhalter durch konkrete Informationen. Dazu aktiviert sie die Zeilen, die mit "hier Einfügen:" beginnen und löst im Menü **Bearbeiten** den Befehl **Abonnieren...** aus.

Anweisungsbaustein

Abonnenten erzeugen

- Öffne das jeweilige (Ziel-)Dokument, mit dem gearbeitet werden soll.
- Wähle im Menü **Bearbeiten** den Befehl **Abonnieren....**
- Klicke im Auswahldialog den Namen der gewünschten Edition doppelt an. (Alternativ kann man den Namen anwählen und auf **Abonnieren** klicken; s.a. Bild 7-10.)

Bild 7-10: Auswahl von Abonnements

Bild 7-11 zeigt das Endergebnis.

So weit, so gut. In einem ersten Anlauf sind die Informationen ohne Probleme zusammengetragen und importiert worden. Betrachten wir noch einmal, wer alles an diesem Vorgang teilhat:

- Zuerst sind da die drei Programme zum Zeichnen, Rechnen und Schreiben. Es handelt sich um moderne Versionen, die für "Verlegen und Abonnieren" vorbereitet sind.

- Dann gibt es fünf weitere Dateien, drei normale Dokumente und zwei zusätzliche Ausgaben. Ob sich die Dateien auf einem Rechner befinden oder ob sie über ein Netzwerk verstreut sind, ist für die Funktion ohne Bedeutung. Die Verleger und die Abonnements in den Dokumenten sind grau umrahmt, wenn sie aktiviert werden. Sobald man auf den grauen Rand doppelt klickt, öffnen sich Verleger- und Abonnenten-Dialoge (Bilder 7-12 und 7-13).

Memo

Von : Miss Sophie

An : Admiral von Schneider

Betr. : Angebotsvorbereitung

Hiermit übersende ich Ihnen die gewünschten Unterlagen zur Vorbereitung eines Angebotes an den Kunden Smith.

Katalog "Mosaik-Bilder", 0-327654-28

Anzahl	Art	Bezeichnung	Stückpr. DM	Gesamt DM
13	Stoffballen	Mosaik	334,20 DM	4.344,60 DM
		Versandkosten	13,70 DM	13,70 DM
		Warenwert		4.358,30 DM
		+ 14% MWSt.		610,16 DM
		Summe		4.968,46 DM

Mit freundlichen Grüßen

gez. S.

Bild 7-11: Gesamtübersicht des Memos

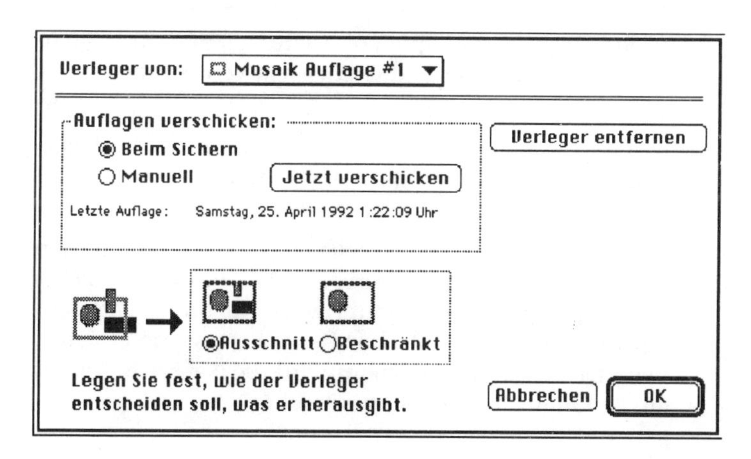

Bild 7-12: Verleger-Info (Zeichenprogramm)

Bild 7-13: Abonnenten-Info

Bild 7-14: Informationen über die Grafik-Auflage

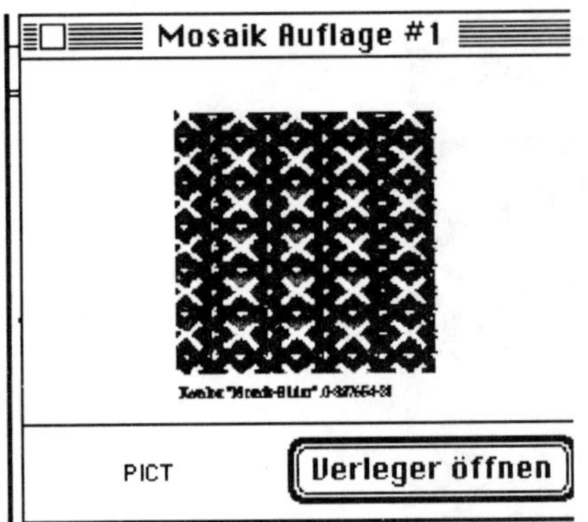

In den Info-Fenstern kann man

- feststellen, ob es sich um Verleger oder Abonnenten handelt,
- feststellen, wo sich die Dateien auf der Festplatte oder im Netz befinden,
- festlegen, wann eine Aktualisierung stattfinden soll; in der Regel wird mit den automatischen Optionen gearbeitet.
- die Verbindung auf Wunsch wieder lösen. In der Abonnenten-Datei bleibt dann eine Kopie der letzten Auflage zurück. Erst danach ist es z.B. möglich, eine Auflagen-Datei von der Festplatte zu löschen oder sie auf eine andere Diskette zu kopieren. Allerdings muß man sie in diesem Fall anschließend wieder neu veröffentlichen.
- zusätzliche, für das Spezialprogramm wichtige Einstellungen vereinbaren (wie in Bild 7-12 für das Verleger-Info des Grafikprogramms die Behandlung von angeschnittenen Grafikobjekten).
- bei einem Abonnenten zusätzlich das Verleger-Programm öffnen, um eine weitere Bearbeitung zu ermöglichen. Diese letzte Eigenschaft ist übrigens ein offensichtliches Beispiel für die bereits kurz erwähnten AppleEvents: Beim Druck auf diesen Knopf wird die Nachricht "open" an das Originalprogramm gesendet.

Bild 7-15: Informationen über die Tabellen-Auflage

Öffnet man die Auflagedateien im Finder per Doppelklick, erhält man jeweils ein Fenster, das eine bildliche Darstellung des Inhalts anbietet. Von hier aus ist es möglich, das Originaldokument mit dem dazugehörenden Programm zu öffnen.

❄ Etwas kryptisch bleiben die Buchstabenfolgen in der unteren linken Ecke des Fensters. Sie beschreiben den (Ressource-) Typ der veröffentlichten Daten. In der Regel ist es entweder ein "TEXT" oder ein Bild "PICT". Zusätzlich können andere Formate ergänzt werden. Allgemein gilt, daß alle Formate verwendet werden können, die auch in der Zwischenablage benutzt werden dürfen.

Insgesamt läßt sich natürlich eine enge Verwandschaft zwischen der altbewährten Macintosh-Zwischenablage und dem Vorgehen beim Publizieren und Abonnieren feststellen. Für Apple handelt es sich um eine logische Evolution. Alles was bisher in der Zwischenablage Platz fand und transportiert werden konnte, kann auch an diesem neuen Dienst teilnehmen. Das obige Memo hätte ohne weiteres ja auch mit einer Reihe von "Kopieren und Einsetzen"-Schritten erzeugt werden können. Die Zahl der notwendigen Schritte einschließlich Wechsel der Programme entspricht vermutlich derjenigen, die wir hier beschrieben haben. "Also, was soll's?", hört man die Skeptiker fragen, "soviele neue Begriffe für den selben alten Effekt?"

Nein, ganz so ist es nicht. Neben der Netzwerkfähigkeit zeigt sich der Vorteil der neuen IAC-Technologie dann, wenn Änderungen nötig werden. Bisher stellte "Kopieren und Einsetzen" die grundlegende Technik des Datenaustausches zwischen Dokumenten dar. Bei einer Änderung im Original waren allerdings dieselben Schritte nötig wie bei einem Neuanfang. Nun kann diese Arbeit durch "Publizieren und Abonnieren" an das Betriebssystem übertragen werden.

Denn von nun ab wird jede Modifikation am Original an die Auflage weitergegeben. In der Regel passiert dies beim Sichern, aber im Verleger-Info (s.a. Bild 7-12) läßt sich auch anderes vereinbaren. Beim Abonnenten wird dieses augenblicklich registriert und eine Aktualisierung findet statt. Das alles ist schon für unser kleines Dokument sehr nützlich, funktioniert aber selbstverständlich auch, wenn mehrere Hundert einzelne Verleger und Abonnenten zusammen an einem Buch arbeiten.

Die Objekte, die Sie in Ihr Dokument integriert haben, sind nun auf eine bestimmte Art und Weise gegen Veränderungen geschützt. Für Form und Inhalt sind eigentlich die Verleger verantwortlich. Vom Abonnenten lassen sich nur marginale Eigenschaften einstellen. Z.B. ließe sich ein gesamter abonnierter Text in der Stilart "fett" darstellen. Allerdings hängt es von den verwendeten Programmen ab, ob bei der nächsten Aktualisierung diese Veränderung mit übernommen wird. Verlassen Sie sich lieber nicht auf so etwas!

Eine Einstellung dürfte allerdings ohne Probleme zulässig sein: Miss Sophie findet, daß die Tabelle noch nicht optimal wirkt. Sie ist zu schmal. Sie kann sie mit Hilfe von Tabulator-Marken optisch herrichten.

❄ Es ist ja nicht ganz selbstverständlich, was aus den Inhalten der einzelnen Felder einer Tabellenkalkulation wird, wenn sie in die Textverarbeitung integriert werden. Hier lautet die Regel: Nebeneinanderliegende Felder (die Spalten) werden durch Tabulatorzeichen getrennt, übereinanderliegende (die Zeilen) durch Zeilenschaltungen. Zwischen den einzelnen Begriffen in einer Zeile der Kalkulation befinden sich also Tabulator-Marken, die man hier z.B. benutzen kann, um die gesamte Breite des Dokuments auszuñutzen.

Der Verleger aber, der in die Textverarbeitung importiert wurde, ist schreibgeschützt. Inhaltliche Änderungen dürfen nur mit dem Originalprogramm am Originaldokument vorgenommen werden.

Falls Miss Sophie hier trotzdem inhaltlich eingreifen wollte, bliebe ihr nur der "brutale" Weg, das Abonnement zu kündigen. Dann verbleibt die letzte aktuelle Auflage bei ihr und mit der kann sie dann anstellen, was sie möchte.

Das Memo ist inzwischen schon in der gewünschten Fassung fertiggestellt, als sich herausstellt, daß das Muster etwas luftiger gestaltet werden soll und außerdem die Anzahl der Stoffballen erhöht werden soll. Für Miss Sophie bedeutet dies keinerlei zusätzliche Arbeit, weil nur die Verleger modifiziert werden müssen. Das machen Pommeroy und Winterbottom. Jede Änderung der Verleger überträgt sich sofort auf die jeweilige Auflage und damit sofort auf alle Abonnenten. Und das geht so:

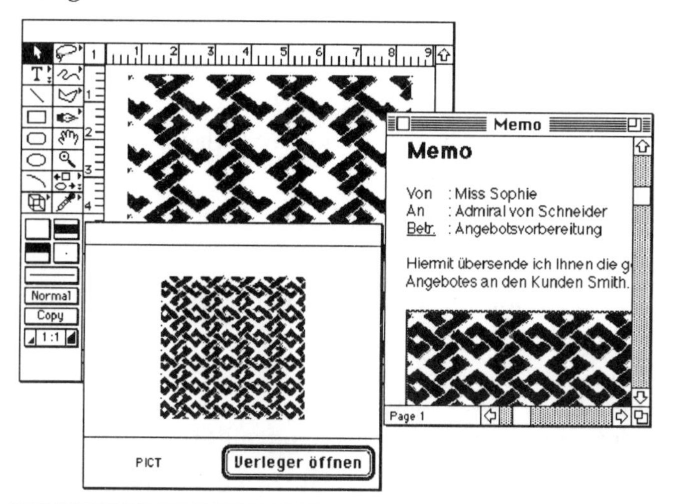

Bild 7-16: Mr. Pommeroy hat das Design geändert

Anweisungsbaustein

Informationen im Verleger ändern

- Öffne das Dokument, das den Verleger enthält. (Alternativ kann die jeweilige Edition doppeltgeklickt werden und mit Hilfe des Knopfes "Verleger öffnen" das Originaldokument geöffnet werden.)
- Verändere die Informationen (z.B. Text, Grafik, Kalkulation etc.) im Verleger.
- Wähle im Menü **Ablage** den Befehl **Sichern.** (Daraufhin wird auch die Ausgabe sowie im Zieldokument der Abonnent geändert.)

In Bild 7-16 sieht man neben dem Memo-Fenster die Informationen über die Auflage sowie das Grafikprogramm, in dem bereits das neue Muster hergestellt wurde. Nach dem nächsten Sichern ändert sich auch die Auflage und sofort anschließend das Memo. Was sich hier zur Demonstration auf einem Einzelplatzrechner abspielt, kann sich auch auf mehrere in einem Netz verteilen.

In der Tabelle eines Kalkulationsprogramms genügt es ja normalerweise, einen Wert zu verändern, um eine Neuberechnung zu provozieren. Genau das würde Mr. Winterbottom mit der Stückzahl machen.

Für einige Kunden hat die Zahl 13 ja etwas Bedrohliches, also wird sie in 24 geändert. Damit kann das nun geänderte Dokument gedruckt und verschickt werden.

Natürlich sind mit dem ersten Kennenlernen einer so mächtigen Software-Technologie wie "Herausgeben und Abonnieren" noch längst nicht alle Möglichkeiten und Probleme behandelt. Viele mögliche Fragen bleiben zunächst offen:

Kann ich noch weiterarbeiten, wenn ein Verleger sich plötzlich nicht mehr im Netz befindet?

Lassen sich Verleger und Abonnent noch mit Ausschneiden, Kopieren und Einsetzen verarbeiten?

Werden wirklich alle wichtigen Programme mit dieser Fähigkeit ausgestattet?

Kann man auch Zirkelverbindungen herstellen, wo Programm A etwas publiziert, was Programm B verarbeitet und als Ergebnis wieder für den Gebrauch von A veröffentlicht?

Wird man daran gehindert, absichtlich oder versehentlich eine abonnierte Auflage zu löschen?

Nun ja, diese Fragen sind alle so formuliert, daß sie mit "Ja" zu beantworten sind, aber seien Sie versichert: Gerade weil es sich bei diesen neuen Fähigkeiten um die Weiterentwicklung des enorm erfolgreichen "Ausschneiden-Kopieren-Einsetzen"-Konzeptes handelt, hat sich die Apple User Interface Group besondere Mühe gegeben und für alle möglichen Probleme eine plausible Lösung vorbereitet.

BluePrint

Offene Architektur

8

Ein Film ohne Drehbuch ist so gut wie unmöglich. Niemand baut ein Haus ohne Architekten und deren Entwürfe. Auch wenn das Wort "Planwirtschaft" in Verruf geraten ist, kann sich heute kein Unternehmen am Markt behaupten, das nicht mit ausgefeilten Methoden die Wünsche von Kunden und Konkurrenten erforscht und entsprechend handelt. Mehr und mehr findet auch die Arbeit von Architekten und Innenarchitekten am Computer statt. Riesige Bildschirme verdrängen die Zeichenmaschinen, auf denen quadratmetergroße Pergamentpapierentwürfe gefertigt wurden. Laserausdrucke wirken halt auch eindrucksvoller als die Blaupausen für die Kunden und Handwerker, die von den durchsichtigen Vorlagen auf Spezialpapier gemacht wurden. Die Methoden haben sich geändert, niemand macht sich dabei mehr blaue Finger, aber das Prinzip bleibt: Planung.

Zunächst sind darin nur die Umrisse zu erkennen, stellenweise wurden Details bis in die kleinsten Einzelheiten ausgearbeitet. Aber immer ist es ein Entwurf, was ja auch das charakteristische an einer Blaupause ist.

BluePrint for the decade

Aber der Macintosh ist doch bereits entworfen, wird produziert und ist nun mit einem neuen Betriebssystem versehen worden? Nun, es ist einfach so, daß bei der Vorstellung eines Produkts die nächste Generation bereits in Arbeit und die übernächste schon angedacht ist. Und gerade Apple hat ja einen Ruf als innovative Ideenschmiede zu verteidigen. "*BluePrint for the decade*" ist der Name eines Strategiepapiers vom Oktober 1991. Und wie es da so schön im Untertitel heißt: "An overview of Apple technology and strategies." Dieses 20-seitige Papier gibt in dürren Worten wieder, wie sich Apples Rechner- und Programm-Technologie in den nächsten zehn Jahren entwickeln soll. Der Name trifft. Es ist eine Blaupause für die zukünftigen Strukturen des Macintosh-Betriebssystems, ein Entwurf, der in den nächsten Jahren mit technologischen Innovationen ausgefüllt werden wird, an denen wir alle teilhaben können.

offene Systemarchitektur

Auf einige dieser innovativen Systemerweiterungen wollen wir Sie in diesem Kapitel noch hinweisen. Prinzipiell ist das Betriebssystem 7 nämlich modulartig aufgebaut. Informatiker würden die Konzeption als *offene Systemarchitektur* bezeichnen. Ja, Sie haben richtig gehört: Auch Informatiker reden vom Begriff der Architektur. Und in der Tat ist die Entwicklung eines Betriebssystems dem architektonischen Entwurf eines Gebäudes vergleichbar. Zuerst ist die Konzeption nötig. Ein gutes Konzept ist schon die Hälfte des Erfolges. Es gibt Beispiele von Betriebssystemansätzen, bei denen eine dürftige Konzeption viele Probleme beim Bau des Betriebssystemproduktes verursachte. Beim Macintosh-Betriebssystem ist das gewiß nicht so.

Allerdings sehen erfahrene Benutzer manche Stellen, wo eine gute Konzeption in der Umsetzung verpfuscht wird, was dann in der nächsten Version des Betriebssystems korrigiert werden muß.

Das zukünftige Macintosh-Betriebssystem ließe sich also grob in drei Teile einteilen, die historisch gewachsen sind:

- Die Grundlagen, wie Maus- und Bildschirmansteuerung, die schon in System 6 vorhanden waren.
- Die Erweiterungen von System 7. Diese sind ja in den ersten sieben Kapiteln beschrieben worden.
- Die zukünftigen Erweiterungen. Einige davon werden wir noch kurz nennen.

Bild 8-1 zeigt dieses Bausteinkonzept grafisch.

Der Benutzer merkt natürlich nichts von dieser Einteilung, da alle Teile des Betriebssystems reibungslos miteinander zusammenarbeiten.

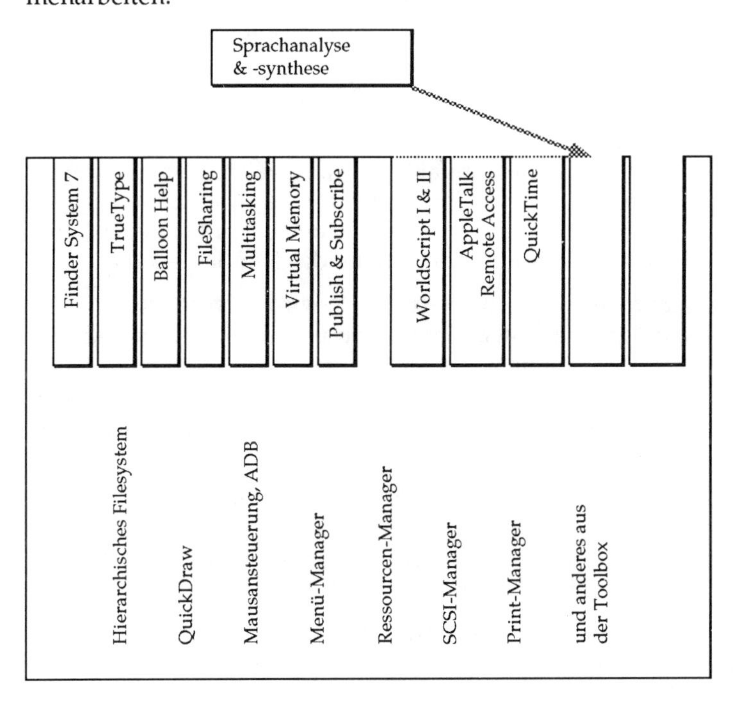

Bild 8-1: Offene Systemarchitektur

Wie schon gesagt, die Mac-Blaupause ist gut getroffen, doch warten wir ab, wie die Details aussehen werden. Teilweise handelt es sich um völlig neue Konzepte, teilweise sind die Fähigkeiten heute noch umständlich mit Zusatzprogrammen zu erreichen. Ein paar Andeutungen über das, was uns erwartet, können schon gemacht werden:

- Erweiterte Navigation: Was bisher nur mit Fremdprogrammen wie "OnLocation" möglich war, soll zum Standard werden: Suchen und Finden nicht nur nach den Dateinamen, sondern auch nach Inhalten. (Such mal nach allen Dateien, in denen das Wort "Urlaub" benutzt wird.)
- Verbesserte Hilfe: Neben der schon sehr nützlichen "Aktiven Hilfe" mit Sprechblasen lassen sich alle möglichen Stufen denken, von einfachen Erklärungen über eingestreute Übungsphasen bis hin zu Tutorials, die von Sprache und Animation unterstützt werden. (Jetzt haben Sie schon dreimal denselben Fehler gemacht, führen Sie bitte die folgende Übung durch.)
- Datenaustausch mit anderen Dateisystemen, speziell MS-DOS, der bisher nur mit Spezialprogrammen möglich ist, soll Bestandteil des Betriebssystems werden.
- Erweiterte Schriftensysteme sind bereits in Version 7.1 integriert. Dies umfaßt die Fähigkeit, in einem Dokument sowohl von links nach rechts als auch von rechts nach links als auch vertikal schreiben zu können. (Wenn man einen Adressaten hat, der das alles lesen kann.)
- Sprachanalyse und -synthese wird sich in bestehende Programme integrieren lassen und deren Fähigkeiten erweitern. Stellen Sie sich einmal vor, den Finder per Sprache zu steuern! (Aber was passiert, wenn dann der Titel "Lösch bitte meine Festplatte" in die Hitparade gelangt?)
- Sicherheit: Bei hochgradiger Vernetzung wird es mehr und mehr wichtig sein, den eigenen Rechner und die Ordner mit Kennwörtern zu schützen und zusätzlich die Dateien zu verschlüsseln.

Einige der Details sind bereits ausgearbeitet und als Systemzusätze vorhanden: "AppleTalk Remote Access" und "QuickTime" liegen uns in der englischen Version vor und sollen hier kurz beschrieben werden.

AppleTalk Remote Access

AppleTalk Remote Acess ist eine Software, die jeden Macintoshcomputer in die Lage versetzt, mit anderen Macintoshsystemen über normale Telefonverbindungen zu kommunizieren. Benötigt wird nur ein branchenübliches Modem und die AppleTalk Remote Acess-Software. Dies stellt eine dritte Stufe der Rechner-Rechner-Kopplung dar.

- Auf unterster Ebene lassen sich alle Rechner über ihre serielle Schnittstelle verbinden. Mit entsprechenden *Terminal-Programmen* können Textdateien hin- und hergeschickt werden. Die Verbindung über Modems und Telefonleitungen ist ebenfalls möglich.

Terminal-Programm

- Alle Rechner, die an ein LocalTalk-Netz angeschlossen sind, können von den Netzwerkdiensten Gebrauch machen, selbst Fileserver werden oder sich im Client-Server-Betrieb andere Fileserver auf den Schreibtisch holen.

Client-Server-Betrieb

- *AppleTalk Remote Access* (abgek.: ARA) verbindet nun die Vorteile der großen Reichweite (über Modems und Telefonverbindung) mit der leichten Bedienung der Finderoberfläche.

AppleTalk Remote Access

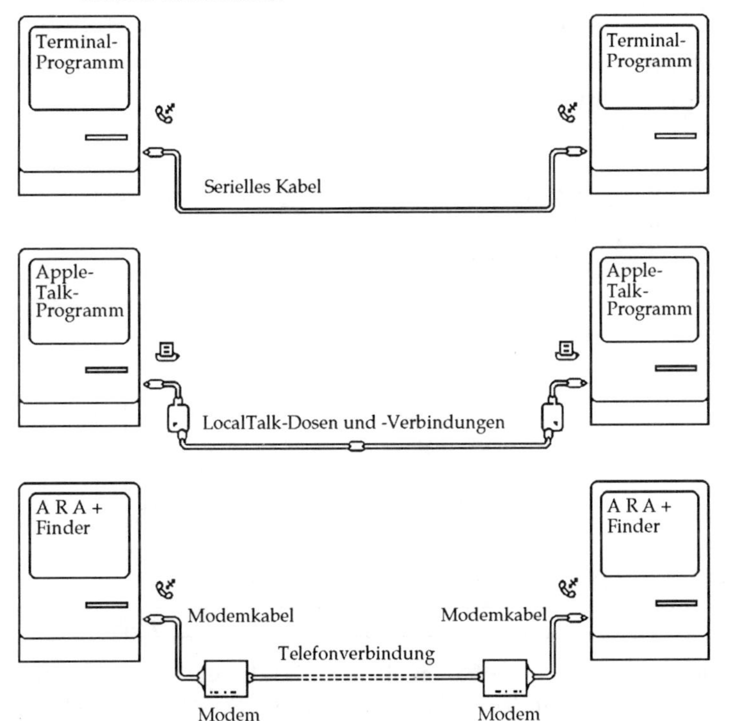

Bild 8-2: Drei Möglichkeiten der Rechner-Rechner-Kopplung

Nachdem die Verbindung aufgebaut ist, ist für die Benutzer kein Unterschied zur Arbeit in einem lokalen Netz zu erkennen (wenn man vielleicht von der Geschwindigkeit absieht). Schon kann man mit Kollegen und Freunden per Telefon auf einfache Weise Dateien austauschen. Eine äußerst praktische Sache, wenn jemand gerade ein neues, wahnsinnig interessantes Computerspiel bekommen hat, aber leider dreißig Kilometer entfernt wohnt. Es gibt natürlich auch ernsthaftere Anwendungen. Bei Firmen, die AppleTalk-Netzwerke einsetzen, können Betriebsangehörige sich von zu Hause aus in das firmeneigene Netzwerk *einloggen* und alle Dienste wie:

einloggen

- Elektronische Post,
- Drucken auf den Netzwerkrechner,
- Benutzung des Netzwerk-Fax-Rechners,
- Zugriff auf den eigenen Datenbestand

genauso bequem nutzen, als wenn sie sich vor Ort in der Firma befinden würden.

Dies gilt auch für zwei Einzelpersonen, die einen gemeinsamen Arbeitszusammenhang besitzen. Einer oder beide sollten unter System 7 als Fileserver arbeiten. In einer größeren Gruppe empfiehlt es sich, einen dedizierten Server zu definieren, an dem sich die Benutzer anmelden (Client-Server-Betrieb). Die erste der beiden angesprochenen Möglichkeiten wollen wir Ihnen vorführen. Vielleicht kommen Sie ja auf den Geschmack und wollen diese neue Systemerweiterung auch für sich selber nutzen.

Bild 8-3: Inhalt Diskette 1

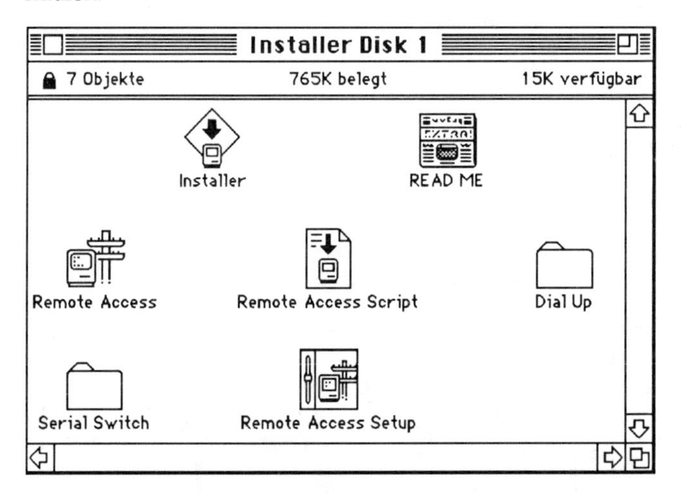

Die ARA-Symbole enthalten alle ein Bild der in den USA noch üblichen Überlandtefonleitungen, die hier in Europa schon weitgehend verschwunden sind.

Zuerst einmal muß natürlich diese Software, die leider nicht zum Standard-Betriebssystem gehört, installiert werden. Bitter ist, daß die Software Geld kostet. Dafür ist die Installation umso leichter.

❄ PowerBook-Besitzer können sich übrigens freuen. AppleTalk Remote Access gehört zum Lieferumfang. Dahinter steckt natürlich genau die Idee, mobilen Benutzern im industriellen Bereich den Kontakt zu ihren heimatlichen Datenbasen zu erleichtern.

Das AppleTalk Remote Access-Paket enthält zwei Disketten (s.a. Bilder 8-3 und 8-4):

- AppleTalk Remote Acess Installer Disk 1
- AppleTalk Remote Acess Installer Disk 2

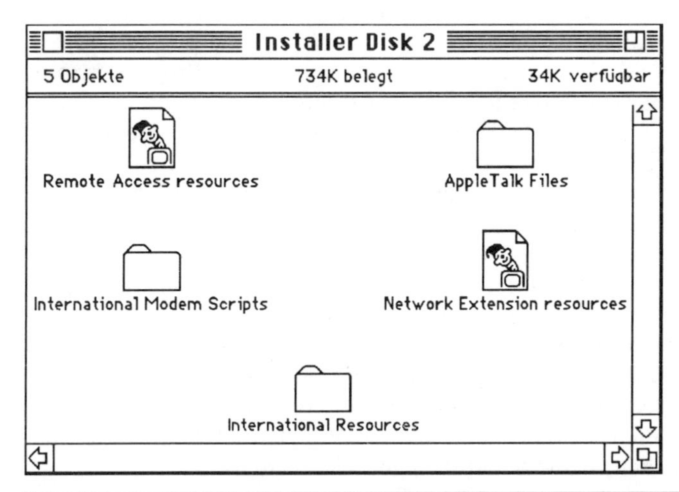

Bild 8-4: Inhalt Diskette 2

Bild 8-5: ARA Installer

Bild 8-6: Die Installation beginnt

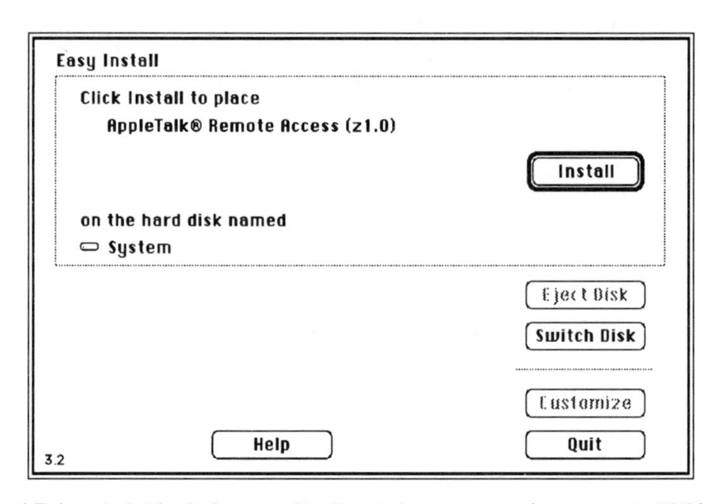

Aktualisierer

ARA wird ähnlich wie die Betriebssystemsoftware mit Hilfe des Installationsprogramms auf die Festplatte gespielt. Dazu starten Sie das auf der Diskette 1 befindliche Programm mit dem Namen "Installer" (in der deutschen Version *Aktualisierer*) und folgen den gegebenen Anweisungen. Wie Sie dem Inhalt der Disketten (s.a. Bild 8-2, Bild 8-3) entnehmen können, gibt es in Europa eine internationale Version von ARA mit länderspezifischen Ressourcen. Europa ist ja auch auf dem Computersektor noch weit davon entfernt, einheitlich zu sein. Das fängt bei Steckerverbindungen für die elektrische Spannung an und hört beim Postmonopol auf. Dieses Monopol der deutschen Telekom führt dazu, daß der Benutzer sich nicht irgend ein Modem kaufen kann. Es gibt vielmehr postzugelassene Modems und solche, für die diese teure und zeitraubende Zulassungsprozedur nicht durchgeführt wurde. Vor den letzteren muß aus rechtlichen Gründen deutlich gewarnt werden.

❄ Ein Modem ist ein Gerät, das die digitalen Signale des Computers in akustische Signale umwandelt, die sich wie Pfeifen in unterschiedlich hohen Tönen anhören. Diese akustischen Signalen werden über die normale Telefonleitung zum anzurufenden Computer geleitet. Natürlich ist auch an den Empfängercomputer ein Modem angeschlossen, das die Rückwandlung in digitale Signale vornimmt.

Skript

Die postzugelassenen Modems genügen den strengen deutschen TÜV-Vorschriften, und für die marktüblichen gibt es auch einen programmierten Satz von Befehlen (*Skript*), der diese Modems sofort mit der ARA-Software zusammenarbeiten läßt.

Das richtige Skript für das benutzte Modem muß sich im Systemordner im Ordner "Systemerweiterungen" befinden, damit sich die Software mit dem Modem unterhalten kann und umgekehrt. Das ist die erste und einzige Fehlerquelle, wenn Ihre Installation nicht funktionieren sollte. Modems gibt es ja inzwischen wie Sand am Meer und ebenso eine entsprechende Menge von ARA-Scripts. Auf den ARA-Disketten, die für Europa ausgeliefert werden, existiert ein Ordner mit dem Namen "International Modem Scripts". In diesem Ordner befinden sich die landesspezifischen Ordner, unter denen sich auch der Ordner "Germany" befindet. Darin gibt es folgende *Modemskripts*:

Modemskript

```
CN-3522 SA Plus
Dialog 2400 MNP
Dr. Neuhaus Universal
FURY 2400 TI
FURY 9600 TI
GVC Super Modem 2400
GVC Super Modem 2400 MNP
MDG 19K2-31
MDG 2400-11
MDG 2400-21
MicroLink
Personal Line 2400 MNP
Worldport 2400 MNP
```

Falls Sie also eines dieser Modems gekauft haben, wird ARA ohne Probleme funktionieren. Es gibt jedoch noch eine Menge anderer Skripts, die sich auf den Installer-Disketten für USA befinden. Sie können also auch diese Skripts benutzen, wenn Sie das entsprechende Modem besitzen (und nicht im Bereich der Deutschen Telekom arbeiten). Die notwendigen Steckverbindungen sollten Sie - wie immer - nur bei ausgeschalteten Geräten vornehmen.

Nachdem mit der Installation die erste Hürde ohne Probleme gemeistert ist, schalten Sie Ihr Modem ein und starten das Programm "Remote Access". Es erscheint ein Dokument mit dem Namen "Untitled". Beim ersten Mal müssen Sie im Menü **Setup** die Voreinstellungen vornehmen. Insbesondere müssen Sie aus dem Pop-Up-Menü den Treiber für Ihr Modem aussuchen (s.a. Bild 8-7).

Tragen Sie dann Ihren Namen, Ihr Kennwort und die Telefonnummer des Rechners, den Sie anrufen wollen, in das Fenster "Untitled" ein.

Bild 8-7: Modemeinstellung

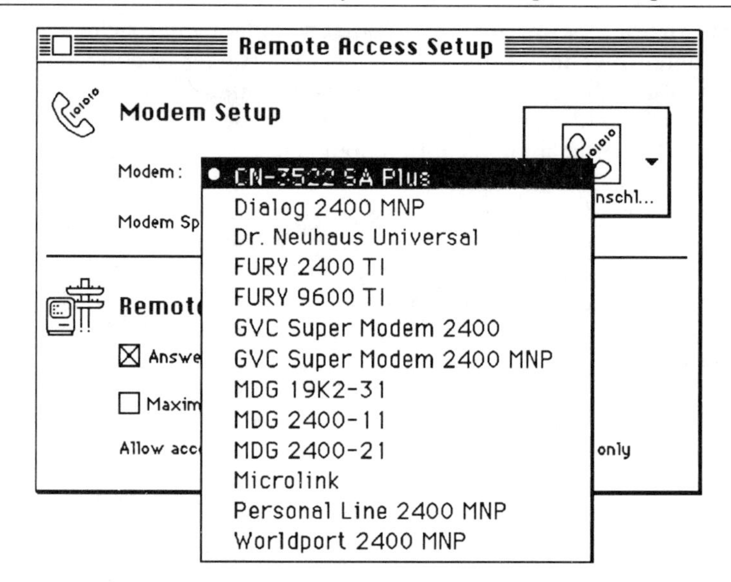

Voraussetzung für das Zustandekommen einer Verbindung ist natürlich, daß auf dem Zielrechner ebenfalls dieses Programm läuft und Sie dort als Benutzer mit Name und Kennwort eingetragen sind. Dies muß der Eigentümer des entsprechenden Rechners vorher getan haben (vgl. Kap. 6).

Da es sehr lästig ist, jedes Mal wieder alle Daten neu einzugeben, lösen Sie im Menü **Bearbeiten (File)** den Befehl **Sichern als.. (Save as...)** aus (s.a. Bild 8-8). Es wird nun ein Dokument erzeugt, das die spezifischen Benutzungsdaten enthält, mit denen Sie sich bei dem anderen Rechner einwählen können. Für die nächste Sitzung können Sie nun allein per Doppelklick auf dieses Dokument automatisch die Verbindung herstellen.

Bild 8-8: Erstellung einer Anrufkonfiguration

File Edit Setup Windows
New ⌘N
Open... ⌘O
Close ⌘W
Save ⌘S
Save As...
Quit ⌘Q

Untitled
Connect as: Guest
Registered User
Name: kalle
Password: ••••
Phone: p17763
Save my password
Remind me of my connection every: 0 minutes
Connect

Danach können Sie einmal probieren, ob eine Verbindung hergestellt werden kann. Ggf. wird ein Kennwort von Ihnen verlangt (s.a. Bild 8-9). In einem Statusfenster (s.a. Bild 8-10) hält der Rechner Sie auf dem laufenden darüber, was gerade geschieht.

In der Menüleiste des Programms gibt es jedoch noch weitere Programmteile, mit denen Sie die Aktivitäten des Verbindungsaufbaues festhalten und beobachten können (s.a. Bild 8-10). Wie Sie dem Logbuch entnehmen können, arbeiten wir mit der "callback"-Methode: Ein angerufener Rechner legt kurz nach Aufbau der Verbindung wieder auf und ruft zurück. So kann sichergestellt werden, daß der Anruf nicht von einem unautorisierten "Hacker" stammt. Rechner, die von anderen angerufen werden, werden selten einen freien, öffentlichen Zugriff als "Gast" zulassen. Das sollten Sie auch bei Ihrem Rechner unbedingt beachten und niemals einen freien Zugang ohne Kennwort erlauben. Nur so haben Sie die Kontrolle darüber, wer sich alles auf Ihrem Rechner "herumtreibt". Diese Regel ist allgemeiner Standard für private oder Firmenrechner. Deshalb müssen Sie sich natürlich auch für den Zugriff auf den anderen Rechner identifizieren und ihr *Remote Access Password* eingeben (s.a. Bild 8-9). Seien Sie dabei sehr sorgfältig! Auch der Zielrechner führt ein Logbuch und registriert bspw. falsche Kennwörter.

Remote Access Password

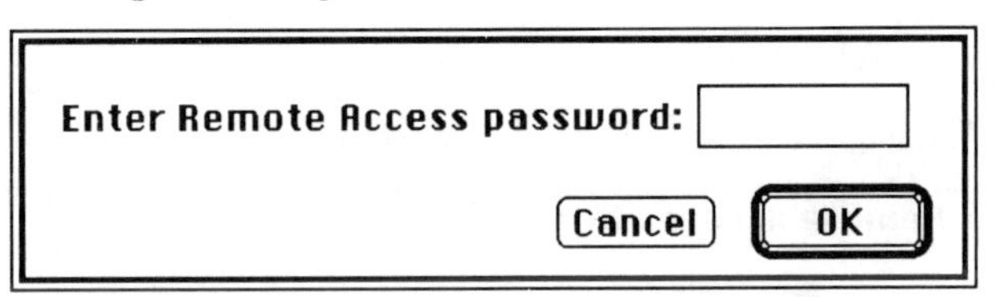

Bild 8-9: Kennworteingabe

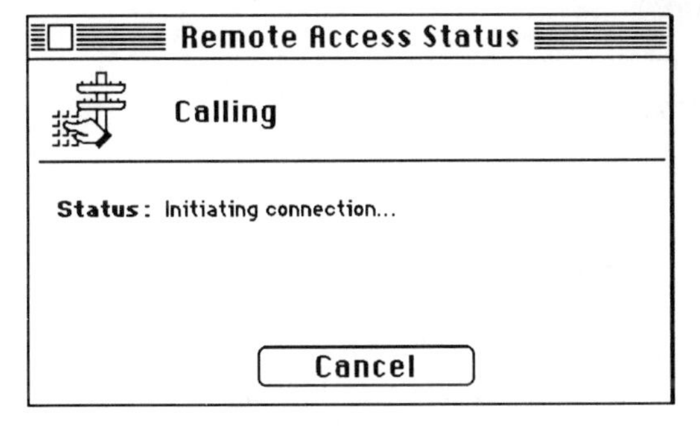

Bild 8-10: Initialisierung des Modems

Bild 8-11: Logbuch

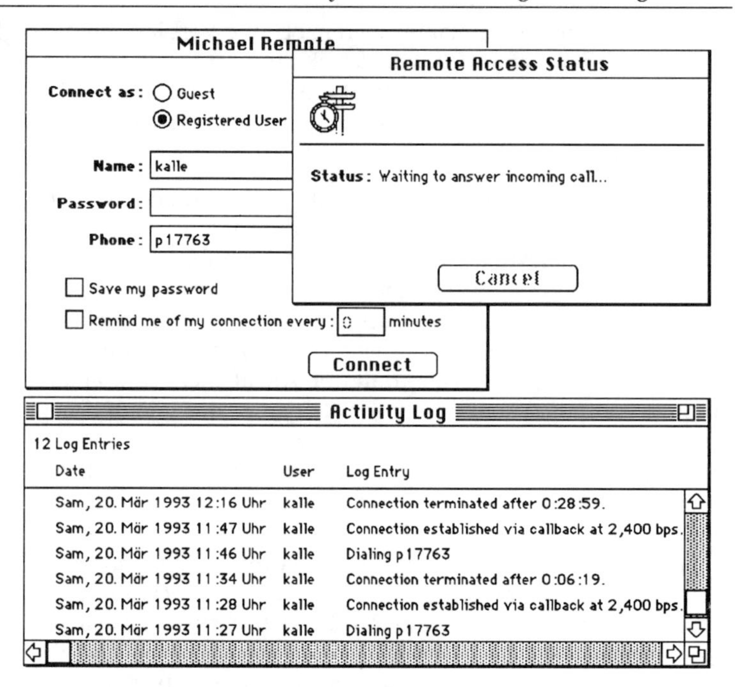

Nach der Eingabe des Passwortes laufen drei Phasen ab:

- Initialisierung (der Software und des Modems),
- Wählen der Telefonnummer,
- Verbindungsaufbau (Kontakt zu dem anderen Rechner).

Bild 8-12: Wählvorgang

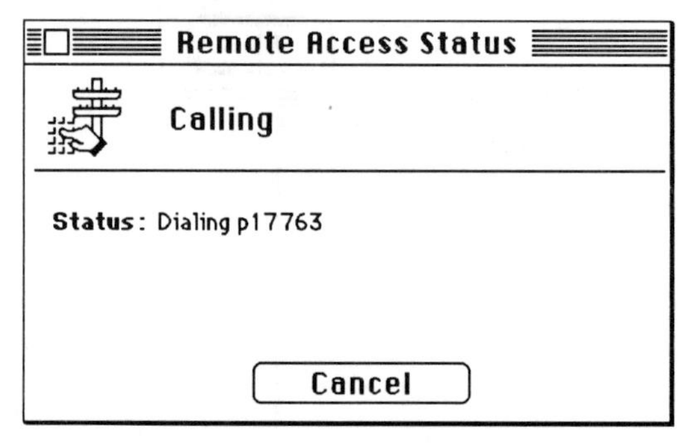

Wenn der Kontakt hergestellt ist, bemerkt man dies nicht an irgendwelchen besonderen Hinweisen. Für die Rechner ist eigentlich nur derselbe Zustand erreicht, als wenn sie per LokalTalk-Netz verbunden wären. Das ist natürlich nicht nur logisch so, sondern auch real vollzogen. Es sind nur zwei Modems auf jeder Seite als Übertragungselemente zwischengeschaltet (s.a. Bild 8-2).

So gesehen gelten nach dem Kontakt alle Spielregeln für Netzwerkverbindungen (s.a. Kap.4). Mit Hilfe des Befehls **Auswahl** im Menü kann man sich nun bei dem anderen Rechner, der durch "FileSharing" als Server funktioniert, anmelden.

Genau wie sonst läßt sich auf dem Zielrechner mit dem "File Sharing Monitor" (s.a. Bild 8-13) kontrollieren, wer im Netz tätig ist. Zusätzlich kann mit dem "Remote Access Status"-Fenster die Telefonverbindung überprüft und ggf. unterbrochen werden.

Diese Unterbrechungsmöglichkeit ist wichtig, da bloßes "In-den-Papierkorb-schieben" des Fileserver-Symbols nicht bewirkt, daß das Telefon aufgelegt wird. Und wenn man das einmal ein paar Stunden lang vergißt, kann auch ein Ortsgespräch ganz schön teuer werden. Da ist es nützlich, daß man beim Konfigurieren (s.a. Bild 8-8) vereinbaren kann, daß der Rechner alle paar Minuten an die aktive Verbindung erinnert ("Remind me of my connection every 5 minutes").

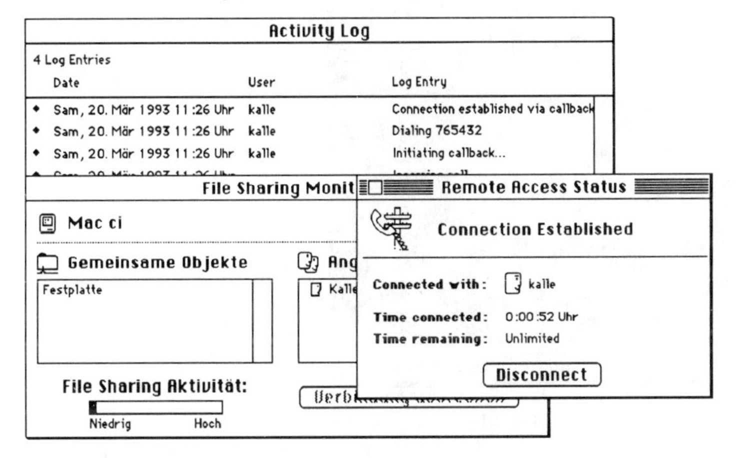

Bild 8-13: Das Logbuch auf dem Zielrechner

QuickTime

"QuickTime" ist eine weitere aufregende Systemerweiterung, die einfach in den gleichnamigen Ordner gelegt wird. Damit ist schon alles getan. Ab sofort kann der Benutzer - mit geeigneter Software - seinen Macintosh zum Fernseher umfunktionieren. Nein, natürlich können Sie nun noch keine Fernsehprogramme empfangen, Sie können aber digitalisierte Videos ganz einfach so abspielen, als wäre der Mac ein Fernseher. Mit entsprechender Software kann man alle Arbeiten im Bereich der üblichen Videoproduktion computerunterstützt erledigen. Und wenn Sie unbedingt ARD und ZDF empfangen möchten, mit einer speziellen Hardwarekarte wäre auch das möglich.

Medienintegration

Mit QuickTime gewinnt man auf seinem Computersystem den Zugang zur Welt der Medientechnolgie: Sprache und Ton, Musik, Animation, Video. Vieles von dem, wofür wir zu Hause ein Extra-Gerät haben, läßt sich nun mit Hilfe des Macs manipulieren und ansteuern. *Medienintegration* heißt das Zauberwort.

Bild 8-14: 20er Jahre Film

Für die ganz große Medienreise benötigt man natürlich alle Dinge wie Videorecorder, Kamera und sonstige Hardwarezusätze für den Mac. Das ist ein aufwendiges und teures Hobby. So tief braucht man nicht einzusteigen, wenn man nur ein bißchen "schnuppern" will.

32-Bit-Grafik

Benötigt wird ein Macintosh mit mindestens einer 68020-CPU, mindestens 4 MByte RAM-Speicher und möglichst ein Farbbildschirm. Optimal wäre natürlich die jeweils schnellste CPU und die *32-Bit-Grafik*, eine Methode, gleichzeitig mehr als 256 Farben darzustellen. Denn die QuickTime-Welt ist bunt. Ohne Farben wirken Videos irgendwie so wie Filme aus den 20er Jahren. Und das ist nicht mehr jedermanns Sache.

Eigentlich ist das doch ein bißchen ungerecht, die alten Zeiten einfach so abzuqualifizieren. Es gibt eine Menge Leute, die sich gerne im Kino zeitlich zurückversetzen lassen. Gemeint sind die schönen alten historischen Monumentalschinken der 50er Jahre, wie "Spartacus" oder "Quo Vadis".

Bild 8-15: Sportocus-Videosequenz

Nun wollen wir hier nicht einen Schnellkurs in Videotechnik, den Umgang mit Videorecordern und CAM-Recordern durchführen. Unser Ziel ist es, klarzumachen wohin die Reise geht. Vielleicht wollen Sie ja irgendwann einmal mitreisen und sich intensiver mit diesen Dingen auseinandersetzen.

Aber was halten Sie davon, wenn wir Ihnen am Beispiel von diesen abgebildeten kleinen Video-Sequenzen einen Einblick in die neue Technologie geben (s.a. Bild 8-14) ?

❄ Die hier abgebildeten Sequenzen "Hit on Head" sowie "Laughs" befinden sich auf einer CD-ROM mit Namen "QuickClips", die in dem Softwarepaket "StarterKit QuickTime" enthalten sind.

"Hit on Head" sowie "Laughs" sind zwei unterschiedliche Videos. Der erste Videoclip enthält mehrere Szenen, in denen Leute sich in unfreundlicher Weise auf den Kopf hauen. Unter anderem enthält er die historische Sequenz, in der einer dieser muskulösen Helden die anrückenden Römer mit Felsbrocken bewirft. Für außenstehende Beobachter auf der Tribüne des Colosseums mag dies ganz lustig aussehen. Über den Geschmack der Leute von damals wollen wir uns nicht streiten, sondern dieses Material einfach benutzen und als Videosequenz zusammenschneiden. In Würdigung der historischen Monumentalschinken und der dort erbrachten körperlichen Leistungen wollen wir unser Endprodukt nicht "Spartacus", sondern die "Sportocus-Sequenz" nennen.

Für QuickTime-Dokumente gibt es inzwischen eine große Zahl von Bearbeitungswerkzeugen. Zu den QuickTime-CDs von Apple gehören beispielsweise:

Bild 8-16: QuickTime-Werkzeuge

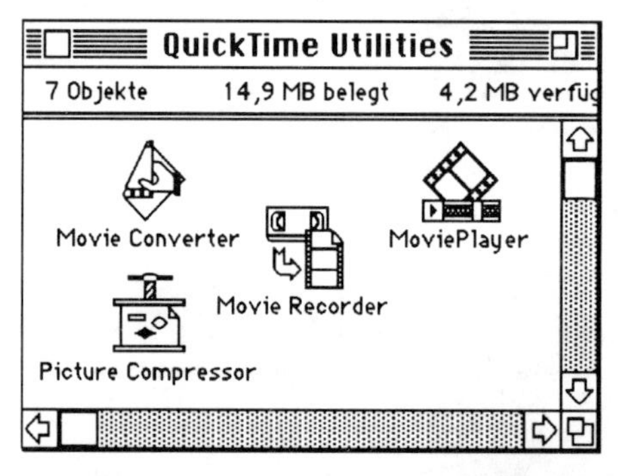

MoviePlayer

MoviePlayer kann QuickTime-Movies öffnen und abspielen und einfache Editieroperationen wie Ausschneiden, Kopieren und Einfügen durchführen. Man kann auch neue Filme durch Kombination von anderen herstellen.

Picture Compressor ist ein Programm, mit dem jede Grafik im PICT-Format komprimiert werden kann. Dabei lassen sich bis zu 95% ihrer Ursprungsgröße einsparen.

Picture Compressor

Movie Recorder ist ein Programm, das Video-Digitalisiersoftware benötigt, um von einer Videoquelle (Recorder, Kamera) Bild und Ton digital aufzuzeichnen.

Movie Recorder

Movie Converter konvertiert Dokumente von unterschiedlichen Formaten (QuickTime, PICT, PICT-Sequenz etc.) und dient der Herstellung eines neuen QuickTime-Movie aus Dokumenten unterschiedlichen Formats.

Movie Converter

MoviePlayer ist ein Programm, das inzwischen von Softwareherstellern dem eigenen Produkt beigefügt wird, damit der Benutzer Videosequenzen abspielen kann. Für unsere weiteren Demonstrationen wollen wir daher nur mit diesem Programm arbeiten, weil die anderen Programme Hardware voraussetzen, die für Sie eventuell nicht so leicht verfügbar ist.

MoviePlayer

Anweisungsbaustein

QuickTime-Movie abspielen

- `Starte das Programm "MoviePlayer".`
- `Wähle den Menübefehl` **`Öffnen`** `(`**`Open`**`) aus dem Menü` **`Bearbeiten`** `(`**`File`**`). (Es erscheint eine Liste von Dateien, die geöffnet werden können.)`

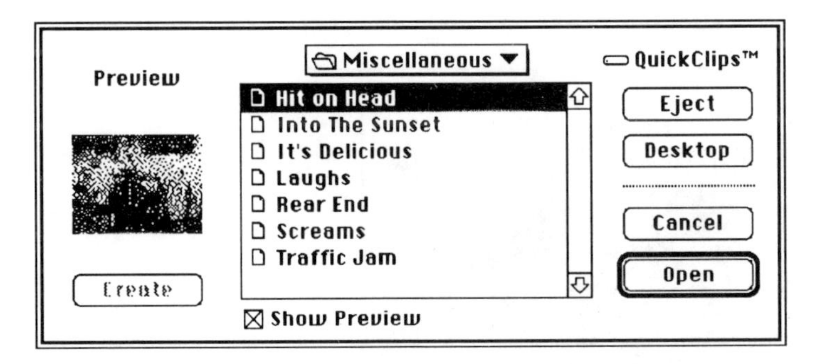

Bild 8-17: Öffnen-Dialog beim Programm MoviePlayer

Nun erscheint das ausgewählte Video auf dem Bildschirm. Am unteren Rand sieht man eine Kontrolleiste (s.a. Bild 8-15 unten). Drückt man auf den Abspielknopf, wird die gesamte Videosequenz abgespielt. Der Schieberegler zeigt ungefähr, wieviel Prozent der Gesamtlänge bereits abgespielt wurden.

Teile des Films lassen sich durch gleichzeitiges Drücken der Umschalt-Taste (⇧) und der Einzelschrittknöpfe selektieren. Der selektierte Bereich wird als "ausgewählter Bereich" schwarz dargestellt. Durch Aufziehen an der rechten Ecke mit dem Namen "Fenstergröße" wird die Größe des gesamten Fensters eingestellt. In Bild 8-18 ist nicht das gesamte Bild, sondern nur der Kontrollregler dargestellt.

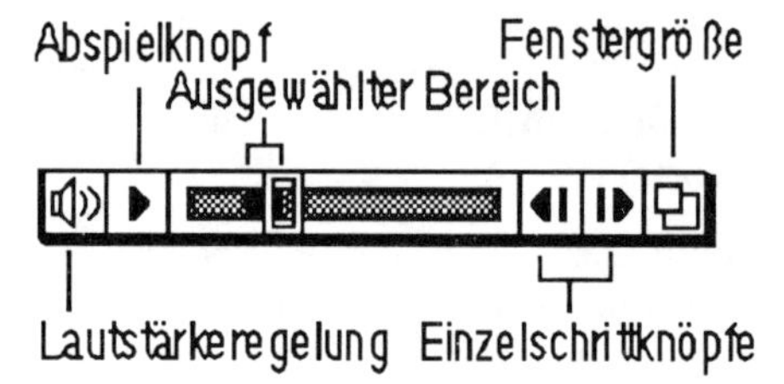

Bild 8-18: Kontrolleiste im Programm MoviePlayer

Wir wollen nun einen Teil des Films herauskopieren und in einen neuen Film mit dem Namen "Sportocus" einsetzen.

Anweisungsbaustein

Neues QuickTime-Movie erstellen

- `Starte das Programm "MoviePlayer".`
- `Wähle den Menübefehl` **`Neu`** `(`**`New`**`) aus dem Menü` **`Bearbeiten`** `(`**`File`**`). (Es erscheint eine Kontrollfeldleiste ohne Fenster mit dem Namen "Ohne Titel 1" (Untitled 1).)`
- `Wähle den Menübefehl` **`Sichern als...`** `(`**`Save as...`**`) und gib dem Film einen aussagekräftigen Namen.`

Bild 8-19: Leerfilm erstellen

In unseren Fall haben wir den leeren Film "Sportocus" genannt. Nun kann man aus dem Originalfilm eine Sequenz auswählen und mit Hilfe des Befehls **Einfügen (Paste)** in den Film "Sportocus" mit allen Teilbildern einkleben. Diese "Copy and Paste"-Methode ist die bekannte Technik, die wir von unserer Arbeit mit Anwendungsprogrammen her kennen. Es ist völlig gleichgültig, ob es sich um Text, Grafik oder Video handelt. "Copy and Paste" funktioniert immer auf die gleiche Weise.

Bild 8-20: Neuer Film aus alten Teilen

Anweisungsbaustein

Teilbilder auswählen / kopieren

- Gehe mit der Einzelschritttaste auf den Anfang der Sequenz.
- Halte die Umschalt-Taste (⇧) gedrückt und drücke auf die Einzelschrittaste bis zum Ende der Sequenz. (Dadurch wird die gesamte Sequenz markiert.)
- Wähle den Menübefehl **Kopieren (Copy)**.

Der Rest ist natürlich einfach. Die kopierte Sequenz, die sich in der Zwischenablage befindet, wird in den leeren Film eingesetzt. Dazu aktiviert man das Objekt "Sportocus" und löst den Befehl **Einfügen** aus.

Zu guter Letzt wird nun das zweite Video "Laughs" geöffnet. Nun ist klar, wie das Verfahren funktioniert. Das Gelächter des Imperators wird als Sequenz kopiert und einfach hintendran gehängt. Schon ist unsere historische Digitalsequenz fertig.

Wir hoffen, daß dieser Exkurs am Schluß auch noch ein wenig Spaß gemacht hat. Irgendwann muß ja auch einmal Schluß sein. Das meint auch unser Lektor.

Im übrigen sind alle wichtigen Aspekte von System 7 besprochen worden. Und wer noch immer nicht genug hat, stürze sich nun auf den Anhang....

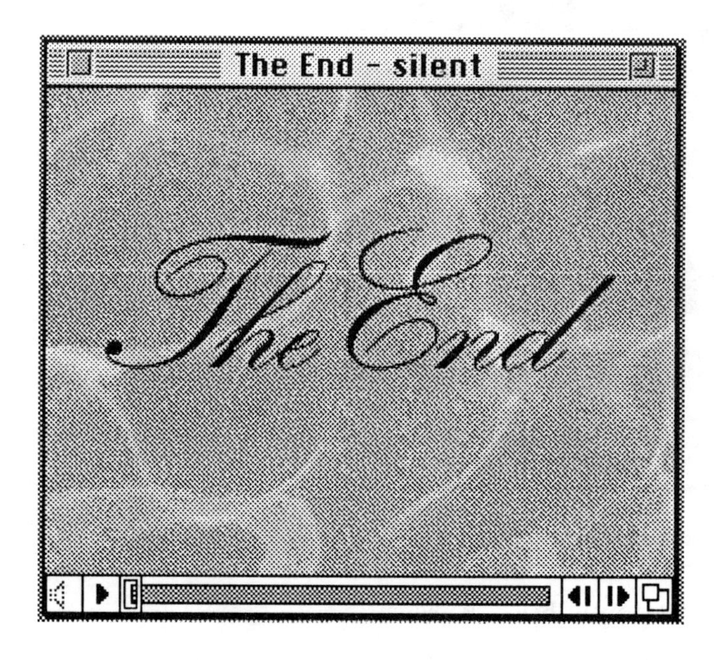

Anhang

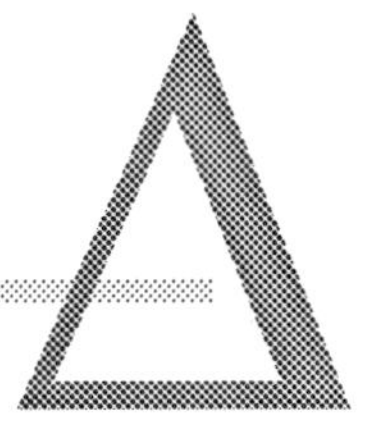

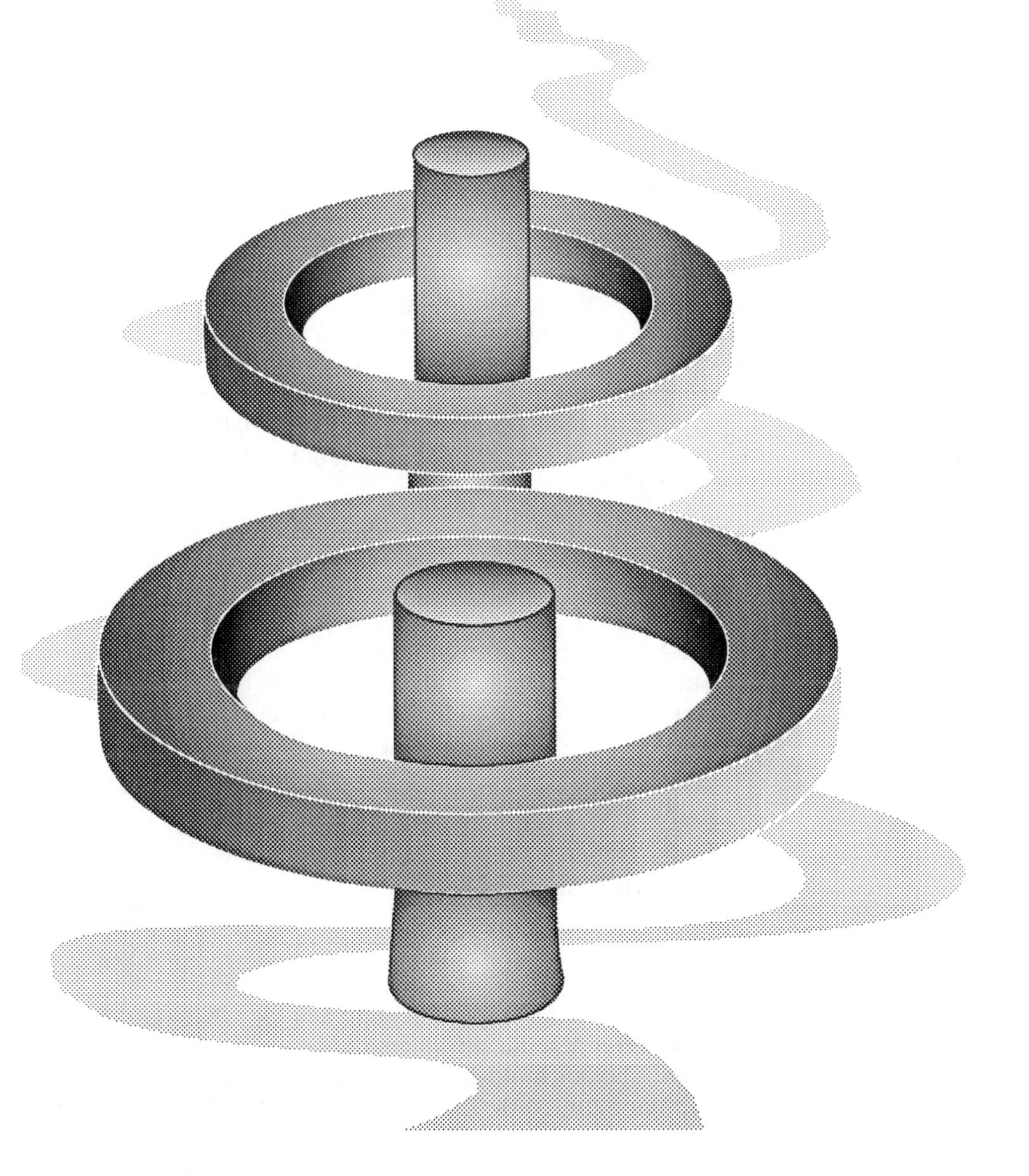

Systeminstallation

Keine Frage, was ein Betriebssystem ist, wird Ihnen nach dem Durcharbeiten des 1. Kapitels klar geworden sein. Beim Kauf des Macintosh befinden sich alle notwendigen System-Dateien bereits auf der Festplatte "Macintosh HD". Eine völlig neue Installation kommt selten vor. Manchmal kommt man allerdings in die Situation, das Betriebssystem auf der Festplatte neu installieren oder aktualisieren zu müssen.

Aktualisieren

Nur wenn das Betriebssystem grundlegend zerstört wird, muß es neu *installiert* werden. Mögliche Ursache dafür kann eine anomale Hardwaresituation oder ein fehlerhaftes Programm sein. Eine Aktualisierung wird auch dann notwendig, wenn eine neue Version des Betriebssystems erschienen ist. Betriebssystemversionen werden bei allen Rechnerherstellern durchnummeriert. Die erste Version von System 7 hatte die Bezeichnung 7.0. Danach gab es Versionsänderungen bis zur Version 7.0.1. Diese Versionen beinhalteten Ausmerzungen von Fehlern, die bei der Entwicklung eines Betriebssystems immer auftreten können. Die nächste größere Versionsänderung war die von 7.0.1 auf 7.1. Und so wird es auch vermutlich weitergehen, bis das System 7 durch System 8 oder ein anderes völlig neues System abgelöst werden wird.

Installieren

Der Normalfall ist also der der Systemaktualisierung. In Benutzergruppen oder beim Apple-Händler kann man sich die jeweils neueste Version des Betriebssystems besorgen. Achten Sie bitte darauf, exakte Kopien der Systemdisketten anzufertigen. Am besten ist es, wenn Sie sich von jemandem, der dies schon öfter durchgeführt hat, die Disketten kopieren. Die Disketten sind in eindeutiger Weise bezeichnet. Sie heißen:

- Installation 1,
- Installation 2,
- Hilfsprogramme,
- Zeichensätze,
- Druckerdiskette,
- Dienstprogramme.

Dieser Satz Systemdisketten besteht aus 1,4 MByte-Disketten. Alle neueren Macintosh-Systeme können damit aktualisiert werden. Aber auch für die älteren Modelle wie Mac Plus, Mac II und Mac SE mit 800k-Laufwerken gibt es die Betriebssystemsoftware auf 800 kByte-Diskettten. Beide Arten von Diskettensätzen sollte Ihr Apple-Händler vorrätig haben.

Disketten-sätze

Anweisungsbaustein

Aktualisierung / Neuinstallation des Betriebssystem

- Wähle den entsprechenden Satz von Systemdisketten zur Aktualisierung aus (800 kByte- oder 1,4 MByte-Disketten).
- Lege die Diskette "Installation 1" in das Diskettenlaufwerk und schalte den Rechner an.
- Öffne die Diskette "Installation 1" und starte das Programm "Aktualisierer".
- Verfahre nach den gegebenen Anweisungen und lege nach Aufforderung die anderen Disketten in das Laufwerk.

Was für Benutzer anderer Computersysteme wie ein Traum erscheint, ist hier Wirklichkeit: Sobald das Programm gestartet ist, müssen Sie höchstens noch "Disk-Jockey" spielen und die richtigen Disketten in der richtigen Reihenfolge einlegen. (Selbst das entfällt, wenn Sie die Installation von CD oder übers Netz vornehmen.)

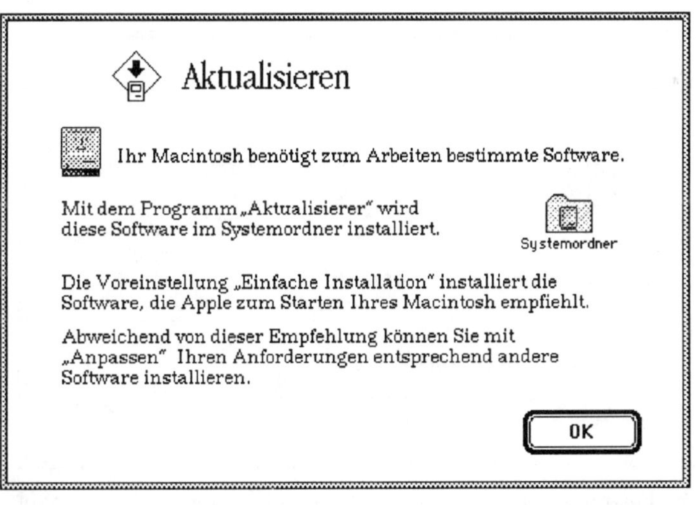

Bild 9-1: Start des Programms Aktualisieren

Der erste Dialog des Programms "Aktualisieren" (s.a. Bild 9-1) erklärt, was gemacht werden soll, und die Kenntnisnahme muß mit "OK" bestätigt werden. Darauf erscheinen weitere Dialoge. Zunächst kann man die Wahl zwischen der "einfachen Installation" und dem "Anpassen" treffen.

Einfache Installation
Aktualisierung auf Version 7.1:
• Macintosh Systemsoftware
• Vorhandene Druckersoftware
• EtherTalk Software
• TokenTalk Software
Festplatte:
Macintosh HD
Installieren
Auswerfen
Volume
Anpassen
Hilfe
Beenden
D1-3.4

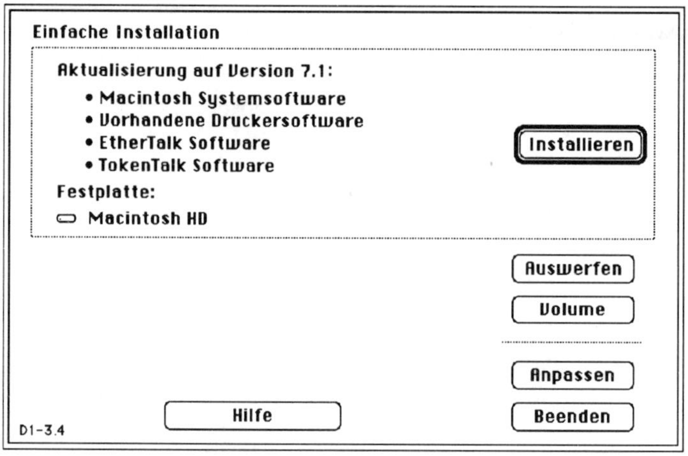

Bild 9-2: Einfach Installieren oder Anpassen

Falls mehrere Festplatten vorhanden sind, muß die richtige ausgewählt werden. Im Normalfall drückt der Benutzer nur auf "Installieren" und alles andere läuft automatisch ab.

Das Programm stellt fest, welche Dateien von der alten Betriebssystemversion vorhanden sind, löscht diese, analysiert, welche Disketten benötigt werden, und zeigt dies (s.a. Bild 9-3) an. Der Reihe nach werden nun auf Anforderung des Programms die Disketten eingelegt.

Lesen von:
Installation 1
Installation 2
Zeichensätze
Druckerdisk...
Hilfsprogra...
Aktualisierung von " HD160 "
Installation wird vorbereitet...
Abbrechen

Bild 9-3: Analyse der benötigten Disketten

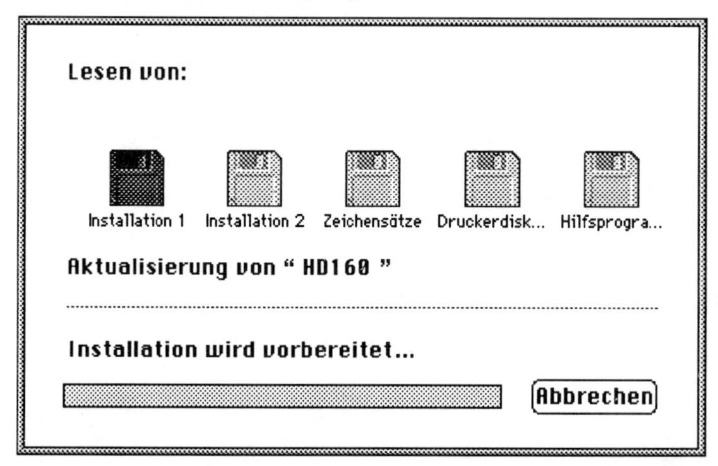

Für diejenigen, die gerne einmal wissen wollen, welche einzelnen Dateien sich auf den Systemdisketten befinden, haben wir den Diskettensatz 7.1 mit Inhaltsverzeichnissen aufgelistet. Wir zeigen sie Ihnen in Listenform mit sämtlichen geöffneten Ordnern (Bild 9-4 bis 9-9). Aber wundern Sie sich bitte nicht, wenn Ihre eigenen Systemdisketten etwas anders zusammengestellt sind. Es soll ja nur der grobe Überblick gezeigt werden.

Installation 1

3 Objekte — 1,3 MB belegt — 47K verfügbar

Name	Größe	Art
Aktualisieren	137K	Aktualisierer Doku...
Aktualisierer	144K	Programm
System	1.080K	Koffer

Bild 9-4: Inhalt der Diskette Installation 1

Installation 2

11 Objekte — 1.003K belegt — 413K verfügbar

Name	Größe	Art
A/ROSE	67K	Systemerweiterung
AppleShare	77K	Auswahlerweiterung
EtherTalk Phase 2	15K	Systemerweiterung
EtherTalk Prep	30K	Systemerweiterung
Feststelltaste	6K	Systemerweiterung
File Sharing Erweiterung	170K	Systemerweiterung
Finder	380K	Datei
Finder-Erklärungen	43K	Datei
Netzwerkerweiterung	98K	Systemerweiterung
TokenTalk Phase 2	14K	Systemerweiterung
TokenTalk Prep	73K	Systemerweiterung

Bild 9-5: Inhalt der Diskette Installation 2

Zeichensätze

17 Objekte — 1,1 MB belegt — 187K verfügbar

Name	Größe	Art
Bitmap-Zeichensätze	42K	Ordner
Athens	5K	Zeichensatz-Koffer
Cairo	7K	Zeichensatz-Koffer
London	4K	Zeichensatz-Koffer
Los Angeles	10K	Zeichensatz-Koffer
Mobile	9K	Zeichensatz-Koffer
San Francisco	4K	Zeichensatz-Koffer
Venice	5K	Zeichensatz-Koffer
Chicago	47K	Zeichensatz-Koffer
Courier	135K	Zeichensatz-Koffer
Geneva	87K	Zeichensatz-Koffer
Helvetica	135K	Zeichensatz-Koffer
Monaco	54K	Zeichensatz-Koffer
New York	85K	Zeichensatz-Koffer
Palatino	295K	Zeichensatz-Koffer
Symbol	69K	Zeichensatz-Koffer
Times	281K	Zeichensatz-Koffer

Bild 9-6: Inhalt der Diskette Zeichensätze

Bild 9-7: Inhalt der Diskette Hilfsprogramme

Hilfsprogramme

43 Objekte 1,2 MB belegt 108K verfügbar

Name	Größe	Art
Albumdatei	32K	Datei
▽ Apple Dienstprogramme	606K	Ordner
Bitte lesen	4K	TeachText Dokument
TeachText	37K	Programm
LaserWriter Dienstprogr...	308K	Programm
▽ Dateien konvertieren	258K	Ordner
Deutschland	5K	Dateien konvertier...
Dateien konvertieren	253K	Programm
▽ Kontrollfelder	431K	Ordner
Monitore	41K	Kontrollfeld
Netzwerk	17K	Kontrollfeld
Benutzer & Gruppen	4K	Kontrollfeld
Darstellungen	3K	Kontrollfeld
Datum & Uhrzeit	37K	Kontrollfeld
Eingabe	8K	Kontrollfeld
Einstellungen	22K	Kontrollfeld
Etiketten	3K	Kontrollfeld
Farbe	12K	Kontrollfeld
File Sharing Monitor	4K	Kontrollfeld
Gemeinschaftsfunktionen	4K	Kontrollfeld
Maus	9K	Kontrollfeld
PowerBook	64K	Kontrollfeld
Speicher	40K	Kontrollfeld
Text	15K	Kontrollfeld
Token Ring	24K	Kontrollfeld
Ton	17K	Kontrollfeld
Vergrößerung	26K	Kontrollfeld
Weltkarte	30K	Kontrollfeld
Zahlenformat	16K	Kontrollfeld
Cache-Umschalter	8K	Kontrollfeld
Eingabehilfe	14K	Kontrollfeld
Helligkeit	13K	Kontrollfeld
Startvolume	5K	Kontrollfeld
Kontrollfelder	1K	Alias
▽ Schreibtischprogramme	106K	Ordner
Batterie	14K	Schreibtischprogra...
Wecker	18K	Schreibtischprogra...
Auswahl	23K	Schreibtischprogra...
Notizblock	9K	Schreibtischprogra...
Puzzle	14K	Schreibtischprogra...
Rechner	7K	Schreibtischprogra...
Tastatur	12K	Schreibtischprogra...
Album	11K	Schreibtischprogra...

Dienstprogramme

12 Objekte — 1,3 MB belegt — 73K verfügbar

Name	Größe	Art
Erste Hilfe	42K	Programm
Festplatte installieren	88K	Programm
Systemordner	1.207K	Ordner
Apple-Menü	0 K	Ordner
Finder	380K	Datei
Kontrollfelder	0 K	Ordner
Preferences	1K	Ordner
Finder-Voreinstellungen	1K	Datei
Startobjekte	0 K	Ordner
System	826K	Koffer
Systemerweiterungen	0 K	Ordner
Zeichensätze	0 K	Ordner

Bild 9-8: Inhalt der Diskette Dienstprogramme

Druckerdiskette

14 Objekte — 1.019K belegt — 397K verfügbar

Name	Größe	Art
Aktualisierer	144K	Programm
AppleTalk ImageWriter	52K	Auswahlerweiterung
Drucker aktualisieren	11K	Aktualisierer Doku...
ImageWriter	46K	Auswahlerweiterung
LaserWriter	221K	Auswahlerweiterung
LQ AppleTalk ImageWriter	75K	Auswahlerweiterung
LQ ImageWriter	66K	Auswahlerweiterung
Nur für System 6	8K	Ordner
Backgrounder	5K	Datei
Laser Prep	3K	LaserWriter Doku...
Personal LaserWriter SC	72K	Auswahlerweiterung
Personal LW LS	103K	Auswahlerweiterung
PrintMonitor	65K	Programm
StyleWriter	109K	Auswahlerweiterung

Bild 9-9: Inhalt der Druckerdiskette

Auch wenn man nun mit Hilfe dieser Aufstellung genau weiß, auf welchen Disketten sich die einzelnen Dateien befinden, möchten wir doch noch einmal davor warnen, "manuelle Installationen" vorzunehmen. Bei dieser Methode, bei der also die einzelnen Dateien "zu Fuß" in den Systemordner kopiert werden, können zu viele Fehler passieren. Man vergißt, Dateien auf die Festplatte zu kopieren, die eigentlich dazugehören, und wundert sich dann, wenn das System nicht richtig arbeitet.

Neben der Standard-Installation kann man nämlich auch jede Art von denkbarer "Spezial-Installation" vornehmen. Diese Form heißt "Anpassen". Wie der Name schon sagt, kann der Benutzer sein System seinem Zweck "anpassen".

Bild 9-10: Die Installation beginnt

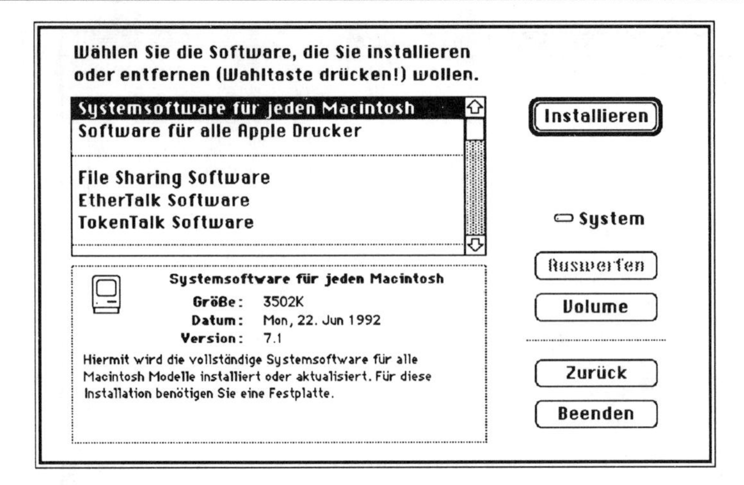

Bild 9-11: Spezielle Anpassung

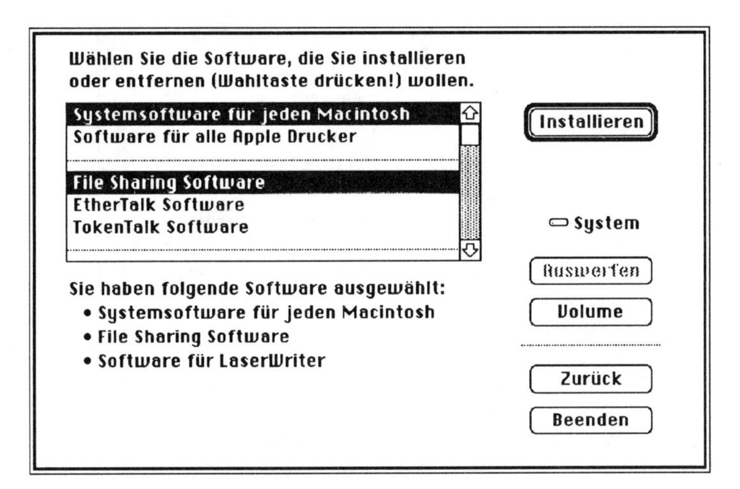

Man startet genauso, als wenn man das System standardmäßig aktualisieren wollte, drückt dann aber auf den Knopf "Anpassen". Meistens benötigt man diese Form, wenn man Drucker installieren oder aus Platzgründen ein minimales Betriebssystem installieren möchte, um z.B. eine Startdiskette für einen speziellen Rechner herzustellen. Probieren Sie das ruhig einmal aus, ohne den Installationsknopf zu drücken.

Wenn Sie nur eine der Möglichkeiten auswählen, erscheint im unteren Teil eine Erklärung, was genau installiert wird. Selbstverständlich kann man auf einen Schlag mehrere Möglichkeiten auswählen. Halten Sie dazu die Umschalttaste (⇧) gedrückt, während Sie mit der Maus die einzelnen Menüpunkte anklicken und damit auswählen.

In diesem Beispiel werden also drei spezielle Softwarepakete installiert. Die FileSharing-Software benötigen Sie natürlich nur, wenn Sie die Netzwerkfähigkeiten nutzen wollen. Das ist - auch bei einem persönlichen Macintosh zu Hause - nicht unbedingt ungewöhnlich. Wenn jemand aus Ihrem Bekanntenkreis mit seinem Mac vorbeikommt, um ein bißchen zu "netzwerkeln", muß dieser Dienst sowieso installiert werden.

Was in die eine Richtung geht, funktioniert natürlich auch umgekehrt. Deinstallieren, zurückinstallieren bzw. Teile kontrolliert aus dem Systemordner entfernen, kann man, wenn man vor dem Klick auf den Knopf "Anpassen" die Wahltaste (⌥) gedrückt hält. Der Knopf wechselt dann die Aufschrift zu "Entfernen".

AppleEvents

Das neue Konzept der sogenannten "AppleEvents" bietet Programmen eine Möglichkeit, direkt miteinander zu kommunizieren. Sie können sich gegenseitig, ohne daß ein Benutzer direkt eingreift, Befehle wie etwa "Öffne dieses Dokument" oder "Beende Dich" auslösen. Befehle können auch mit Daten verknüpft sein. Damit können Programme die Funktionen anderer Programme nutzen.

Um AppleEvents nutzen zu können, muß ein Programm speziell dafür vorbereitet sein. Welche und wieviele AppleEvents ein Programm implementiert und auf welche Weise dies geschieht, ist nicht von Apple vorgegeben (anders als bei dem Konzept von Verleger und Abonnent). Allerdings verlangt Apple von allen Programmen, die überhaupt AppleEvents unterstützen, daß sie vier sogenannte *Core Events* verstehen: Programm starten, Dokument öffnen, Dokument drucken, Programm beenden.

Core Events

Programme können also entweder mit anderen Programmen auf dem gleichen Macintosh kommunizieren oder mit anderen Programmen auf anderen Geräten im Netz. Wenn die Kommunikation über das Netz stattfindet, müssen natürlich entsprechende Zugriffsrechte für die Programmverbindung bestehen.

Herausgeben und Abonnieren hat ein wenig Ähnlichkeit mit den AppleEvents. Es ist daher wichtig, die Unterschiede und verschiedenen Anwendungsgebiete zu kennen.

Herausgeben und Abonnieren dient zum Datenaustausch zwischen Programmen (vgl. Kap. 7). AppleEvents ermöglichen den Programmen dagegen, miteinander zu kommunizieren. Diese Kommunikation kann nicht nur zum Datenaustausch genutzt werden, sondern auch, um Dienstleistungen anzubieten und zu nutzen.

Anders sieht der Unterschied zwischen Programmverbindung und File-Sharing aus. File-Sharing macht Dateien über das Netzwerk zugänglich (vgl. Kap. 4). Wenn sie einmal zugänglich sind, arbeitet der Anwender mit ihnen, als ob sie sich auf seinem Rechner befinden würden. Programmverbindung ermöglicht dagegen die automatische Kommunikation von Programmen untereinander, ohne Einwirkung des Anwenders.

Eine Gemeinsamkeit zwischen beiden ist die Art der Konfiguration: Ein Programm wird für die Programmverbindung über das Netz mit Hilfe des Befehls **Gemeinsam nutzen** aus dem Menü **Ablage** zugänglich gemacht; mit diesem Befehl wird auch ein Ordner für die gemeinsame Nutzung freigegeben.

AppleEvents ist ein so zukunftsweisendes Konzept, daß man sich ruhig einmal damit vertraut machen sollte, um zu verstehen, was da eigentlich passiert. Man braucht dazu allerdings ein Netzwerk, das aus mindestens zwei Macintosh-Systemen bestehen sollte und natürlich Programme, die miteinander kommunizieren sollen.

AppleScript

Wir geben Ihnen dazu zwei Beispiele an die Hand, was allerdings einiges Verständnis von Programmierung voraussetzt. Die Beispiele sind in HyperCard bzw. *AppleScript* programmiert. HyperCard ist eine Software, die zur Zeit noch jedem Mac kostenlos beigelegt wird. Dazu müssen Sie den entsprechenden Anforderungszettel einfach an die dort genannte Verteilstelle der Firma Apple schicken.

Nun zu dem ersten Beipiel:

Ein einfaches "Skript" kann z.B. dafür sorgen, daß ein Textdokument alle fünf Minuten automatisch gesichert wird. Komplexere Skripts können mehrere Anwendungsprogramme in "konzertierter" Aktion zusammenarbeiten lassen.

Das erste Beispiel wird erst mit dem Erscheinen von AppleScript Realität werden. Prinzipiell funktioniert das so:

Ein Benutzer kann in der Programmiersprache "AppleScript" ein kleines Programm schreiben und in sein Anwendungsprogramm integrieren. Ein Beispiel dafür wäre z.B., alle Anfangsbuchstaben seines Textes in Großbuchstaben zu verwandeln (**Capitalize**). Weitere Möglichkeiten sind automatisches Formatieren oder das Zählen von Wörtern. Alle diese kleinen Tätigkeiten können dann aus dem Menü **Script** gestartet werden und laufen anschließend wie programmiert ab.

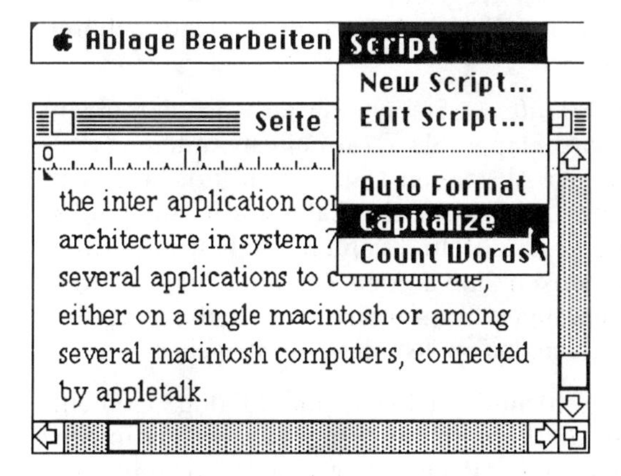

Bild 9-12: Das Menü Script

Bild 9-13: Bearbeitung eines Skripts

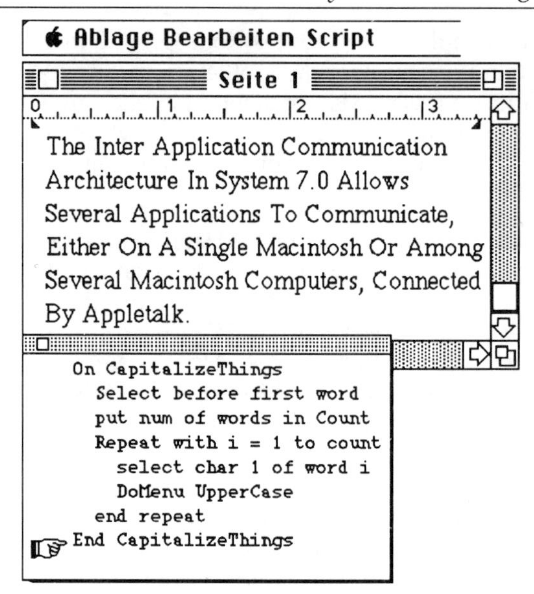

HyperTalk

Die Programmiersprache AppleScript besitzt viel Ähnlichkeit mit *HyperTalk*, der in das HyperCard-System eingebauten Programmiersprache. Falls Sie sich für solche Dinge interessieren, sollten Sie sich schon jetzt intensiv mit HyperCard beschäftigen.

Beispiel zwei kann mit Hilfe von HyperCard programmiert und auf Rechnern, die System 7 fahren, ausprobiert werden.

❄ Wir kommen leider nicht darum herum, im folgenden einige HyperCard-Fachbegriffe zu verwenden:
Stapel = Dokument von HyperCard,
Hintergrundfeld = Speicherplatz für Text,
Handler = kurzes Programmfragment in der Sprache HyperTalk. Zeilen, die mit "¬" verbunden sind, gehören logisch zusammen.

Auf einem Rechner läuft ein Stapel "Master", der von einem laufenden HyperCard-Stapel "Slave" auf einem anderen Computer in regelmäßigen Abständen Daten abfordert. In diesem Beispiel ist es eine Liste mit sechs Zahlen, die auf beiden Rechnern im Hintergrundfeld "Zahlen" stehen soll. Man könnte sich sogar denken, daß an den Zentralrechner mehrere solcher Meßsklaven angeschlossen sind, die unabhängig ihre Messungen durchführen und an den Master weitergeben.

Auf beiden Rechnern muß im Kontrollfelddialog "Gemeinschaftsfunktionen" die Eigenschaft "Programmverbindungen" zugelassen werden. Unter "Benutzer und Gruppen" muß dem <MacMaster> bzw. <MacSlave> Zugriff auf die Programmverbindungen gewährt sein.

Im Programm des Masters beginnt die Aktion damit, daß der Befehl `send` ausgeführt wird:

```
send "ÜbertragungDurchführen" to ¬
program "MacSlave:HyperCard"
```

Im Stapel des Slave-Programms wird dieser Befehl empfangen. Dort existiert ein Handler `ÜbertragungDurchführen`, der mit einer Programmschleife die gewünschten Daten zurückliefert:

```
on ÜbertragungDurchführen
  repeat with i = 1 to 6
    send "Übertragung" && i && "," && ¬
    line i of bg fld "Zahlen" ¬
    to program "MacMaster:HyperCard"
  end repeat
end ÜbertragungDurchführen
```

Zum Empfang ist im Master-Programm ebenfalls ein Stapelhandler nötig, der die ankommenden Zahlen speichert und anzeigt:

```
on Übertragung wohin, was
  put was into line wohin of bg fld "Zahlen"
end Übertragung
```

Neben `send` gibt es einige weitere HyperTalk-Befehle, die AppleEvents benutzen, bspw. um die Verbindung zwischen den aktiven Programmen im Netz aufzubauen.

Falls Sie mehr Informationen über Hypercard erfahren möchten, empfehlen wir Ihnen unser Einsteigerbuch:

- Karl-Heinz Becker, Michael Dörfler,
  "Wege zu HyperCard",
  VIEWEG-Verlag, ISBN 3-528-15119-6

sowie das Nachschlagewerk über HyperCard und HyperTalk

- Karl-Heinz Becker, Michael Dörfler,
  "HyperCard griffbereit",
  VIEWEG-Verlag, ISBN 3-528-24653-7.

ResEdit

Ein ganz besonderes Macintosh-Programm ist "ResEdit". Man kann es vielleicht mit einem Skalpell vergleichen: In der Hand von Experten kann es Wunder vollbringen, aber sehr leicht kann man damit auch Schaden anrichten. Wenn Sie dieses Programm besitzen, lassen Sie es nie irgendwo herumliegen! Schon gar nicht auf einem Rechner, den Sie mit anderen zusammen benutzen. Wenn Sie Pech haben, erkennen Sie Ihren Rechner beim nächsten Mal nicht wieder. Alle Arten von Menüs, Meldungen, Dialogen lassen sich leicht verändern. Da es das Programm aber nun mal gibt, reizt es viele sicher, damit zu arbeiten. Aber eigentlich gehört es in den "Giftschrank"!

Um Ihnen die Möglichkeiten kurz anzudeuten, können wir ja etwas nützliches machen, wie z.B. den Sonntagsbraten mit dem Skalpell zu zerlegen. Viele Benutzer ärgern sich darüber, daß die Einstellungen, die im Dialog **Seitenlayout** gemacht werden, am nächsten Tag vergessen sind und noch einmal eingestellt werden müssen. Insbesondere der lästige Vorschlag, die Seiten in umgekehrter Reihenfolge zu drucken (der nur auf den alten Laserdruckern sinnvoll ist) muß jedesmal zurückgewiesen werden.

Das wollen wir mit ResEdit ändern. Aber zuvor noch eine Warnung: Von jeder Datei, die geändert wird, muß man sich vorher eine intakte Kopie beiseitelegen, falls etwas schief geht. Und je unerfahrener man mit ResEdit ist, desto eher kann so etwas passieren.

Nach dem Start meldet sich das Programm mit einem netten Clown, der aber auf Mausklick verschwindet. Man erhält einen Dialog, mit dem man den Druckertreiber öffnet. Diese Datei befindet sich im System-Ordner im Ordner **Systemerweiterungen** und heißt so wie der verwendete Drucker, in diesem Beispiel **Laserwriter**.

Bild 9-14: Starten von ResEdit

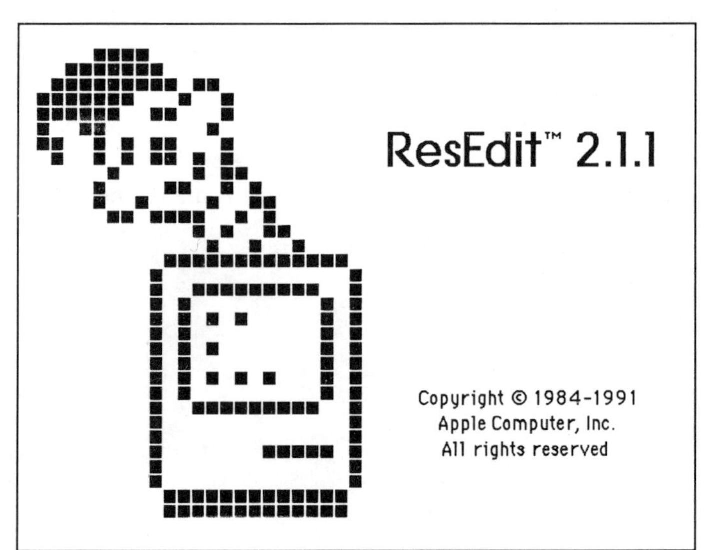

Die viele kleinen Symbole, die im ResEdit-Fenster zu sehen sind, stellen die verschiedenen Typen von Ressourcen dar, aus denen sich das Programm zusammensetzt. Wir interessieren uns diesmal nur für einen Typ, die PRECs, die "print records". Klickt man doppelt auf dieses Symbol, öffnet sich eine Liste, die mit PREC 0 und PREC 1 beginnt.

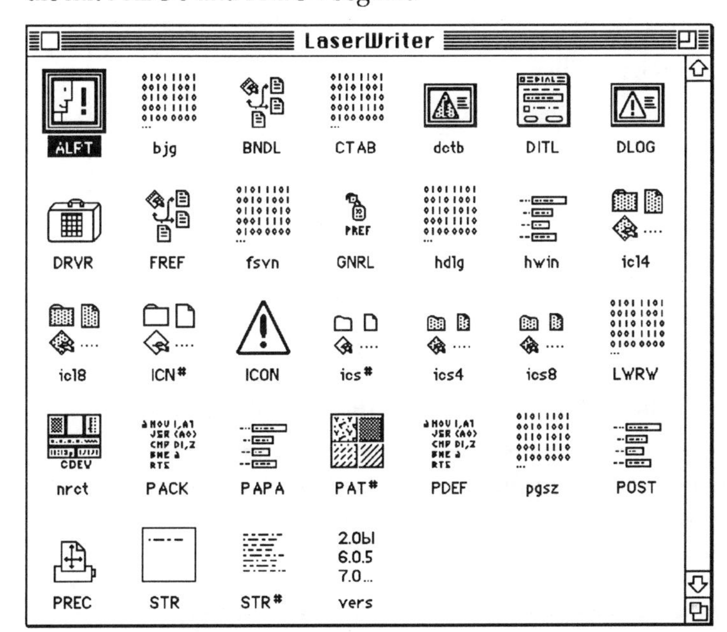

Bild 9-15: Die Ressourcen von Laserwriter

PREC 0 enthält all die Einstellungen, die das System nach jedem Neustart wieder anbietet, PREC 1 die aktuellen Einstellungen des Benutzers, also die gewünschten Informationen.

PRECs from LaserWriter

ID	Size	Name
0	120	
1	120	
100	120	
101	68	
102	182	
104	118	
105	64	
106	42	
107	162	
109	1015	
125	91	
127	4	
197	270	
199	98	
200	8	
204	6	

Bild 9-16: PREC-Ressourcen

Damit ist der Weg klar: PREC 0 wird gelöscht (**Clear** im Menü **Edit**), für PREC 1 wird die ID-Nummer auf 0 geändert. Dazu wird PREC 1 aktiviert und der Dialog **Get Resource Info** im Menü **Resource** aufgerufen. Die Nummer wird auf 0 gesetzt.

Info for PREC 1 from LaserWriter
Type: PREC
Size: 120
ID: 1
Name:
Owner type
Owner ID:
Sub ID:
DRVR
WDEF
MDEF
Attributes:
System Heap
Locked
Preload
Purgeable
Protected
Compressed

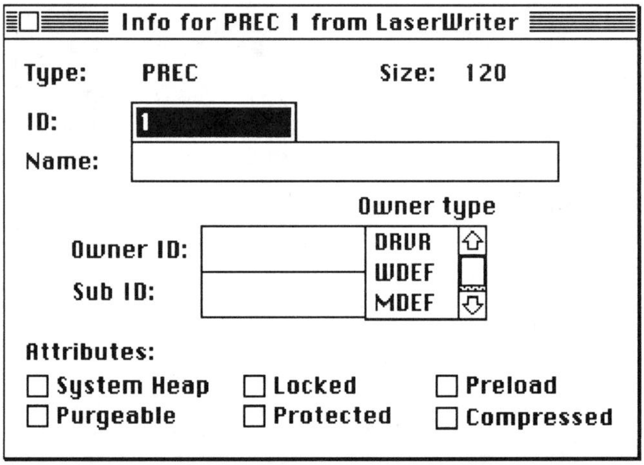

Bild 9-17: Informationen über PREC 1

Dann schließt man an den Schließfeldern alle geöffneten Fenster wieder und beantwortet die Frage, ob man das Ergebnis sichern möchte, mit "Yes". Dies ist übrigens der "point of no return". Durch Klicken auf "No" ließen sich die Änderungen noch wieder rückgängig machen.

Save "LaserWriter" before closing?
Yes
No
Cancel

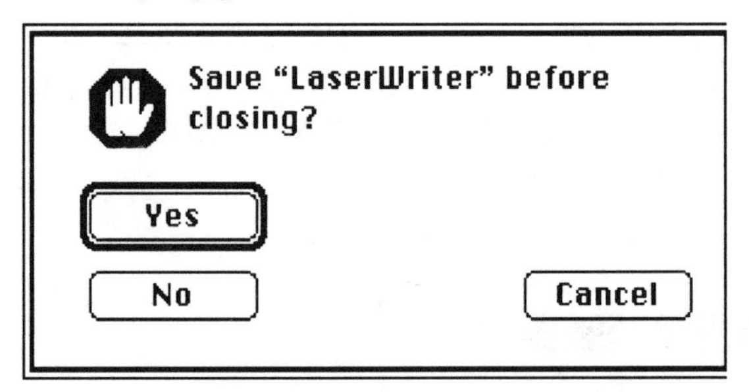

Bild 9-18: Sichern der Änderungen

Und siehe da, von nun an zeigt der Druckerdialog immer die idealen Einstellungen - bis man selber etwas daran ändern möchte. Aber nun wissen Sie ja, wie es geht.

Lassen Sie es besser mit dieser kleinen Übung in Sachen ResEdit genug sein, löschen Sie das Programm von der Harddisk und verschließen Sie es wieder im "Giftschrank".

Und falls Sie es doch wieder herausholen: Seien Sie vorsichtig damit und arbeiten Sie nur mit Kopien der von Ihnen bearbeiteten Programme. Am Besten halten Sie es wie mit der Beobachtung von freilebenden Tieren in der Natur: ansehen immer - anfassen nie!

Tips und Tricks

Dieser Teil mit dem Namen "Tips und Tricks" enthält eine Reihe von Informationen, die für fortgeschrittene Benutzer von Interesse sein können. Sie haben vielleicht schon einmal ein Dialogfenster gesehen, mit dem der Macintosh einen Fehler mitteilt: "Ein Systemfehler ist aufgetreten". Die meisten Macintosh-Benutzer haben dabei in der unteren rechten Ecke die Meldung "ID = n" bemerkt. Dabei ist n die Nummer der Fehlermeldung, eine nicht besonders aussagekräftige Zahl. Deshalb sind auf den folgenden Seiten etwas tiefergehende Informationen zusammengestellt:

Systemfehlercodes

01	dsBusError	Busfehler
02	dsAddressErr	Adressfehler
03	dsIllInstErr	Unzulässige Anweisung
04	dsZeroDivErr	Division durch Null
05	dsChkErr	Bereichsfehler
06	dsOvflowErr	Überlauf
07	dsPrivErr	Privilegverletzung
08	dsTraceErr	Tracemodus-Fehler
09	dsLineAErr	1010-Trap-Fehler
10	dsLineFErr	1111-Trap-Fehler (Haltepunkt)
11	dsMiscErr	Hardware-Ausnahme-Fehler
12	dsCoreErr	Nicht implementierte Kernroutine
13	dsIrqErr	Nicht installierter Interrupt
14	dsIOCoreErr	E/A-Kernfehler
15	dsLoadErr	Fehler im Segmentladeprogramm
16	dsFPErr	Gleitkommafehler
17	dsNoPackErr	Paket 0 nicht vorhanden (List-Manager)
18	dsNoPk1	Paket 1 nicht vorhanden
19	dsNoPk2	Paket 2 nicht vorhanden (Disketteninitialisierung)
20	dsNoPk3	Paket 3 nicht vorhanden (Standard File-Operationen)
21	dsNoPk4	Paket 4 nicht vorhanden (Gleitkommaarithmetik)

22	dsNoPk5	Paket 5 nicht vorhanden (Transzendente Funktionen)
23	dsNoPk6	Paket 6 nicht vorhanden (Internationale Dienstprogramme)
24	dsNoPk7	Paket 7 nicht vorhanden (Binär-Dezimal-Umwandlung)
25	dsMemFullErr	Speicher voll
26	dsBadLaunch	Fehlerhafter Programmstart
27	dsFSErr	Dateitabelle des Systems beschädigt
28	dsStcknHeap	Der Stack ist in den Heap hineingewachsen
30	dsReinsert	Fehler beim Einlegen einer Diskette
31	dsNotThe1	Falsche Diskette eingelegt
33	negZcbFreeErr	ZcbFree wurde negativ
40	dsGreeting	Macintosh-Begrüßung (also eigentlich kein Fehler)
41	dsFinderErr	Finder kann nicht geladen werden
51	dsBadSlotInt	Unbekannter Interrupt vom Steckplatz
84	menuPrgErr	Menüdefinition wurde gelöscht
85	dsMBarNFnd	Definition der Menüleiste nicht gefunden
86	dsHMenuFindErr	Hierarchisches Menü rekursiv definiert
87	dsWDEFnFnd	WDEF konnte nicht geladen werden
89	dsMDEFnFnd	Menüdefinition konnte nicht geladen werden

Erklärung der wichtigsten Fehlertypen:

01 = Busfehler: Dieser Fehler sollte normalerweise auf dem Macintosh nicht auftreten. Ein Busfehler bedeutet, daß der Computer versucht hat, auf nicht-existenten Speicher zuzugreifen. Ein Beispiel: Ein Macintosh 128K hat 131072 Byte RAM. Falls ein Macintosh 128K aus irgendwelchen Gründen versucht, auf Speicher nach dem 131072. Byte zuzugreifen, würde ein Busfehler die Folge sein. Auf einem Macintosh sollte dieser Fehler allerdings nie auftreten, weil Adressen, die nichtexistentem Speicher entsprechen, automatisch korrigiert werden. Falls ein Macintosh 128K also auf das 131073. Byte (eines nach dem Ende des Speichers) zugreifen wollte, würde er in Wirklichkeit auf das erste Byte im Speicher zugreifen. Wenn ein Fehler mit ID = 01 auftritt, dann meldet Ihr Macintosh entweder den falschen Fehler oder hat Probleme mit der Hardware.

02 = Adreßfehler: Die CPUs Motorola 680x0 (die Mikroprozessoren der verschiedenen Macintoshs 68000, 68020, 68030 und 68040) können auf Speicher in Abschnitten von einem Byte (8 Bit), einem Wort (16 Bit) oder einem Langwort (32 Bit) zugreifen. Ein Byte kann an einer geraden oder ungeraden Adresse liegen, aber die Adresse für einen Zugriff auf ein Wort oder ein Langwort muß gerade sein. Falls dies nicht der Fall ist, wird ein Fehler mit der ID = 02 erzeugt.

03 = Unzulässige Anweisung: Ein Programm besteht aus einer Reihe von Anweisungen in Maschinensprache. Unter bestimmten Bedingungen kann ein Computer versuchen, eine Anweisung auszuführen, die nicht in seinem Vokabular enthalten ist. Dann tritt der Fehler "illegale Anweisung" auf.

04= Division durch Null: Die meisten Mikroprozessoren haben Anweisungen, die die Division unterstützen. Falls die CPU 680x0 versucht, eine Zahl durch Null zu teilen, tritt ein Fehler mit der ID = 04 auf.

05 = Bereichsfehler: Die 680x0 hat eine Anweisung, die benutzt wird, um zu prüfen, ob eine Zahl in einem bestimmten Bereich liegt. Falls das nicht der Fall ist, wird der Fehler ID = 05 erzeugt.

06 = Überlauf: Jede Zahl, die in einem Computer gespeichert wird, erhält eine bestimmte Menge Speicherplatz. Ein Überlauf tritt dann auf, wenn eine Zahl zu groß für den ihr zugewiesenen Speicherplatz ist. Falls die CPU 680x0 einen Überlauf entdeckt, meldet sie einen Fehler mit der ID = 06.

07 = Privilegverletzung: Die 68000 kann in einem von zwei Modi laufen: Supervisor und User. Der Macintosh sollte sich immer im Supervisor-Modus befinden. Einige der Anweisungen der 68000 lassen sich nur im Supervisor-Modus ausführen. Unter bestimmten Bedingungen kann der Macintosh irrtümlich in den User-Modus gelangen. Wenn dann versucht wird, eine auf den Supervisor-Modus beschränkte Anweisung auszuführen, wird ein Fehler ID = 07 erzeugt.

08 = Tracemodus-Fehler: Für einen Programmierer ist ein Laufzeit-Debugger eines der Werkzeuge, um die Fehler in einem Programm zu beseitigen. Dieses Hilfsprogramm erlaubt unter anderem, das Programm so ablaufen zu lassen, daß jeweils nur eine Anweisung ausgeführt wird, um genau zu sehen, was eigentlich passiert. Wenn ein Macintosh irrtümlich in diesen Tracemodus gelangt, aber kein Debugger installiert ist, dann tritt der Fehler ID = 08 auf.

09 & 10 = 1010- & 1111-Trap-Fehler: Es gibt im ROM des Macintosh die "Toolbox", Hunderte von Routinen, die ein Programmierer für seine Programme nutzen kann. Diese Routinen werden angesprochen, indem bestimmte Anweisungen in ein Programm eingefügt werden, die sich nicht im Vokabular der 68000 befinden. Wenn die 68000 auf eine solche Anweisung stößt, versucht sie, sie in einer Tabelle zu finden. In dieser Tabelle stehen die Adressen der Routinen für jede definierte Anweisung. Wenn für eine bestimmte Anweisung ein Eintrag in der Tabelle vorhanden ist, dann verzweigt die CPU zu der entsprechenden Routine. Falls kein Eintrag vorhanden ist, erzeugt sie einen Fehler ID = 09 oder ID = 10.

12 = Nicht implementierte Kernroutine: Einer der Tricks, die einem Programmierer zum Auffinden von Fehlern in einem Programm zur Verfügung stehen, ist das Setzen von Haltepunkten in Teilen des Programms, in denen er Fehler vermutet. Zum Untersuchen des entsprechenden Abschnitts wird ein Debugger benötigt. Falls zu dem Zeitpunkt, wo der Prozessor auf einen Haltepunkt stößt, kein Debugger installiert ist, tritt ein Fehler ID = 12 auf.

13 = Nicht installierter Interrupt: Ein Computer kann auf verschiedene Arten feststellen, daß bestimmte seiner Teile (wie Diskettenlaufwerk oder Tastatur) seine Aufmerksarnkeit benötigen. Die Methode, die der Macintosh verwendet, wird als Interrupt bezeichnet. Das heißt, daß der Teil, der den Computer benötigt, sich bemerkbar machen kann. Wenn ein solcher Interrupt auftritt, kann die 68000 die Arbeit, die sie gerade macht, unterbrechen und ihre Aufmerksamkeit dem entsprechenden Teil des Computers zuwenden. Damit sie das tun kann, müssen ihm allerdings entsprechende Routinen zur Verfügung stehen. Ansonsten entsteht ein Fehler mit der ID = 13. Die häufigste Ursache für einen solchen Fehler ist das Drücken des Interrupt-Schalters, wenn kein Laufzeit-Debugger installiert ist.

15 = Fehler im Segmentladeprogramm: Macintosh-Programme sind in Segmente aufgeteilt. Jedes Programm hat mindestens ein Segment, viele auch mehrere. Der Vorteil, ein Programm in mehrere Segmente aufzuteilen, ist, daß man nicht das ganze Programm auf einmal in den Speicher laden muß. Dadurch bleibt im RAM mehr Platz für Daten. Wenn ein Segment gebraucht wird, ist das Segmentladeprogramm dafür verantwortlich, daß es in den Speicher geladen wird. Falls es diese Aufgabe nicht ausführen kann, kann ein Fehler mit der ID = 15 auftreten.

17-24 = Pakete 0-7 nicht vorhanden: Für bestimmte Aufgaben benutzt der Macintosh Programm-"Pakete". Diese Pakete enthalten zum Beispiel Routinen zur Initialisierung von Disketten, zum Öffnen und Sichern von Dateien und zum Umwandeln von Zahlen vom Dezimal- ins Binärformat und umgekehrt. Die Pakete müssen sich in der Systemdatei auf der Startdiskette befinden. Falls Sie einen Fehler mit einer ID von 17 bis 24 gemeldet bekommen, haben Sie wahrscheinlich eine defekte Systemdatei.

25 = Speicher voll: Wie Sie wahrscheinlich bereits vermuten, bedeutet dieser Fehler, daß nicht genügend RAM zur Verfügung steht. Gelegentlich kann dieser Fehler allerdings auch auftreten, wenn noch genügend Speicher frei ist. Dann ist zu einem früheren Zeitpunkt ein anderer Fehler aufgetreten, der den Macintosh schließlich veranlaßt, irrtümlich festzustellen, daß der Speicher voll sei.

26 = Fehlerhafter Progammstart: Dieser Fehler tritt auf, wenn der Macintosh mit der Ausführung eines von Ihnen geöffneten Programms nicht beginnen konnte.

28 = Der Stack ist in den Heap hineingewachsen: Für praktische Zwecke hat dieser Fehler in der Regel die gleiche Bedeutung wie "Speicher voll".

Was können Sie als Benutzer bei Systemfehlern tun? Dazu ist zunächst zu sagen, daß es beim Auftreten des Fehlers schon reichlich spät ist. Die besten Dinge, die Sie tun können, müssen Sie vor dem Absturz tun. Ein Systemfehler führt fast immer dazu, daß Daten im RAM verloren gehen. Deshalb sollten Sie die Daten möglichst oft auf der Diskette sichern, wo Sie auch nach einem Systemfehler erhalten bleiben. Die meisten Benutzer sichern ihre Arbeit nur beim Verlassen des Programms. Wenn der Computer aber mitten in der Arbeit abstürzt, verlieren Sie alles, was Sie seit dem letzten Sichern gemacht haben.

Eine andere vorbeugende Maßnahme, die mehr langfristig wirkt, ist, von wichtigen Dateien Sicherheitskopien anzulegen. Wenn das Original beschädigt wird, können Sie immer noch auf eine Kopie zurückgreifen.

Die Fehlercodes von Systemfehlern weisen leider nur selten direkt auf die Ursache des Problems hin. Sie können aber in einigen Fällen hilfreich bei seiner Lokalisierung und dem Ausschließen von Möglichkeiten sein. Falls Sie feststellen, daß häufig Systemfehler auftreten, sollten Sie versuchen, die folgenden Fragen zu beantworten:

- Welche ID hatte der Fehler?
- Was haben Sie genau getan, bevor es zum Absturz kam?
- Bleibt das Problem bestehen, wenn Sie das Dokument mit einer anderen Kopie der gleichen Anwendung öffnen?
- Bleibt das Problem bestehen, wenn Sie andere Dokumente mit der gleichen Kopie der Anwendung öffnen?
- Bleibt das Problem bestehen, wenn Sie neue Kopien von System und Finder benutzen?
- Wie groß ist das Dokument, das Sie öffnen wollen, und welche maximale Dokumentgröße läßt die Anwendung zu?
- Wieviel Platz ist auf der Diskette, die Sie benutzen, verfügbar?
- Welche Veränderungen sind am System vorgenommen worden?
- War ein Schreibtischzubehör offen, als der Fehler auftrat?
- Welche Versionsnummern haben die Anwendung und die Systemsoftware, die Sie benutzt haben, als der Fehler auftrat?
- Können Sie den Fehler auf einem anderen Macintosh rekonstruieren?

Oft kann das Problem nach Beantwortung einiger dieser Fragen gelöst werden. Es kann durch eine fehlerhafte Kopie Ihrer Daten, Ihres Programms oder Ihrer Systemdateien verursacht worden sein. Falls dies der Fall ist, können Sie es beheben, indem Sie die fehlerhafte Datei ersetzen.

Falls Sie das Problem auch nach Beantwortung der obigen Fragen nicht lösen können, müssen Sie sich wahrscheinlich an jemanden wenden, der weitergehende Kenntnisse hat. Diese Person braucht die Antworten auf die Fragen, um das Problem genau bestimmen zu können. Je besser und umfangreicher Ihre Angaben sind, desto größer ist die Wahrscheinlichkeit, daß eine Lösung gefunden werden kann. Versuchen Sie, die Umstände festzustellen, unter denen der Fehler auftritt. Es hat oft den Anschein, als träten Systemfehler zufällig auf. Es gibt aber immer bestimmte Umstände, die dafür verantwortlich sind. Obwohl es häufig sehr schwierig ist, diese Umstände genau herauszufinden, ist die Suche danach notwendig, um das Problem zu lösen.

Abschließend noch eine Bemerkung zum Systemfehler-Dialog: Sie haben wahrscheinlich bemerkt, daß Ihnen bei einem Systemfehler zwei Felder angeboten werden: "Neustart" und "Retten". Das "Retten"-Feld ist normalerweise grau und nicht ausgewählt werden. Die meisten Macintosh-Benutzer fragen sich, wozu das "Retten"-Feld da ist, wenn es doch nie ausgewählt werden kann. Apple hat den Programmentwicklern die Möglichkeit gegeben, Maßnahmen für den Fall eines Systemfehlers festzulegen. Sie können z.B. versuchen, Daten auf die Diskette zu sichern, bevor der Computer neu gestartet wird. Leider nutzen die meisten Programme diese Möglichkeit nicht.

Fehlermeldungen beim Starten

Wenn Sie Ihren Macintosh anschalten oder den Reset-Schalter am Programmiererschalter drücken, werden verschiedene System- und Speichertests durchgeführt. Wenn bei einem dieser Tests ein Fehler entdeckt wird, erscheint das Symbol eines traurigen Macintosh (s.a.Kap.1).

Die Codezahl unter dem Symbol gibt genauere Informationen über das Problem. Die ersten beiden Ziffern geben die Art des Fehlers an. Wenn der Fehler beim Speichertest aufgetreten ist (die ersten beiden Ziffem sind dann 02, 03, 04 oder 05), kann man mit Hilfe der letzten vier Ziffern feststellen, welche RAM-Bausteine defekt sind.

Wenn der traurige Macintosh nach der ersten Diskettenaktivität erscheint, sind die ersten beiden Ziffen die des Fehlercodes OF und die nächsten vier Ziffem geben die Art des Fehlers an. In diesem Fall starten Sie den Macintosh neu und halten Sie dabei die Befehls- () und die Wahltaste (⌥)) gedrückt, um die Schreibtischdatei neu aufzubauen. Unter Umständen können Sie eine defekte Startdiskette auch reparieren, indem Sie die Systemdatei ersetzen. Der Grund für einen Fehler mit dem Code OFOOOD ist höchstwahrscheinlich, daß der Interrupt-Schalter klemmt.

Code	**Bedeutung**
`01----`	ROM-Test
`02---- bis 05----`	RAM-Tests
`OF0001`	Busfehler
`OF0002`	Addreßfehler
`OF0003`	Illegale Anweisung
`OF0004`	Division durchNull
`OF0005`	Prüftrap - CHK-Anweisung
`OF0006`	Uberlauftrap - TRAPV-Anweisung
`OF0007`	Privilegverletzung
`OF0008`	Trace-Trap
`OF0009`	Fehler im Trap-Dispatcher
`OF000A`	1111-Trap-Fehler
`OF000B`	Andere Trap
`OF000C`	Nicht implementierte Trap ausgeführt
`OF000D`	Interrupt-Schalter
`OF0064`	Defekte oder fehlende Systemdatei
`OF0065`	Defekter Finder

Ergebniscodes des Dateisystems
Manchmal erhalten Sie von einem Programm statt einer freundlichen Fehlermeldung wie "Die Diskette ist schreibgeschützt" nur einen negativen Ergebniscode. Die untenstehende Tabelle führt einige der Fehlerwerte, nach Größe geordnet, und ihre Bedeutung an.

Wert	Bedeutung
-33	Datei-Inhaltsverzeichnis ist voll.
-34	Diskette ist voll.
-35	Das angegebene Volume ist nicht vorhanden.
-36	Ein-/Ausgabe-Fehler.
-37	Fehlerhafter Datei- oder Volume-Name.
-38	Die Datei ist nicht geöffnet.
-39	Während eines Lesevorgangs wurde das logische Dateiende erreicht.
-40	Versuch, vor dem Dateianfang zuzugreifen.
-41	Speicher voll (Öffnen) oder Datei zu groß (Laden).
-42	Zu viele Dateien geöffnet; das Maximum beträgt 40 auf einem Mac.
-43	Datei wurde nicht gefunden.
-44	Die Diskette ist Hardware-schreibgeschützt.
-45	Die Datei ist gegen Veränderung geschützt.
-46	Das Volume ist Software-schreibgeschützt.
-47	Die Datei ist in Gebrauch; eine oder mehr Dateien sind offen.
-48	Eine Datei mit dem angegebenen Namen und der angegebenen Versionsnummer existiert bereits.
-49	Datei ist schon mit Schreiberlaubnis geöffnet.
-50	Fehler in der Parameter-Liste.
-51	Fehlerhafte interne Dateinummer (refNum).
-53	Diskette wurde ausgeworfen.
-56	Ein solches Gerät ist nicht vorhanden.
-57	Keine Macintosh-Diskette; das Volume enthält kein Inhaltsverzeichnis im Macintosh-Format.
-59	Während des Umbenennens ist ein Problem aufgetreten.
-60	Defektes Master-Inhaltsverzeichnis; das Volume muß neu initialisiert werden.
-61	Die Datei wurde nicht zum Schreiben geöffnet.
-64	Das Laufwerk ist nicht angeschlossen.

Viele Hinweise dieses Kapitels verdanken wir einer kleinen Bröschüre mit dem Titel "Apple Macintosh Tips und Tricks". Der interessierte Leser wird dort in etwas anderer Darstellung weitere Details aufgelistet finden.

Glossar

1,4 MByte-Diskette. Bezeichnung für eine zweiseitige 3,5 Zoll-HD-Diskette mit einer Speicherkapazität von bis zu 1,4 MByte. HD-Disketten unterscheiden sich von anderen 3,5 Zoll-Disketten durch eine weitere Aussparung in der Diskettenhülle.

3,5" Zoll-Diskette. Bezeichnung für eine flexible magnetisch beschichtete Kunststoffscheibe in einer bruchsicheren Plastikhülle, die digitale Daten speichern kann. Der Durchmesser der Scheibe beträgt 3,5 Zoll.

8-poliger Stecker. Andere Bezeichnung: 8-poliger Mini-DIN-Stecker. Standardstecker zum Anschluß von Peripheriegeräten in den Anschlußbuchsen des Computersystems.

Abonnent. Material, das in einem Dokument eingesetzt wird und bei jeder Änderung des Originals (Verleger) automatisch aktualisiert wird (vgl. Auflage, Verleger).

Aktive Hilfe. Erklärung, die auf dem Bildschirm eingeblendet wird. Sie beschreibt die Symbole oder Optionen in Dialogfenstern. Diese Funktion kann mit folgenden Befehlen im Menü "Aktive Hilfe" aktiviert bzw. deaktiviert werden: "Aktive Hilfe ein", "Aktive Hilfe aus".

Aktives Anwendungsprogramm. Das Anwendungsprogramm, mit dem gerade gearbeitet wird. Es wird durch ein kleines Symbol rechts oben in der Menüleiste dargestellt. Ab System 7 können zwar mehrere Anwendungsprogramme gleichzeitig gestartet sein, aber nur eines kann aktiv sein.

Aktivieren. Vorgang, ein Objekt für eine bestimmte (nächste) Funktion vorzubereiten. Man klickt zum Aktivieren auf die gewünschten Objekte oder bewegt den Zeiger mit gedrückter Maustaste darüber.

Aktiviertes Fenster. Das vorderste Fenster des Schreibtisches. Die Titelleiste dieses aktivierten Fensters ist durch Querstreifen gekennzeichnet.

Aktualisierer. Mit diesem Programm muß die Systemsoftware und weitere Ressourcen, wie z.B. Netzwerksoftware, installiert und aktualisiert werden.

Aktuelle Startdiskette. Diskette, die den Systemordner enthält, den der Computer momentan verwendet. Der Systemordner enthält das für den Start notwendige Betriebssystem.

Album. Schreibtischzubehör, in dem häufig verwendete Informationen (Bilder, Texte, Klänge) aufbewahrt werden können.

Alias. Ersatzname, der eine kleine Datei kennzeichnet, die das Original eines Dokuments, Ordners, Programms oder eines Volumes repräsentiert. Durch Doppelklicken des Alias-Symbols wird das Original lokalisiert und geöffnet. Alias-Namen werden kursiv geschrieben.

Apple Desktop Bus (ADB). Eine Schnittstelle (serieller Bus) mit langsamer Übertragungsgeschwindigkeit und Anschlüssen an der Rückseite des Computers. Geräte wie Tastatur, Maus und andere Apple Desktop Bus-Geräte (Grafiktabletts, Handregler und Sondertastaturen) werden dort angeschlossen.

AppleShare File Server. Macintosh Computersystem, auf dem die AppleShare-FileServer Software installiert ist. Netzwerkbenutzern wird es durch diesen Server ermöglicht, Daten und Anwendungsprogramme auf diesem zentralen Computer zu speichern, von dort zu laden oder für die gemeinsame Nutzung freizugeben.

AppleTalk-Netzwerk. Bezeichnung für das Netzwerksystem bestehend aus im Computer installierter Hardware, dem dazugehörigen Kabelsystem und der Software, die zur Datenübertragung zwischen den einzelnen Arbeitsstationen verwendet wird. Es können LocalTalk-, Ethernet- oder Token Ring - Verbindungen genutzt werden.
ASCII. Abkürzung für American Standard Code for Information Interchange. Ein Standardcode, mit dem Text im Computersystem dargestellt und von Computer zu Computer übertragen werden kann.
Audioausgang. Anschluß an der Rückseite des Macintosh, an den Kopfhörer oder Verstärker angeschlossen werden können. Er ist mit einem Lautsprechersymbol gekennzeichnet.
Auflage. Datei, die das Material enthält, das in einem Dokument als Verleger definiert wurde. Es kann in anderen Dokumenten (den Abonnenten) eingesetzt werden und wird dann automatisch in allen Abonnenten-Dokumenten aktualisiert, wenn der Verleger im Originaldokument geändert wird (vgl. Verleger, Abonnent).
Auflösung. Maß für den Abstand der einzelnen Punkte auf dem Bildschirm. Je kleiner der Abstand, desto schärfer und klarer ist das Bild.
Ausschneiden. Entfernen eines aktivierten Objekts durch Auswahl des Menübefehls "Ausschneiden". Das ausgeschnittene Objekt befindet sich danach in der Zwischenablage.
Auswahl. Schreibtischprogramm, Teil des Apfel-Menüs. Es dient der Konfiguration für vorhandene Netzwerkdienste und Drucker.
Befehl. Auch Menübefehl genannt: Kennzeichnung einer Funktion, die der Computer ausführen soll.
Befehlstaste. Taste, die oft im Zusammenhang mit einer anderen Taste gedrückt werden muß. Sie bewirkt, daß ein Befehl ausgeführt wird. Die Befehlstaste ist mit einem Kleeblattsymbol und/oder Apfelsymbol beschriftet ().
Benutzerführung. Meldung auf dem Bildschirm, mit der eine Benutzeraktivität angefordert wird. Dies geschieht durch Anzeige eines Symbols, einer Nachricht, eines Dialogfensters oder eines Auswahlmenüs.
Benutzername. Name, der von einem Macintosh-Benutzer oder dem Netzwerkadministrator gewählt und eingegeben wurde, um den Benutzer zu identifizieren.
Benutzeroberfläche. Art und Weise, wie ein Computersystem sich dem Benutzer gegenüber darstellt. Man unterscheidet zeichen- und grafikorientierte Benutzeroberflächen. Der Umgang mit zeichenorientierten Oberflächen erfordert das Eintippen von Befehlen über die Tastatur, um den Rechner zu steuern (vgl. Macintosh Benutzerschnittstelle).
Bewegen. Bezeichnung für die Operation: Auf ein Objekt zeigen, die Maus bei gedrückter Maustaste bewegen. Danach die Maustaste wieder loslassen.
Bildschirm. Ausgabegerät, auf dem Informationen angezeigt werden.
Bildschirmschrift. Schrift auf dem Macintosh Bildschirm.
Binärsystem. Zahlsystem; es werden statt der Ziffern von 0 bis 9 (Zehnersystem) nur 0 und 1 benutzt. Der Wert der aufeinanderfolgenden Ziffern wird mit zwei statt mit zehn multipliziert. Die Dezimalzahl 42 wird z.B. als Binärzahl 101010 geschrieben. In diesem Zahlensystem lassen sich die Werte 0 und 1 auf verschiedene Weise darstellen: z. B. als "Stromversorgung ein" oder

"aus", positive oder negative Spannung, als weißer oder schwarzer Punkt auf dem Bildschirm. Eine einzelne Binärziffer (0 oder 1) wird Bit genannt.

Binärziffer. Kleinste Informationseinheit im Binärsystem: eine 0 oder eine 1.

Bit. Die Abkürzung von binary digit (vgl. Binärsystem).

Bitmap-Zeichensatz. Schriftart, die aus gerasterten Zeichen in einer festen Größe besteht (vgl. TrueType-Zeichensatz, Zeichensatz).

Blättern. Den Inhalt eines Fensters oder einer Liste in einem Dialogfenster mit Hilfe der Rollbox oder der Rollpfeile bewegen.

Briefkastenordner. Gemeinschaftsordner, für den bestimmte Zugriffsberechtigungen vergeben wurden. Netzwerkbenutzer können in einen solchen Ordner Dateien und Ordner ablegen, aber nicht den Ordner öffnen.

Bootvorgang. Bezeichnung für alle abgelaufenen Funktionen beim Start des Systems bis zu dem Punkt, wo der Computer für Eingaben des Benutzers bereit ist.

Bus. Bezeichnung für die genormte Verbindung zur elektronischen Datenübertragung im Computer. Über verschiedene Busse werden die Einheiten des Computers, wie z. B. Prozessoren, Erweiterungskarten, Eingabegeräte und RAM verbunden.

Byte. Informationseinheit, die aus der Zusammenfassung von 8 Bit besteht. Ein Byte kann jeden Wert zwischen 0 und 255 darstellen. Eine Bitfolge in einem Byte kann ein Befehl, ein Buchstabe, eine Zahl, ein Satzzeichen oder ein anderes Zeichen sein (vgl. GigaByte, KiloByte, MegaByte).

Cache. Bereich im Arbeitsspeicher, auf den außerordentlich schnell zugegriffen werden kann, der für das Zwischenspeichern von Daten benutzt wird.

CD-ROM. Abkürzung für Compact Disk Read Only Memory. Eine runde Scheibe, ähnlich den bekannten Musik-CD's, zur Speicherung von digitalen Daten (Text, Grafik, Klang). Sie besitzt einen Durchmesser von etwa 12 cm und eine Speicherkapazität von mehr als 500 MByte.

CDEV-Programm. Vgl. Kontrollfeldprogramm.

Chip. Kurzbezeichnung für einen integrierten Schaltkreis.

Code. Befehle bzw. Anweisungen, aus denen ein Computerprogramm besteht.

Coprozessor. Hilfsprozessor, der zur Entlastung des Hauptprozessors einige Spezialaufgaben, wie besonders rechenintensive Operationen übernimmt.

Daten. Informationen, die von einem Programm benutzt bzw. bearbeitet werden.

Datenbank. Kurzform für Datenbank-Managementsystem: Sammlung von Daten, die in einer Form gespeichert werden, die der Benutzer rasch manipulieren und sortieren kann.

Dialogfenster. Fenster, in dem der Computer vom Benutzer zusätzliche Informationen anfordert.

Dicktengleicher Zeichensatz. Zeichensatz, bei dem alle Zeichen die gleiche Breite haben.

Dienstprogramm. Spezielles Anwendungsprogramm, durch das eine Systemdatei geändert wird oder Dateien mit besonderen Funktionen bearbeitet werden können. Dazu zählt das Programm "System aktualisieren".

Digitale Daten. Daten, die durch einen Code dargestellt werden, der aus einer Folge diskreter Elemente wie z.B. den Binärziffern 0 und 1 besteht

DIP (dual in-line package). Integrierte Schaltung, die sich in einem kleinen rechteckigen Plastikgehäuse mit mehreren Anschlußstiften befindet.

Diskette. Speichermedium mit einer flachen, runden, magnetisierbaren Oberfläche. Daten werden in Form von magnetisierten Punkten gespeichert, ähnlich wie bei Tonaufnahmen auf Band (vgl. Festplatte; 3,5 Zoll-Diskette).

Diskettenlaufwerk. Gerät, in das eine Diskette eingelegt wird und das Informationen von ihr liest und auf ihr sichert (vgl. Festplattenlaufwerk).

Diskettenverzeichnis. Verzeichnis des Disketteninhalts, das die Namen und die Speicheradressen der auf einer Diskette gespeicherten Dateien enthält.

Dokument. Bezeichnung für die von einem Anwendungsprogramm erzeugten Dateien. Durch eine unsichtbare Kennung bleiben Dokument und Programm miteinander verbunden.

Doppelklicken (Zweimalklicken). Bezeichnung für folgende Operation: Auf ein Objekt bzw. auf ein Symbol zeigen und anschließend zweimal kurz hintereinander die Maustaste drücken, ohne dabei die Maus zu bewegen. Durch Doppelklicken werden Dokumente geöffnet und Programme gestartet.

Druckeranschluß. Der durch ein Druckersymbol gekennzeichnete Anschluß auf der Rückseite des Computers, über den der Anschluß an einen Drucker oder ein LocalTalk-Netzwerk erfolgt.

Druckertreiber. Datei im Systemordner, die die Daten enthält, die der Mikroprozessor zur Kommunikation mit einem Drucker benötigt.

DTP. Desktop Publishing. Übersetzt: Publizieren am Schreibtisch. Bezeichnung für alle Tätigkeiten, die mit Hilfe eines Computersystems zur professionellen Erstellung von Druckvorlagen notwendig sind.

Eigentümer. Der Eigentümer eines Macintosh wird im Kontrollfeld "Gemeinschaftsfunktionen" benannt. In einem Netzwerk wird der Eigentümer eines Gemeinschaftsobjekts im Dialogfenster "Gemeinsam nutzen" angezeigt. Er kann Zugriffsberechtigungen für die von ihm freigegebenen gemeinsamen Objekte vergeben.

Eigentümername. Name des Benutzers eines Gemeinschaftsobjekts, der im Dialogfenster "Gemeinsam nutzen" angezeigt wird. Der Eigentümer kann der Macintosh-Eigentümer, ein registrierter Benutzer oder eine registrierte Gruppe sein. Der Eigentümer kann Zugriffsberechtigungen für die von ihm freigegebenen gemeinsamen Objekte vergeben.

Einblendmenü. Zusätzliche Auswahl von Menüunterpunkten.

Einfügemarke. Diejenige Stelle in einem Dokument, an der die nächste Eingabe erfolgen wird. Die Einfügemarke, die sich durch einen blinkenden, senkrechten Strich darstellt, wird aktiviert, indem man an der gewünschten Stelle klickt.

Eingabegerät. Gerät zur Übertragung von Daten an den Mikroprozessor. Wichtige Eingabegeräte sind Maus, Rollkugel, Tastatur, Lichtstift, Grafiktablett.

Einschalttaste. Taste auf der Tastatur zum Starten von Macintosh II-Computern.

Einsetzen. Menübefehl bzw. Tätigkeit, mit dem eine Kopie des Inhalts der Zwischenablage, der zuvor ausgeschnitten bzw. kopiert wurde, an der Einfügemarke eingesetzt wird..

Ethernet. Fachbegriff für ein häufig verwendetes Hochgeschwindigkeitsnetzwerk. Das hard- und softwaremäßig äquivalente AppleTalk-Netzwerk, das mit den Kabelverbindungen des Ethernet-Netzwerks arbeitet, bezeichnet man als EtherTalk-Netzwerk .

Farbrad. Dialogfenster, das beim Klicken in das Symbol "Farbe" im Schreibtischzubehör "Kontrollfeld" erscheint. Mit dem Farbrad kann man für Farbbildschirme Farbton, Farbintensität und Helligkeit einstellen.
Fehlercode. Zahl oder ein anderes Symbol, mit der bzw. dem ein vom Computersystem angezeigter Fehler verschlüsselt dargestellt wird.
Feld. Rechteckiger Bereich im Dialogfenster, in das mit dem Mauszeiger geklickt wird, um eine Auswahl zu bestätigen oder abzubrechen oder um eine Aktion zu starten (auch: Knopf, Taste).
Fenster. Bereich auf dem Schreibtisch, in dem Informationen angezeigt werden. Es gehört in der Regel zu einem Programm oder einem Objekt, welches im Titel des Fensters angezeigt wird.
Festplatte (Festplattenlaufwerk). Metallplatte in einem versiegelten Laufwerk oder Plattengehäuse. Festplatten können im Vergleich zu 3,5 Zoll-Disketten sehr große Datenmengen speichern. Anders als bei Diskettenlaufwerken kann das Speichermedium (die Platte) hier nicht ausgetauscht werden.
Festplatte installieren. Dienstprogramm zum Initialisieren und Testen von SCSI-Festplatten.
Feststelltaste. Taste, durch deren Betätigung alle folgenden Buchstaben als Großbuchstaben dargestellt werden. Sie funktioniert wie die Umschalttaste, allerdings nur bei den Buchstabentasten.
File Sharing. Netzwerkfunktion, die es ermöglicht, Dateien zwischen Computern in einem Netzwerk auszutauschen und gemeinsam zu nutzen.
File-Server. Kombination aus einem Computersystem, einem Steuerprogramm und einer Massenspeichereinheit (Festplatte), die es ermöglicht, gemeinsam mit anderen Benutzern auf Dateien und Anwendungsprogrammen in einem Netzwerk zuzugreifen. (vgl. AppleShare File-Server).
Finder. Anwendungsprogramm, das den Schreibtisch des Macintosh verwaltet, Daten auf oder von Diskette und Festplatte überträgt oder andere Anwendungsprogramme startet. Der Finder erzeugt die grafische Benutzeroberfläche, mit der der Benutzer mit dem Betriebssystem kommuniziert.
Floppy Disk. Engl. Name für Diskette.
Formatieren. Beim Formatieren wird eine Festplatte, eine Diskette oder ein Magnetband in Spuren und Sektoren unterteilt, in denen die Informationen gespeichert werden können.
FPU. Floating Point Unit, Gleitkommaprozessor.
Gast. Person, die sich bei einem anderen Computer im Netzwerk anmelden kann, ohne einen Benutzernamen oder ein Kennwort angeben zu müssen.
Gemeinschaftsordner. Oder auch: gemeinsamer Ordner. Ordner, auf den über das Netzwerk von anderen Benutzern zugegriffen werden kann.
Gemeinschaftsvolume. Oder auch: gemeinsames Volume. Festplatte, CD-ROM oder ein anderes Speichermedium, auf dessen Inhalt über das Netzwerk zugegriffen werden kann. Ein freigegebenes Volume kann sich auf einem File-Server oder einem Macintosh befinden, auf dem die Funktion "File Sharing" aktiviert wurde.
GigaByte (GByte). Maßeinheit, die 1024 MByte entspricht (vgl. Byte, KiloByte, MegaByte).
Größeneinstellung. Feld in der unteren rechten Ecke der meisten geöffneten Fenster, mit dem die Fenstergröße verändert werden kann.

Gruppe. Bezeichnung für eine definierte Zahl von Netzwerkbenutzern, die alle dieselben Zugriffsberechtigungen auf Dateien und Ordner innerhalb eines Netzwerkes besitzen.
Hard Disk. Engl. Name für Festplatte.
Hardware. Alle Teile, aus denen der Computer besteht.
HD-Diskette. Vgl. 3,5 Zoll-Diskette.
Hexadezimal. Zahlsystem, das auf der Zahl 16 basiert. Verwendet werden die Ziffern 0 bis 9 und die Buchstaben A bis F. Hexadezimalwerte können vom Menschen besser gelesen werden als Binärziffern und sind sehr einfach und direkt in Binärwerte umzuwandeln.
Hierarchisches Dateisystem (HFS). Verwaltungsstruktur auf Speichermedien wie Diskette oder Festplatte, die das Anlegen von Ordnern erlaubt, die Dokumente, Anwendungsprogramme und weitere Ordner aufnehmen können. Die einzelnen Ordner können (entsprechend den Unterverzeichnissen in anderen Systemen) in weiteren Ordnern verschachtelt werden, so daß verschiedene Speicherhierarchieebenen entstehen.
Hintergrunddrucken. Spezielle Hintergrundverarbeitung des Computers beim Drucken von Dokumenten. Daneben ist die Beschäftigung mit demselben oder einem anderen Programm im Vordergrund möglich.
Hintergrundverarbeitung. Fähigkeit des Betriebssystems, in einer Multitasking-Umgebung Aufgaben niederer Priorität durchzuführen, während Sie mit einer anderen Arbeit am Computer beschäftigt sind.
Host-Computer. Computer, der Daten für viele Arbeitsstationen verwaltet. Dies kann ein Großrechner (Mainframe), ein Minicomputer oder ein anderer Mikrocomputer (auf dem beispielsweise ein elektronischer Informationsdienst installiert ist) sein.
Human Interface Group. Forschungsgruppe von Apple Computer GmbH, die systematisch Erkenntnisse aus dem Bereich der Mensch-Maschine-Kommunikation für die Entwicklung neuer Benutzeroberflächen umsetzt (vgl. Benutzeroberfläche).
Inhaltsverzeichnis. Grafische, alphabetische oder chronologische Aufstellung des Inhalts eines Ordners oder einer Festplatte.
Initialisieren. Bezeichnung für den Vorgang, bei dem eine Diskette oder Festplatte zur Aufnahme von Informationen vorbereitet wird. Beim Initialisieren wird die Oberfläche der Disketten oder Festplatten in Spuren und Sektoren eingeteilt, die das Betriebssystem benötigt, um gespeicherte Daten zu finden.
Installation. Ändern oder Hinzufügen der Informationen im Systemordner oder der Systemdatei einer Diskette/Festplatte. Aufspielen eines Anwendungsprogramms auf die Festplatte.
Integralmaus. Zeigereinheit, die aus einer in einem Gehäuse gelagerten drehbaren Kugel und einer Maustaste besteht.
Interrupt-Schalter. Einer der beiden Schalter am Computergehäuse. Dieser Schalter wird hauptsächlich von Programmentwicklern für den Macintosh verwendet. Er kann als Rettungstaste gedrückt werden, wenn der Computer aufgrund eines Programmfehlers blockiert ist.
Jeder. Benutzerkategorie, mit der man Zugriffsberechtigungen für gemeinsame Ordner und Volumes festlegen kann. Sie bezieht sich auf alle, die sich als Gast oder als registrierter Benutzer bei einem Computer anmelden.

Kennwort (engl.: password). Bestimmtes Wort oder eine Zeichenfolge, die eingegeben werden muß, damit ein Netzwerkbenutzer auf ein vernetztes Computersystem zugreifen kann, auf dem er registriert ist.

KiloByte (kByte). Maßeinheit, die 1024 (= 2^{10}) Byte entspricht (vgl. Byte, MByte).

Klicken. Bezeichnung für die Operation: Mit der Maus an eine bestimmte Stelle zeigen, die Maustaste drücken und sofort wieder loslassen.

Kompatibel. Aufeinander abgestimmt, zusammenpassend. Dieser Begriff bezieht sich sowohl auf Hardware als auch auf Software und kennzeicnet das störungsfreie Zusammenspiel der miteinander zusammenarbeitenden Komponenten.

Konfiguration. Bezeichnung für die verschiedenen Hard- und Softwarebestandteile eines Computersystems, die so zusammengestellt und aufeinander abgestimmt sind, daß sie zusammenarbeiten.

Kontrollfeld. Schreibtischzubehör, mit dem man die Lautstärke, die Wiederholrate und Ansprechzeit der Tastatur, die Mausbewegung, die Farbdarstellung und die Systemuhr einstellen, einen RAM-Cache einrichten und andere Optionen definieren und angeben kann.

Kontrollfeldprogramm. Programm, das durch ein Symbol im Kontrollfeld dargestellt wird und das die Funktion des Kontrollfelds erweitert. Diese Programme ermöglichen die Steuerung des Computers und der angeschlossenen Peripheriegeräte.

Kurzbefehl. Befehl, der nicht mit Hilfe der Maus, sondern durch Drücken einer oder mehrerer Tasten auf der Tastatur ausgewählt wird. Menübefehle haben oft äquivalente Kurzbefehle.

Laden. Daten von einem Speichermedium (z. B. einer Diskette) in den Arbeitsspeicher laden. Beispielsweise wird ein Programm in den Arbeitsspeicher geladen und kann dann benutzt werden.

Laufwerksanschluß. Anschlußbuchse für externe Laufwerke.

LocalTalk. Die eingebauten Netzwerkfunktionen, die den Anschluß eines Macintosh Computers in einem AppleTalk-Netzwerk (LocalTalk-Netzwerk) ermöglichen.

Löschen. Zeichen oder Wort aus einer Datei oder eine Datei von einer Diskette/Festplatte dauerhaft entfernen.

Lokales Netzwerk (LAN). Gesamtsystem aus mehreren Computern, die zur gemeinsamen Nutzung von Ressourcen miteinander verbunden sind. Die Computer im lokalen Netzwerk sind über ein einziges Übertragungskabel miteinander verbunden und in einem Gebäude oder Gebäudebereich aufgestellt.

Macintosh-Benutzerschnittstelle (Grafische Benutzeroberfläche). Genormte Kommunikationsform zwischen Computer und Benutzer in Form eines grafischen Dialoges. Objekte auf der Schreibtischoberfläche werden mit Hilfe der Maus manipuliert, Anweisungen an das Computersystem werden mit Hilfe von Menüs und Dialogboxen erteilt.

Macintosh-Betriebssystem. Die Kombination von Programmroutinen im ROM und auf Diskette, die zur Durchführung der grundlegenden Funktionen wie dem Starten des Computers, der Übertragung von Daten von und auf Diskette und an die Peripheriegeräte sowie der Verwaltung des RAM dienen.

Maus. Eingabegerät, dessen Bewegungen auf der Arbeitsfläche mit dem Zeiger auf dem Bildschirm nachvollzogen werden.
Maustaste. Taste auf der Maus oder der Integralmaus. Durch Drücken der Maustaste wird die Funktion aktiviert, auf die der Zeiger gerade zeigt. Nach Loslassen der Taste wird sie ausgeführt.
Megabyte (MByte). Maßeinheit, die 1024 kByte oder 1.048.576 Bytes entspricht (vgl. Byte, GigaByte, KiloByte).
Menü. Liste von Befehlen, die in einem Menüfenster erscheint, wenn auf einen Menütitel in der Menüleiste geklickt wird.
**Menü **. Menü ganz links in der Menüleiste, das durch ein Apfelsymbol dargestellt wird und zur Auswahl des Schreibtischzubehörs dient.
Menü "Programme". Menü ganz rechts in der Menüleiste, in dem die geöffneten Programme und Befehle zum Ein- und Ausblenden von geöffneten Fenstern aufgelistet werden.
Menüleiste. Der horizontale Balken am oberen Bildschirmrand, der die Menütitel enthält.
Menütitel. Ein in der Menüleiste enthaltener Funktionsbereich. Durch Klicken in einen Menütitel wird dieser invertiert angezeigt. Darunter wird das zugehörige Menüfenster geöffnet.
Mikrocomputer. Ein Computer wie der Macintosh, dessen Prozessor ein Mikroprozessor ist.
Mikroprozessor. Integrierter Schaltkreis auf der Hauptplatine des Computers, der die zentrale Schalt- und Verarbeitungsstelle des Computersystems darstellt.
Mitbenutzer. Benutzerkategorie, für die man Zugriffsberechtigungen für ein Gemeinschaftsobjekt vergeben kann.
Mitglied. Ein registrierter Benutzer, der einer Gruppe zugeordnet wurde.
MultiFinder. Teil des Multitasking-Betriebssystems für Macintosh, das es ermöglicht, mehrere Anwendungsprogramme gleichzeitig zu öffnen.
Netzwerk. Bezeichnung für eine Ansammlung von untereinander verbundenen und einzeln gesteuerten Computern und Peripheriegeräten zusammen mit der für die Verbindung notwendigen Hard- und Software.
Netzwerkadministrator. Person, die für die Installation, Wartung und Fehlerbeseitigung eines Netzwerks verantwortlich ist.
Netzwerkbenutzer. Person, deren Computer in einem Netzwerk integriert ist.
Netzwerkverbund. (Internet). Zwei oder mehr Netzwerke, die durch spezielle Brücken (Router) verbunden sind. Die in einem Netzverbund zusammengeschlossenen Netzwerke können Informationen und Dienste gemeinsam nutzen.
Notizblock. Schreibtischzubehör, in das man kurze Texte eingeben und bearbeiten kann.
Numerische Tastatur. Zahlenblock, der in der Tastatur integriert ist oder separat angeschlossen werden kann und mit dem eine schnelle Eingabe von Zahlen zur Durchführung von Berechnungen möglich ist.
Nur Text-Dokumente. Dokumente, die nur ASCII-Zeichen und keine Formatierungscodes für Schrift- und Stilarten enthalten.
Öffnen. Bezeichnung für folgende Operation: Befehl aus dem Menü "Ablage". Ein Symbol in einem Fenster aktivieren, so daß ein Dokument oder ein Inhaltsverzeichnis eingesehen werden kann.

Optisches Speichermedium. Medium, von dem die dort gespeicherten Daten mit Hilfe eines Fotodetektors gelesen werden. Die Daten werden auf einer CD-ROM in Form eines Musters aus "Pits" (Vertiefungen) und "Lands" (Zwischenräumen) aufgezeichnet. Der Fotodetektor im optischen Lesekopf registriert den Unterschied zwischen Pits und Lands aufgrund der unterschiedlich reflektierten Lichtstrahlen.

Ordner. Im Ordner können Dokumente, Anwendungsprogramme und weitere Ordner auf dem Schreibtisch abgelegt werden. Mit Hilfe von Ordnern lassen sich Daten auf beliebige Weise übersichtlich strukturieren und verwalten.

Outline-Zeichensatz. Auch Konturzeichensatz genannt. Ein PostScript®- oder TrueType-Zeichensatz, aus dem die Bitmap-Zeichen erzeugt werden, die zum Drucken verwendet werden. Outline-Zeichen können in jeder beliebigen Größe berechnet werden.

Paged Memory Management Unit (PMMU). Eine integrierte Schaltung, die eine seitenweise Speicherverwaltung, das "Paged Memory Management" ermöglicht, durch die der Mikroprozessor auf wesentlich mehr Daten zugreifen kann, als der RAM-Speicher auf einmal aufnehmen kann.

Papierkorb. Symbol auf dem Schreibtisch, in das Dokumente, Ordner oder Programme bewegt werden können, wenn man sie löschen möchte.

Peripheriegerät. Bezeichnung für Hardware, wie z.B. Laufwerk, Drucker, CD-ROM, die zusammen mit dem Computer eingesetzt und von diesem gesteuert wird. Peripheriegeräte sind in der Regel separate Einheiten, die über Kabelverbindungen angeschlossen werden.

Pfeiltasten (Cursortasten). Die vier Richtungspfeile auf der Tastatur, die sich bei Betätigung die Einfügemarke im Dokument bewegen.

PICT. Abkürzung für "Picture" (Bild), ein Speicherformat für Grafiken.

Programmversion. Viele Programme werden ständig weiterentwickelt. Die Programmversionsnummer kennzeichnet den aktuellen Entwicklungsstand.

Programmverbindung. Funktion, Fähigkeit eines Programms, mit der es möglich ist, Daten direkt mit anderen Programmen über das Netzwerk auszutauschen.

Proportionalschrift. Zeichensatz, bei dem die einzelnen Zeichen unterschiedlich breit sind, so daß die Breite von Wörtern mit derselben Buchstabenzahl variiert.

Quelle. Das Original im Gegensatz zum Duplikat (oder Ziel), das durch Kopieren eines Dokuments, eines Ordners oder einer Diskette entsteht.

RAM. Abkürzung für Random-Access Memory, die Speicherchips, die die Daten, mit denen man gerade arbeitet, temporär speichern. Im RAM werden Anwendungsprogramme und die eigenen Daten des Benutzers gespeichert (vgl. ROM). Beim Ausschalten des Computers werden die hier gespeicherten Informationen gelöscht.

Registrierte Gruppe. Gruppe von Benutzern, die auf einem Computer in einem Netzwerk registriert sind.

Registrierter Benutzer. Netzwerkbenutzer, dessen Name und Kennwort auf einem Computer im Netzwerk registriert ist und der über mehr Rechte als ein Gast ("Jeder") verfügt.

Reset-Schalter. Schalter, mit dem die Stromzufuhr für den Computer unterbrochen und ein Neustart durchgeführt wird.

Ressource. Bestandteil eines Anwendungsprogramms oder der Systemsoftware. Durch die Verwendung von Ressourcen ist es z. B. möglich, Programme in andere Sprachen zu übersetzen, ohne das Programm selbst zu ändern. Für viele Ressourcentypen existieren Editoren, mit denen sie bearbeitet werden können.
Rollbalken. Rechteckiger Balken, der entlang der rechten oder der unteren Seite eines Fensters verlaufen kann. Durch Klicken in den Rollbalken oder Bewegen der Rollbox wird ein anderer Dokumentausschnitt sichtbar.
Rollbox. Das weiße Kästchen im Rollbalken. Die Position der Rollbox auf dem Rollbalken kennzeichnet die Position des Fensterinhalts in bezug auf die Länge des gesamten Dokuments.
Rollpfeil. Der Pfeil an beiden Enden des Rollbalkens. Wird der Rollpfeil angeklickt, wird das Dokument bzw. das Verzeichnis um jeweils eine Zeile weiter geblättert; wird er angeklickt und die Maustaste gedrückt gehalten, wird ununterbrochen im Dokument weiter geblättert.
ROM. Abkürzung für Read-Only Memory, die Speicherchips, die Daten enthalten, die zusammen mit den Systemdateien zur Steuerung des Systems verwendet werden. Hierzu gehören auch die notwendigen Informationen zum Starten des Computers. Die Daten im ROM sind nicht veränderbar und bleiben erhalten, wenn der Computer ausgeschaltet wird (vgl. RAM).
Rückschrittaste (Delete). Taste, die eine Rückwärtsbewegung der Einfügemarke und dadurch das Löschen des zuletzt eingegebenen Zeichens bzw. der aktuellen Auswahl bewirkt.
Schalenmodell (Schichtenmodell). Konzeptionelle Vorstellung vom strukturellen Zusammenhang der Hardware- und Softwarekomponenten eines Rechnersystems.
Schließen. Schließen eines Fensters. Erfolgt durch den Befehl "Schließen" oder Klicken in das Schließfeld auf der linken Seite der Titelleiste des aktivierten Fensters. Anschließend wird das Symbol des betreffenden Dokuments wieder angezeigt.
Schließfeld. Quadratisches Kästchen auf der linken Seite der Titelleiste eines aktivierten Fensters. Zum Schließen eines Fensters wird in sein Schließfeld geklickt.
Schreib-/Lesespeicher (RAM). Speicher, dessen Inhalt gelesen und geändert werden kann. Daten, die sich in diesem Speicher befinden, werden gelöscht, wenn die Stromversorgung des Computers abgeschaltet wird und sind unwiderruflich verloren, wenn sie zuvor nicht auf einer Diskette oder einem anderen Speichermedium gesichert worden sind.
Schreibschutz. 3,5-Zoll-Disketten können mit einem Schreibschutz versehen werden. Dazu wird der kleine Schieber links auf der Rückseite der Diskette in Richtung Diskettenrand geschoben.
Schreibtisch. Arbeitsbereich auf dem Bildschirm des Computers, bestehend aus der Menüleiste und dem grauen Bereich auf dem Bildschirm. Der Schreibtisch zeigt im Finder den Papierkorb, die Symbole der Disketten in den Laufwerken und auf dem Schreibtisch andere Objekte (Ordner, Dokumente, Programme) an.
Schreibtischzubehör. "Mini-Anwendungsprogramme", die, unabhängig von dem geladenen Anwendungsprogramm, aus dem Menü gestartet werden können. Hierzu gehören u. a. der Rechner, der Wecker und der Notizblock.

Schriftart. Vollständiger Zeichensatz derselben Gestaltung, Größe und desselben Stils. Beispiel: "Palatino 9 Punkt kursiv" ist eine Schriftart.
SCSI. Abkürzung für Small Computer System Interface, eine Standardschnittstelle, die einen schnellen Zugriff auf Peripheriegeräte ermöglicht.
SCSI-Anschluß. Anschluß an der Rückseite der Systemeinheit, an dem SCSI-Geräte installiert werden. Es können bis zu sechs Geräte hintereinander in einer "SCSI-Kette" zusammengeschlossen werden. Eine Kette muß durch einen SCSI-Abschlußstecker terminiert werden.
Serifen. Kurze Querstriche an den Enden der Hauptlinien der Zeichen.
Server. Ein Computersystem, das einen bestimmten Dienst (z.B. Datentransfer, Druckdienst) für ein Netzwerk bereitstellt (vgl. Fileserver).
Sichern. Das Speichern von Informationen aus dem RAM auf Diskette.
Sicherungskopie. Eine Kopie einer Diskette oder einer Datei.
SIMM (Single In-line Memory Module). Kleine Karte, auf der eine Anzahl von RAM-Chips installiert sind. Die SIMM-Module werden in den SIMM-Sockeln der Hauptplatine installiert, um den Hauptspeicher aufzurüsten.
Software. Programme bzw. Anweisungen, die der Computer ausführen soll.
Speicher. Bausteine im Computer, in der Daten gespeichert werden.
Speichereinheiten. Geräte, die verwendet werden, um Computerdaten in Form von RAM-Daten zu speichern, nachdem der Computer ausgeschaltet wurde. Dazu gehören Diskettenlaufwerke, Festplatten, IC-Datenkarten und Bandspeichereinheiten.
Speicherkapazität. Angabe, wie viele Daten auf einer Diskette oder Platte gespeichert werden können. Die Speicherkapazität wird in kByte oder MByte angegeben. 3,5-Zoll-Disketten haben auf dem Macintosh eine Speicherkapazität von 400 kByte, 800 kByte oder 1,4 MByte.
Spur. Teil der Diskettenoberfläche. Wird eine Diskette zum ersten Mal initialisiert, teilt das Betriebssystem die Oberfläche in kreisförmige Spuren auf, die wiederum in Sektoren eingeteilt werden. Spuren und Sektoren dienen dazu, die auf Diskette gespeicherten Informationen zu verwalten.
Startdiskette. Diskette oder Festplatte, die die Systemdateien enthält, die der Computer zum Starten benötigt. Eine Startdiskette muß zumindest den Finder und eine Systemdatei enthalten.
Starten. Inbetriebnahme des Systems. Hierbei wird zunächst das Betriebssystem von der Festplatte oder Diskette gelesen. Anschließend kann der Benutzer ein Anwendungsprogramm laden.
Startprogramm. Ein Programm, mit dem der Systemdatei weitere Funktionen hinzugefügt werden können.
Startvolume.(vgl. Startdiskette). Mit "Volume" bezeichnet man ein größeres Speichermedium als eine Diskette.
Stereoanschluß. Anschlußbuchse an der Rückseite des Computers, an die Einheiten wie Kopfhörer oder Verstärker angeschlossen werden können.
Stil. Eine stilistische Variation einer Schrift, zum Beispiel Kursivschrift, Unterstreichen, Schattieren oder Konturschrift.
SuperDrive. 3,5-Zoll-Laufwerk, in dem sowohl 1,4 MByte-, 800 kByte- und 400 kByte-Disketten als auch 720 kByte- und 1,44 MByte-MS-DOS-Disketten initialisiert und verarbeitet werden können.

Symbol. Kleine Grafik, die für Meldungen, Disketten, Anwendungsprogramme, Ordner, Dokumente usw. auf dem Schreibtisch angezeigt wird.
System aktualisieren. Dienstprogramm, mit dessen Hilfe die Systemsoftware aktualisiert werden kann.
Systemdatei. Datei, die der Computer benutzt, um zu starten oder um Systeminformation bereitzustellen. Systemdateien sind Teile des Betriebssystems.
Systemdiskette. Diskette, auf der das Betriebssystem und weitere Systemsoftware, die für den Einsatz von Anwendungsprogrammen notwendig ist, gespeichert ist.
Systemerweiterung. Programm, das die Funktionen der Systemsoftware erweitert. Systemerweiterungen werden im Ordner "Systemerweiterungen" (im Systemordner) gespeichert.
Systemordner. Ordner auf Diskette oder Festplatte, der zumindest den Finder und die Systemdatei, d.h. die beiden Dateien enthält, die der Computer zum Starten benötigt. Wird der Computer eingeschaltet, sucht das Betriebssystem nach der Diskette/Platte, auf der ein Systemordner enthalten ist. Die erste Diskette/Platte, auf der sich ein Systemordner befindet, wird zur aktuellen Startdiskette.
Systemsoftware. Bezeichnung für die Dateien und Treiber im Systemordner, die der Computer benötigt, um ordnungsgemäß arbeiten zu können.
Systemstart (vgl. Starten).
Tabulatortaste. Bewegt die Einfügemarke zum nächsten Tabulatorstopp bzw. zum nächsten Eingabefeld in einem Dialogfenster.
Tastatur. Schreibtischzubehör, mit dem die verschiedenen für eine bestimmte Schriftart verfügbaren Sonderzeichen angezeigt werden können.
TeachText. Anwendungsprogramm auf der Diskette "Macintosh-Dienstprogramme", mit der man Nur Text-Dokumente lesen kann.
Telekommunikation. Übertragung von Daten über weite Entfernungen über das Telefonnetz.
Titelleiste. Vertikaler Balken oben in einem Fenster, der den Namen des Fensters enthält und mit dem das Fenster bewegt werden kann.
Token Ring-Netzwerk. Häufig verwendeter Netzwerktyp, der ursprünglich von IBM entwickelt wurde.
Treiber. Dateien im Systemordner, die die Informationen enthalten, die der Mikroprozessor benötigt, um mit den angeschlossenen Peripheriegeräten zu kommunizieren.
TrueType-Zeichensatz. Andere Bezeichnung: Outline-Zeichensatz oder skalierbarer Zeichensatz. Zeichensatz, der in nahezu jeder beliebigen Größe auf dem Bildschirm angezeigt oder auf dem Drucker gedruckt werden kann.
Umschalttaste. Wird die Umschalttaste gedrückt, erscheinen nachfolgend eingegebene Buchstaben als Großbuchstaben. Drückt man eine Taste mit Symbolen oder Zahlentasten, erscheint das jeweils oben auf dieser Taste abgebildete Zeichen.
Umschalttaste drücken und bewegen. Technik, die es ermöglicht, mehrere dicht beieinanderliegende Objekte gleichzeitig auszuwählen, indem man die Umschalttaste drückt und den Mauszeiger diagonal über die gewünschten Objekte bewegt, bis die Objekte von einem Auswahlrahmen eingeschlossen sind.

Umschalttaste drücken und klicken. Technik, die es ermöglicht, mehrere Symbole oder Informationen gleichzeitig zu aktivieren (oder zu deaktivieren). Dazu hält man die Umschalttaste gedrückt und nimmt die Auswahl mit Hilfe des Mauszeigers und der Maustaste vor.
Untermenü. Zusätzliche Auswahl nach Aufruf eines übergeordneten Menüs.
Verleger. Material in einem Dokument, das in andere Dokumente (Abonnenten) eingesetzt und automatisch aktualisiert werden soll.
Verschachteln. Ablegen von Ordnern in anderen Ordnern (vgl. hierarchisches Dateisystem).
Verzeichnisfenster. Dialogfenster, mit dem Sie im hierarchischen Dateisystem aus einem Anwendungsprogramm heraus arbeiten können. Solche Fenster werden immer dann aktiviert, wenn Sie Optionen wie "Text laden ..." oder "Sichern unter ..." in einem Anwendungsprogramm auswählen (vgl. hierarchisches Dateisystem).
Virtueller Speicher. Bereich auf einer Festplatte, der als Arbeitsspeicher verwendet werden kann. Mit dieser Technik kann bei allen neueren Macintosh-Modellen der eingebaute RAM-Speicher vergrößert werden.
Volume. Allgemeiner Ausdruck für eine Speichereinheit oder einen Teil eines Speichermediums, die bzw. der für die Aufnahme von Dateien initialisiert wurde. Ein Volume kann eine ganze Diskette oder Festplatte oder ein Teil davon sein.
Wahltaste. Taste, mit der man einer anderen Taste beim Drücken eine alternative Funktion zuordnen kann. Sie wird benutzt, um internationale Zeichen oder Sonderzeichen zu erzeugen.
Wecker. Schreibtischzubehör, das das gegenwärtige Datum und die Zeit anzeigt und eine akustische Signaleinstellung ermöglicht.
Zeichen. Jedes Symbol, das mit einer allgemein verständlichen Bedeutung belegt ist. Einige Zeichen wie Buchstaben, Zahlen und Interpunktionszeichen können auf dem Computerbildschirm angezeigt und auf einem Drucker ausgegeben werden. Andere werden zur Steuerung verschiedener Computerfunktionen verwendet
Zeichensatz. Sammlung von Buchstaben, Zahlen, Satzzeichen und anderen typografischen Symbolen gleichartiger Gestaltung.
Zeichensatzfamilie. Ein Zeichensatz in verschiedenen Größen und Stilarten.
Zeichentasten. Alle Tasten der Tastatur wie Buchstaben, Zahlen, Symbole und Interpunktionszeichen zum Erstellen und Formatieren von Text. Alle Tasten, außer der Umschalttaste, Feststelltaste, Befehlstaste, Wahltaste, Control-Taste und Escape-Taste. Wird eine Zeichentaste gedrückt gehalten, wird das betreffende Zeichen wiederholt.
Zeiger. Kleines Symbol auf dem Bildschirm, meist in Form eines nach links oben zeigenden Pfeils, der die Bewegung der Maus nachvollzieht.
Zeilenschalter. Taste, mit der die Einfügemarke an den nächsten Zeilenanfang gesetzt wird. Sie wird auch benutzt, um eine Eingabe oder einen Befehl zu bestätigen oder zu beenden.
Zeilenumbruch. Automatische Verschiebung des Texts am Ende einer Zeile zum Anfang der nächsten Zeile. Aufgrund dieser Funktion braucht man nicht an jedem Zeilenende den Zeilenschalter drücken.

Ziel. Das Duplikat, im Gegensatz zum Original (bzw. der Quelle), das durch Kopieren eines Dokuments, Ordners oder einer Diskette erstellt wird.
Zone. Konzeptionelle Gruppierung von ca. 20 Geräten in einem AppleTalk-Netzverbund, das die Lokalisierung und den Zugriff auf Netzwerkdienste vereinfacht. Um auf ein Gerät zuzugreifen, wählt der Netzwerk-Benutzer die Zone, in der das Gerät liegt.
Zugriffsberechtigung. Die Möglichkeit, Ordner oder Dateien ansehen oder Änderungen an einem gemeinsamen Volume oder Ordner vornehmen zu können. Die Zugriffsberechtigungen werden vom Eigentümer des Gemeinschaftsobjekts vergeben und verwendet, um festzulegen, ob und wie andere Netzwerkbenutzer auf das Objekt zugreifen können.
Zweimalklicken.(vgl. "Doppelklicken).
Zwischenablage. Speicherort für zuletzt ausgeschnittene bzw. kopierte Objekte.

Wir hoffen, daß Ihnen die beiden vorigen, relativ umfangreichen Nachschlageabteilungen "Fehlermeldungen" und "Glossar" nützen können. Beide sind an Apple-Matarialien angelehnt und stellen somit so etwas wie eine offizielle Sprachregelung dar.

Auf der folgenden Seite zeigen wir Ihnen noch einmal die Belegung der großen Macintosh-Tastatur. Die wichtigsten Sondertasten sind dabei benannt. Daneben exstieren kleinere Tastaturen, die wir Ihnen nur in der Form abbilden, wie das Schreibtischzubehörprogramm "Tastatur" sie zeigt.

Bild 9-19: Tastaturen für PowerBook und Mac Classic

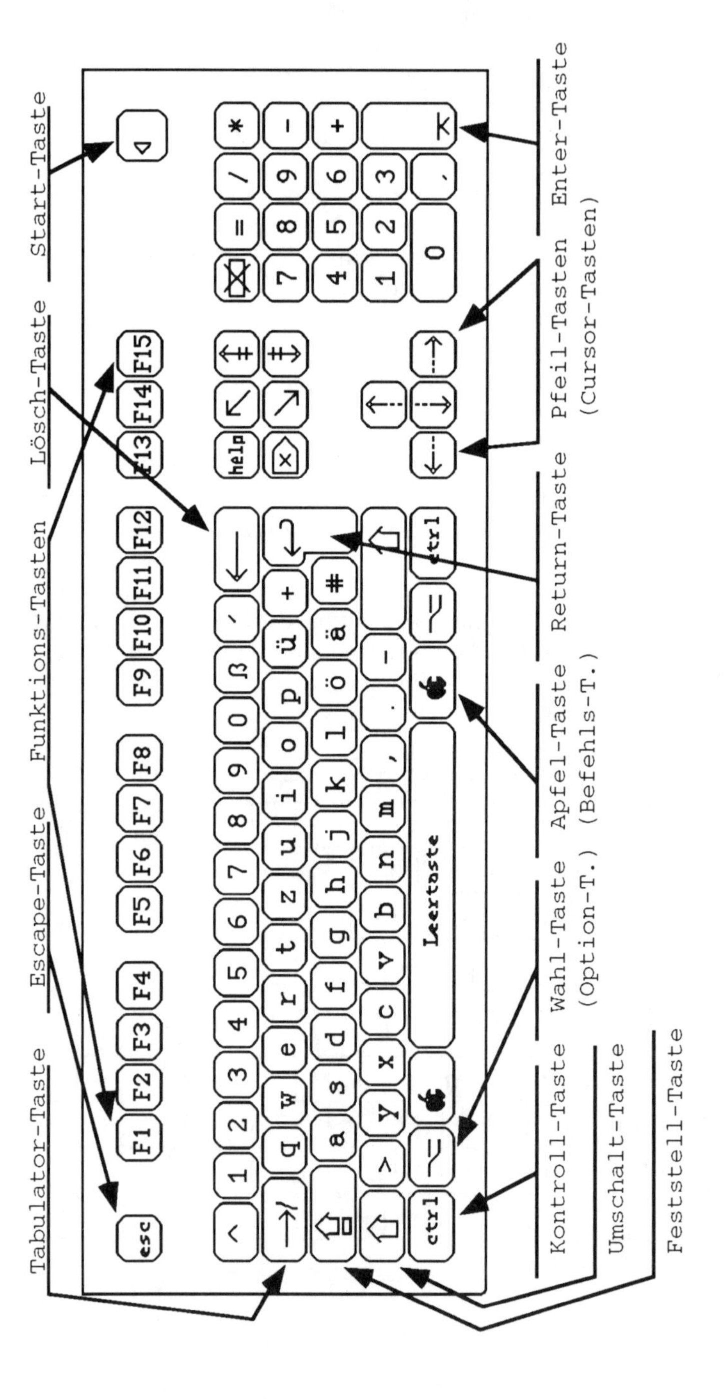

Bild 9-20: Die Belegung der großen Macintosh-Tastatur

Übungen und Experimente

Übung 1

Ziel: Überprüfen, ob die vorhandene Software für System 7 geeignet ist.

Anm.: Nur nötig, wenn der Rechner von System 6 auf System 7 umgestellt wird.

Starte den HyperCard-Stapel **Kompatibilitätsprüfer** durch Doppelklick.

Klicke nacheinander die Knöpfe **Set Up** und **Start Checking**.

Nach dem Durchlauf muß entschieden werden, was mit den problematischen Dateien passieren soll. Klicke den Knopf **Don't Move Items** und lies Dir den Kompatibilitätsbericht genau durch. Dort werden Vorschläge gemacht, wie weiter zu verfahren ist.

Klicke den Knopf **Beenden**.

Übung 2

Ziel: Die System 7-Software von Disketten installieren.

Anm.: Nötig, wenn der Rechner neu konfiguriert wird oder wenn sich das System geändert hat (z.B. von 7.0.1 auf 7.1).

Lege die Diskette **Installation 1** in das Laufwerk.

Starte das Programm **System aktualisieren** durch Doppelklick.

Lies die Begrüßung und klicke **OK**.

Wenn der auf dem Bildschirm angezeigte Diskettenname nicht der der gewünschten Systemdiskette ist, muß **Laufwerk wechseln** angeklickt werden.

Klicke den Knopf **System installieren**. Das Programm findet selbst heraus, welche Software für den Rechner geeignet ist. Wenn andere Disketten benötigt werden, teilt der Rechner dies dem Benutzer mit.

Klicke **Beenden**, sobald der Rechner mitteilt, daß die Installation erfolgreich war.

Klicke **Neustart** in dem dann erscheinenden Dialog.

Übung 3

Ziel: Ein ausführliches Inhaltsverzeichnis der Festplatte einsehen.

Anm.: Sinngemäß auf Inhaltsverzeichnisse von Disketten und Ordnern zu übertragen.

Klicke in den grauen Schreibtischhintergrund, um den Finder zu aktivieren.

Finde das Symbol der Festplatte und öffne das Inhaltsverzeichnis durch Doppelklick.

Löse im Menü **Inhalt** den Befehl **Nach Name** aus. Das Inhaltsverzeichnis erscheint in einem Listenformat mit einem kleinen Dreieck vor jedem Ordner an der linken Seite des Fensters.

Klicke in das Dreieck neben der Datei **System Ordner**. Das kleine Dreieck dreht sich nach unten, und alle Dateien und Ordner innerhalb des Systemordners werden aufgelistet.

Klicke auf ein Dreieck neben einem Ordner im Systemordner, um die verschachtelte Struktur des Listenformats zu erkennen.

Übung 4

Ziel: Das Inhaltsverzeichnis nach verschiedenen Kategorien sortieren.

Anm.: Schließt an Übung 3 an.

Klicke auf das Wort **Größe** in der Titelleiste des Fensters. Das Wort wird unterstrichen und die Dateien werden neu sortiert.

Wenn die Größe der Ordner nicht ausgewiesen wird, erscheinen sie am Ende der Liste, nach den Dateien. Jede Hierarchieebene innerhalb von Ordnern wird für sich sortiert.

Klicke auf das Wort **Name** in der Titelleiste des Fensters. Es wird unterstrichen, und die Dateien werden wieder wie zuvor sortiert.

Wenn weitere Kategorien in der Titelleiste auftauchen, kann man auch nach diesen sortieren. Allerdings sind die beiden oben genannten Methoden die am häufigsten verwendeten.

Übung 5

Ziel: Den Namen eines Schreibtischobjektes ändern.
Anm.: Gilt sinngemäß für Disketten, Ordner, Dokumente und Programme.

Aktiviere das Symbol der Festplatte.

Klicke in den Textbereich unter dem Symbol, damit der Name editiert werden kann oder tippe auf die Enter-Taste.

Sobald der Name umrandet ist, tippe den neuen Namen **System 7.1** ein.

Klicke irgendwo auf den Hintergrund. Die Namensänderung wird übernommen.

Übung 6

Ziel: Dateien aus unterschiedlichen Hierarchiestufen auswählen.

Aktiviere das Fenster der Festplatte.

Wenn das nicht schon geschehen ist, stelle das Listenverzeichnis **Nach Namen** ein.

Klicke auf die Dreiecke am linken Rand, um das Verzeichnis auszudehnen.

Wähle irgendeine Datei oder einen Ordner aus.

Durch Umschalt-Klicken (Klicken mit gedrückter Umschalttaste) sollen weitere Dateien oder Ordner aus unterschiedlichen Hierarchiestufen des Inhaltsverzeichnisses ausgewählt werden.

Kopiere diese Dateien auf eine Diskette. Was ist nun zur Hierarchie festzustellen?

Übung 7

Ziel: Ausgewählte Dateien mit Etikett versehen.
Anm.: Schließt an Übung 6 an.

Wähle einen Namen aus dem Menü **Etikett**. Alle ausgewählten Dateien sind nun mit diesem Etikett versehen.

Klicke auf das Wort **Etikett** in der Titelleiste des Fensters. Es wird unterstrichen und die Dateien werden neu sortiert.

Aktiviere eine der etikettierten Dateien. Wähle des Etikett **Ohne** aus dem Menü **Etikette** aus. Diese Datei ist nicht länger gekennzeichnet.

Wähle wieder zu Beginn der Übungen **Nach Symbolen** aus dem Menü **Inhalt**. Das ursprüngliche Inhaltsverzeichnis wird wieder gezeigt.

Übung 8

Ziel: Etikettennamen ändern.

Öffne den **System Ordner** durch Doppelklick.

Öffne den Ordner **Kontrollfelder** durch Doppelklick.

Öffne das Programm **Etiketten** durch Doppelklick.

Wähle einen der Namen aus und tippe einen neuen Namen ein.

Verlasse das Fenster **Etiketten** durch Anklicken des Schließfeldes.

Übung 9

Ziel: Sich mit der Tastatur durch die Inhaltsverzeichnisse bewegen.

Wähle die **Kurzbefehle** im Menü **Hilfe** ( ). Blättere durch die fünf Karten und suche die Navigationsbefehle heraus. Schließe anschließend das Fenster wieder.

Wähle **Nach Name** aus dem Menü **Inhalt.**

Benutze die Pfeiltasten, um Dich durch die Hierarchiestufen des Inhaltsverzeichnisses zu bewegen. Beobachte den Effekt der einzelnen Tasten und Tastenkombinationen.

Wähle **Nach Symbolen** aus dem Menü **Inhalt.**

Benutze wieder die Pfeiltasten, um Dich durch die Hierarchiestufen des Inhaltsverzeichnisses zu bewegen. Beobachte den Effekt der einzelnen Tasten und Tastenkombinationen.

Übung 10

Ziel: Eine Datei anhand des Namens finden.

Wähle **Finden...** aus dem Menü **Ablage** (oder tippe die Tastenkombination⌘-F).

Gib den Namen "hyper" (ohne die Anführungszeichen) über die Tastatur ein. Groß- oder Kleinschreibung ist nicht wichtig für das Suchen. Auch Zeichenfolgen innerhalb eines Namens werden gefunden.

Klicke den Knopf **Finden**. Welche Datei wird gefunden?

Übung 11

Ziel Eine Datei anhand des Etiketts finden.

Wähle **Finden...** aus dem Menü **Ablage** (oder tippe die Tastenkombination⌘-F).

Klicke auf den Knopf **Mehr Optionen**.

Wähle aus dem ersten Pop-Up-Menü (das vermutlich **Der Name** lautet) die Option **Das Etikett**.

Wähle im dritten Pop-Up-Menü den Etiketten-Namen, mit dem Du vorher schon gearbeitet hast.

Klicke auf **Finden** oder tippe <RET> ein.

Wähle den Befehl **Erneut finden** im Menü **Ablage** (oder tippe ⌘-G).

Übung 12

Ziel: Mehrere Programme öffnen und zwischen ihnen hin- und herschalten.

Anm.: Wir nennen die beiden Programme **Write** und **Draw**. Das sollen Platzhalter sein für reale Textverarbeitungsprogramme (wie MacWrite, Word, Nisus etc.) oder Zeichenprogramme (wie MacDraw, Canvas etc.).

Starte das Programm **Write** durch Doppelklick auf das Symbol. Gebe ein paar Buchstaben in das entstehende Fenster. Stelle die Breite so ein und verschiebe sie so, daß sie nur die rechte Hälfte des Bildschirms einnimmt.
(Breite wird im Größeneinstellungsfeld (unten rechts) geändert, Ort durch Anklicken in der Titelleiste und Verschieben.)

Wähle im Menü **Programme** (oben rechts) den **Finder** als aktives Programm. Alternative dazu: Klicke in den Bereich des Bildschirmhintergrunds, der zum Finder gehört. In beiden Fällen wird wieder ein Inhaltsverzeichnisfenster aktiv und die Titelleiste des **Write**-Fensters ist nicht mehr gestreift, also inaktiv.

Starte das Programm **Draw** durch Doppelklick auf das Symbol. Plaziere das entstehende Fenster in die linke Hälfte des Bildschirms, so daß man das **Write**-Fenster daneben noch erkennen kann.

Öffne das Menü **Programme**. Alle geöffneten Programme werden dort angezeigt, das aktive (**Draw**) ist mit einem Häkchen (✓) versehen.

Wähle das jeweils andere Programm, also **Write** aus. Überprüfe im Menü **Programme**, was sich geändert hat.

Wechsele zum anderen Programm durch Anklicken des dazugehörenden Fensters. Überprüfe jeweils im Menü **Programme**, was sich geändert hat.

Gehe in den Finder und betrachte die Symbole der laufenden Programme. Was fällt daran auf?

Wechsele in eines der Anwenderprogramme durch Doppelklick auf das Symbol.

Wechsele in das andere Programm durch Doppelklick auf ein Dokument dieses Programms.

Beende eines der laufenden Programme. In welche Situation kommst Du so? Für die folgende Übung ist es wichtig, das Programm erneut durch Doppelklick vom Finder aus zu starten.

Übung 13

Ziel: Das Fenster eines Programms verstecken.

Anm.: Die Situation: zwei Anwenderprogramme und der Finder laufen, **Draw** ist aktiv.

Löse den Befehl **Draw ausblenden** aus dem Menü **Programme** aus. Was geschieht?

Wähle den **Finder** im Menü **Programme**.

Löse den Befehl **Andere ausblenden** aus dem Menü **Programme** aus. Was geschieht?

Öffne das Menü **Programme** und vergleiche die Symbole der verschiedenen Programme. Welche erscheinen normal, welche grau?

Wähle **Write** im Menü **Programme**. Wie ändert sich das Symbol im Menü **Programme**?

Wähle den Befehl **Alle einblenden** aus dem Menü **Programme**.

Übung 14

Ziel: Ein Dokument sichern.

Lege eine Benutzerdiskette in den Rechner ein.

Mache das Zeichenprogramm **Draw** zum aktiven Programm.

Wähle ein Zeichenwerkzeug und zeichne einen Kreis oder ein anderes Gebilde in das Zeichenfenster.

Wähle den Befehl **Sichern** im Menü **Ablage**. Weil die Datei neu ist, erscheint der **Sichern Unter**-Dialog.

Klicke auf den Knopf **Schreibtisch**. Alle aktiven Disketten erscheinen in der Liste. Sie können durch Einfachklicken aktiviert oder durch Doppelklicken geöffnet werden.

Wähle die Diskette durch Doppelklicken aus (nicht die Festplatte).

Klicke auf den Knopf **Neuer** . Dies erzeugt einen neuen Ordner auf der Diskette.

Gib den Namen des Ordners ein und klicke auf **Anlegen**.

Gib einen Namen für die Datei ein, und klicke auf den **Sichern**-Knopf.

Schließe das Fenster nach dem Sichern und beende auch das Zeichenprogramm.

Übung 15

Ziel: Eine Datei von der Diskette löschen.

Aktiviere den Finder, so daß man die Inhaltsverzeichnisse sehen kann. Identifiziere die neu erzeugten Objekte.

Bewege den neu erzeugten Ordner von der Diskette in den Papierkorb. Beobachte, was mit dem Symbol des Papierkorbs geschieht.

Löse den Befehl **Papierkorb entleeren...** im Menü **Spezial** aus.

Beantworte den entstehenden Dialog mit **Ja**. Wie sieht das Papierkorbsymbol nun aus?

Übung 16

Ziel: Mit der Aktiven Hilfe Objekte auf dem Bildschirm untersuchen.

Löse den Befehl **Aktive Hilfe ein** aus dem Menü **Hilfe** aus. Man erkennt das Menü an dem Fragezeichen in der Sprechblase (?).

Bewege den Mauszeiger über den Bildschirm. Zeige auf verschiedene Objekte (Papierkorb, aktive und inaktive Fenster, Programmsymbole, Symbole von Dokumenten, Menüs etc.) und lies die erscheinenden Informationen. Achtung: Ältere Programme sind u.U. nicht spezifisch auf **Aktive Hilfe** vorbereitet, so daß sich nur Standardeigenschaften, wie die Teile eines Fensters, erklären lassen.

Löse den Befehl **Aktive Hilfe aus** aus dem Menü **Hilfe** aus. Damit wird der Normalzustand wiederhergestellt.

Übung 17

Ziel: Ein Alias erzeugen.

Öffne das Kontrollfeld-Fenster, z.B. durch Auswahl des Befehls **Kontrollfelder** im Menü **Apple** ().

Aktiviere das Symbol **Etiketten** durch Einfachklicken.

Löse den Befehl **Alias erzeugen** aus dem Menü **Ablage** aus. Es wird eine neue Datei **Etiketten Alias** erzeugt, der Name ist umrahmt, also noch zu bearbeiten.

Tippe den Namen **Etiketten-Kontrolleur** ein. Der Name bleibt in Kursivschrift.

Aktiviere die beiden Dateien **Etiketten** und **Etiketten-Kontrolleur** und löse den Befehl **Info...** im Menü **Ablage** aus. Man kann schon allein an der Größe der Dateien gut erkennen, daß die ursprüngliche Datei nicht nur kopiert wurde.
Schließe anschließend die beiden Info-Fenster wieder.

Schiebe die Datei **Etiketten-Kontrolleur** auf den Schreibtischhintergrund, und schließe das Fenster **Kontrollfelder**.

Übung 18

Ziel: Mit einem Alias arbeiten

Öffne die Datei **Etiketten-Kontrolleur** durch Doppelklick. Diese Datei wurde in der vorigen Übung erzeugt. Sie zeigt das gleiche Verhalten, als wenn man das Original geöffnet hätte.

Klicke auf das Farbfeld, das geändert werden soll. Das Farbrad erscheint.

Lege im Farbrad eine neue Farbe fest und klicke **OK**.

Schließe anschließend auch wieder das Etiketten-Fenster.

Übung 19

Ziel: Ein Alias löschen.

Entferne das Alias, indem Du es in den Papierkob schiebst. Sei vorsichtig, daß nicht versehentlich das Original gelöscht wird. Man erkannt das Alias an der kursiven Schrift.

Löse den Befehl **Papierkorb entleeren...** im Menü **Spezial** aus. Beantworte den Dialog mit **Ja**.

Übung 20

Ziel: Objekte aus dem Apple-Menü ersetzen und entfernen.

Öffne den Ordner **Apple-Menü** im **System-Ordner**.

Schiebe die Datei **Puzzle** auf den grauen Schreibtischhintergrund.

Öffne das Menü **Apple**. Was hat sich geändert?

Schiebe die Datei **Puzzle** vom Schreibtisch wieder in den Ordner **Apple-Menü**.

Öffne das Menü **Apple** erneut. Was hat sich geändert?

Betrachte genau das Symbol **Kontrollfeld** im Ordner **Apple-Menü**. In welchen beiden Eigenschaften unterscheidet es sich von den übrigen Objekten im Systemordner?

Übung 21

Ziel: Ein Startprogramm vereinbaren.

Schiebe die Datei **Wecker** aus dem Ordner **Apple-Menü** in den Ordner **Startobjekte**.

Starte das System neu mit dem Befehl **Neustart** im Menü **Spezial**. Was geschieht diesmal?

Schiebe die Datei **Wecker** aus dem Ordner **Startobjekte** zurück in den Apple-Ordner.

Schließe die Datei **Wecker**.

Übung 22

Ziel: Zeichensätze im Systemordner manipulieren.

Schreibe in einer Textverarbeitung einen kurzen Text, der griechische Buchstaben enthält, z.B. den Satz:
"Die Winkelsumme im Dreieck beträgt $\alpha + \beta + \gamma = 180°$ ",
wobei die zweite Hälfte des Satzes im Zeichensatz **Symbol** geschrieben wurde.

Sichere die Datei z.B. unter dem Namen **Test** und beende alle laufenden Programme.

Öffne die Datei **System** im Ordner **System-Ordner**. (Das dauert u.U. einige Sekunden.)

Entferne alle Dateien, deren Name mit **Symbol** beginnt, aus der Datei **System**, indem Du sie auf den grauen Schreibtischhintergrund schiebst.

Starte nun die Datei **Test** durch Doppelklick wieder. Was ist aus den griechischen Zeichen geworden?

Beende wieder alle Anwenderprogramme und installiere die Zeichensätze **Symbol** wieder, indem Du sie in die Datei **System** oder in den Ordner **System-Ordner** schiebst.

Bei einem anschließenden Start von **Test** hat man wieder den ursprünglichen Zustand erreicht.

Übung 23

Ziel: Zeichensätze aus einem Koffer untersuchen.

Anm.: Es existieren Zeichensatz-Koffer mit TrueType-Schriften, mit Bitmap-Schriften und solche, die beides enthalten.

Schütze die Systemdiskette **Zeichensätze** durch Verschieben des Plastikteils und schiebe sie ins Laufwerk ein.

Öffne das Inhaltsverzeichnis durch Doppelklick.

Öffne den Zeichensatz-Koffer **Times** durch Doppelklick.

Untersuche die Zeichensätze **Times** und **Times 12** jeweils durch Doppelklick. Beachte den Unterschied zwischen TrueType- und Bitmap-Schriften.

Schließe alle **Times**-Fenster wieder.

Untersuche auf die gleiche Weise den Zeichensatz-Koffer **Chikago** (nur TrueType).

Untersuche auf die gleiche Weise den Zeichensatz-Koffer **Athens** (nur Bitmap).

Schließe alle Fenster wieder.

Übung 24

Ziel: Den Effekt von TrueType überprüfen.

Öffne ein neues Dokument in einem Textverarbeitungsprogramm.

Schreibe einen kurzen Text in der Bitmap-Schriftart **Athens 18**. Anschließend einen weiteren Absatz in der TrueType-Schriftart **Times 18**.

Aktiviere beide Absätze.

Ändere die Schriftgröße in 20 Punkt.

Untersuche, wie sich die Skalierung auf einzelne Buchstaben, wie z.B. das "n" auswirkt. (Ergebnis: Nur die TrueType-Buchstaben sind einheitlich.)

Übung 25

Ziel: Unterschied zwischen einer Datei und einer Vorlagendatei erkennen.

Öffne ein Textverarbeitungsprogramm.

Tippe auf die leere Seite einen Text, der sich als Überschrift eignet (z.B. "MIMIMI, Mitteilungen des Ministeriums für Mitteilungen").

Sichere die Datei zuerst unter dem Namen "Textdokument" und anschließend noch einmal unter dem Namen "Vorlage" direkt auf dem Schreibtisch (**Sichern unter...** im Menü **Ablage**).

Schließe das Programm.

Suche die Dateien im Finder und betrachte die Informationen darüber (beide aktivieren, dann **Information** im Menü **Ablage**).

Klicke für die Datei "Vorlage" die Option "Formularblock" an und schließe die Info-Fenster wieder.

Öffne beide Dateien durch Doppelklick. Beachte die Namen der Dateien.

Tippe jeweils noch ein wenig Text ein (z.B. "Die heutige Mitteilung enthält keinerlei Mitteilungen."). Sichere die Dateien anschließend. (**Sichern** im Menü **Ablage**). Was fällt dabei auf?

Schließe das Programm.

(Hinweis: In manchen Programmen kann man direkt beim **Sichern als...** das Vorlagen-Format wählen. Dann entfällt der Umweg über den Dialog **Information**.)

Übung 26

Ziel: Einen Drucker auswählen.

Löse den Befehl **Auswahl** im Menü aus.

Wähle aus der Symbolliste den geeigneten Drucker aus.

Für seriell angeschlossenen Drucker wie ImageWriter und StyleWriter: Wähle Drucker- oder Modemport als Anschluß aus.

Für AppleTalk-Drucker einschließlich LaserWriter und AppleTalk-Imagewriter: Wähle aus der Liste den Namen des gewünschten Druckers aus.

Übung 27

Ziel: Ein Dokument drucken.

Anm.: Das Programm ist geöffnet, das Dokument wird bearbeitet.

Öffne das Dokument, das ganz oder teilweise gedruckt werden soll.

Wähle den Befehl **Seitengröße...** im Menü **Bearbeiten**. Stelle die nötigen Werte ein, z.B. Seitengröße auf A4 und schließe den Dialog mit "OK".

Wähle den Befehl **Drucken** im Menü **Bearbeiten**.

Wähle die Kopienzahl und den gewünschten Bereich, z.B. "alle Seiten" oder von Seite 1 bis Seite 1. Bestätige mit "OK".

Schließe das Programm und nimm die Ausdrucke an Dich.

Übung 28

Ziel: Einen Verleger erzeugen.

Öffne einen beliebigen Text mit einem Textverarbeitungsprogramm, das die Fähigkeiten des "Herausgebens und Abonnierens" beherrscht. (Man erkennt dies an entsprehenden Befehlen im Menü **Bearbeiten**. Zu diesen Programmen gehören im Herbst 92 "Microsoft Word 5" und "RagTime 3.1 | 7".

Aktiviere einen Absatz dieses Textes durch Klicken am Anfang und Umschaltklicken am Ende des Absatzes.

Wähle den Befehl aus dem Menü **Bearbeiten**, mit dem ein neuer Verleger geschaffenwerden kann. (Die Namen der Befehle können sich unterscheiden, z.B. **Neuer Verleger...** bei Word oder **Verleger und Abonnenten** bei RagTime.)

Sichere den Verleger unter dem Namen "Absatz A (Verleger)" direkt auf dem Schreibtisch.

Beachte die Markierung dieses Absatzes im Text.

Schließe das Programm wieder und vergleiche das Symbol der Verleger-Datei mit dem einer normalen Datei, z.B. mit "Textdokument" aus der vorigen Übung.

Übung 29

Ziel: Einen Verleger abonnieren.

Öffne die Datei "Textdokument" und klicke hinter den bereits existierenden Text. Beginn einen neuen Absatz.

Wähle den Befehl **Abonnieren...** (oder so ähnlich) aus dem Menü **Bearbeiten**.

Setze den Verleger "Absatz A (Verleger)" hier ein. Beachte die Markierung dieses Absatzes im Text.

Schließe die Datei "Textdokument".

Übung 30

Ziel: Einen Verleger ändern.

Öffne das Dokument, das den Verleger "Absatz A (Verleger)" enthält.

Führe eine Veränderung am verlegten Text aus und schließe die Datei wieder.

Öffne erneut das "Textdokument", das den Verleger "Absatz A (Verleger)" abonniert hat.

Welche Version des Verlegers wird gezeigt?

Übung 31

Ziel: Einen Verleger löschen.

Öffne das Dokument, das den Verleger "Absatz A (Verleger)" enthält.

Löse den Menübefehl **Verlegeroptionen** im Menü **Bearbeiten** aus.

Wähle dort den Befehl "Verleger entfernen".

Öffne jede Abonnentendatei, kündige dort das Abonnement mit dem Menübefehl "Abonnentenoptionen".

Lösche dann noch den Verleger "Absatz A (Verleger)" von der Festplatte und leere den Papierkorb.

Verzeichnis der Anweisungsbausteine

Verzeichnis der Tabellen

Verzeichnis der Abbildungen

Sachwortverzeichnis

Literatur

- Karl-Heinz Becker, Michael Dörfler,
  "Wege zu HyperCard",
  VIEWEG-Verlag, ISBN 3-528-15119-6,
  Braunschweig, Wiesbaden, 1992
- Karl-Heinz Becker, Michael Dörfler,
  "HyperCard griffbereit",
  VIEWEG-Verlag, ISBN 3-528-24653-7,
  Braunschweig, Wiesbaden, 1992
- Danny Goodman,
  "Macintosh Handbook",
  Bantam Computer Books, ISBN 0-553-35485-X
  New York, 1992
- Anthony Meadow,
  "System 7 Revealed",
  Addison-Wesley Publishing Company,
  Reading, 1991
- Apple Computer GmbH,
  "Apple Macintosh Tips und Tricks",
  Ismaning, 1991
- Apple Macintosh CD-ROM "System D1-7.0",
  Apple Computer GmbH, 1991
- Apple Macintosh CD-ROM "System 7, Release 7.1, The Beta Release",
  Apple Computer GmbH, 1992

An dieser Stelle sei allen Institutionen und "Macintosh-Fans" gedankt, die uns durch Informationen, Vorschläge, Korrekturen und Anregungen bei unserer Arbeit unterstützt haben, namentlich:

- Apple Computer GmbH, München;
- Otmar Foelsche, Director, Language Resource Center, Dartmouth College, USA;
- Dr. Manfred Buschmeier, Ruhr Universität Bochum, für die editorielle Bearbeitung des Endmanuskriptes;
- Wolfgang Schulte-Sasse, Bremen, für die grafische Gestaltung der Titelseiten der einzelnen Kapitel;
- Allen TeilnehmerInnen der Lehrerfortbildungskurse über *System 7*, die in den letzten Jahren im Macintosh-Labor des Wissenschaftlichen Institutes für Schulpraxis durchgeführt wurden.

Wege zu Hypercard

Der Einstieg in eine neue Software-Generation

von Karl-Heinz Becker und Michael Dörfler

2., verbesserte Auflage 1992.
VIII, 307 Seiten. Kartoniert.
ISBN 3-528-15119-6

Was das Buch bietet ...

Die Möglichkeit, HyperCard in all seinen Facetten kennenzulernen und spielerisch damit umzugehen.

Worum es geht ...

- HyperCard als Anwendungsprogramm nutzen
- HyperCard als persönliches Informationssystem nutzen
- Exzellente Grafiken erstellen
- Drucken à la carte
- Hypercard als Programmierwerkzeug nutzen

Und außerdem ...

- Stapelware nach Maß: Stacks ohne Geheimnisse
- Tips, Tricks und Experimente: Viele Wege und kein Ende

Was der Leser braucht ...

Hardware: Apple Macintosh oder Apple IIGS

Software: HyperCard Version 2.1

Besondere Kennzeichen ...

Das Buch ist ein echter Becker/Dörfler: Know-how und Spaß an der Sache für Einsteiger und Profis, unkonventionell und profund gleichermaßen.

Die Autoren ...

Dipl.-Phys. Dipl.Inform. *Karl-Heinz Becker* und Dipl.-Phys. *Michael Dörfler* (Bremen) sind an maßgeblicher Stelle in der Lehrerfortbildung tätig; last not least sind sie Autoren des Bestsellers „Dynamische Systeme und Fraktale“ (Verlag Vieweg).

Verlag Vieweg · Postfach 58 29 · 6200 Wiesbaden 1